Eine Grundlage dieser Publikation bildet die Dokumentation „Semmering-Eisenbahn. Geschichte und Bedeutung der ersten Hochgebirgseisenbahn der Welt" der Alliance For Nature® aus dem Jahr 1998, welche zwecks Nominierung der Semmeringbahn als UNESCO-Welterbestätte vom Autor dieses Buches zusammengestellt wurde.

Bibliografische Information der Deutschen Nationalbibliothek:
Die Deutsche Nationalbibliothek verzeichnet diese Publikation in der Deutschen Nationalbibliografie; detaillierte bibliografische Daten sind im Internet über http://dnb.de abrufbar.

Umschlagabbildung: Plan des Viadukts über die Kalte Rinne (nach Birk 1861)
Korrektorat: Jörg Eipper-Kaiser, Graz
Umschlaggestaltung: Michael Haderer, Wien
Satz und Layout: Bettina Waringer, Wien
Druck und Bindung: Hubert & Co., Göttingen
Printed in the EU

Vandenhoeck & Ruprecht Verlage | www.vandenhoeck-ruprecht-verlage.com

ISBN 978-3-205-20212-7

Inhalt

Vorwort

Eine wissenschaftliche Publikation, aber trotzdem auch von Laien problemlos zu verstehen – so der Topos des fünf Jahre nach der Aufnahme als UNESCO-Welterbestätte erschienenen Buches der Baugeschichte ‚Die Semmeringerbahn' – denn so wurde diese beeindruckende Strecke vom zuständigen Bauleiter Carl Ritter von Ghega im Jahr 1853 bezeichnet.[1]

Während die Strecke üblicherweise einfach Semmeringbahn bezeichnet wird, heißt die UNESCO-Welterbestätte offiziell ‚Semmering Railway' oder ‚Semmeringeisenbahn'.[2] Jenseits dieser Bezeichnungsvariationen wird in allen Fällen der Abschnitt der Südbahn zwischen Gloggnitz und Mürzzuschlag verstanden. „Die Semmeringerbahn" wurde vielfach rezipiert, wie die zahlreichen Rezensionen in Tageszeitungen und Fachmedien, national und international zeigen.[3] Jedoch ist dieses Buch schon seit mehreren Jahren vergriffen und das 20-Jahre-Welterbestätte-Jubiläum ist wohl ein würdiges Erscheinungsjahr für eine überarbeitete und ergänzte Neuauflage der Baugeschichte dieser weltweit einzigartigen Bahnstrecke.

Obwohl die Semmeringbahn als die am besten beschriebene und dokumentierte österreichische Eisenbahnstrecke gilt, so fehlte für lange Zeit eine Arbeit über dieses innovative Bauwerk altösterreichischen Eisenbahnwesens, in der nicht nur die Geschichte von Planung und Bau sorgfältig recherchiert und ohne Pathos dargestellt wird, sondern die auch den internationalen Verflechtungen Beachtung schenkt – um sozusagen den Blick über den (alt)österreichischen Tellerrand schweifen zu lassen.

Die Mehrzahl der bisherigen Publikationen sind technikimmanente Darstellungen, welche nur allzu oft Geschichten aus früheren Publikationen unreflektiert weiter tradieren oder aus dem Kontext gerissen und fragmentarisch wiedergeben. Die Frage nach der

Wahl des Betriebsmittels zu Beginn des Bahnbaues fällt beispielsweise darunter, oder die Angabe der damals zulässigen Achslast. So lassen sich bestimmte verkehrsgeschichtliche Fehlschreibungen bis in die jüngste Zeit verfolgen. Des Weiteren neigen zahlreiche Autoren zu verklärenden und verherrlichenden Beschreibungen über den Bahnbau und die darin involvierten Personen. Besonders Carl Ritter von Ghega wird gerne als genialer Einzelgänger aus dem Reich der Technik präsentiert. Derartige Darstellungen bieten einmal mehr ein Zeugnis der im Bereich der Technikerbiographien besonders häufig auftretenden ‚Heldengeschichten großer Männer'. Es wird nahezu nicht berücksichtigt, dass Ghega im Staatsdienst in eine Organisation mit zahlreichen Eisenbahnbau-Experten eingebunden war. Somit scheint es mehr als angebracht, die Geschichte der Semmeringbahn neu zu betrachten und sorgfältig recherchiert zusammenzustellen.

Nun sind 15 Jahre seit der ersten Auflage vergangen, und die Semmeringbahn befindet sich nunmehr seit 20 Jahren im Kreis der UNESCO-Welterbestätten. Die Baugeschichte selbst hat sich im Wesentlichen nicht verändert; einzelne Aspekte konnten in den vergangenen Jahren vertieft werden, und andere harren auch weiterhin einer genauen Aufarbeitung der Quellen. Warum also eine überarbeitete Auflage anstelle eines Nachdruckes? – Neben den unscheinbaren, aber doch wesentlichen Korrekturen des ‚eingeschlichenen Fehlerteufels' werden die seitdem erschienenen Publikationen mit einbezogen und die neuen Erkenntnisse über den Bau der Bahn berücksichtigt. Insbesondere das Kapitel „Schutzstatus der Semmering-Eisenbahn" wurde grundlegend überarbeitet und auf den aktuellen Stand gebracht.

Dank aussprechen möchte ich allen Personen, jenen, welche bei „Die Semmeringerbahn" genannt waren, aber vor allem jenen, welche seitdem mein Wissen um die Baugeschichte erweiterten und präzisierten sowie die Herausforderungen sowohl bei der heutigen Bahnbautechnik als auch beim UNESCO-Welterbe erläuterten (alphabetisch genannt): Gerhard Gobiet (ÖBB-Infrastruktur AG), Christian Hlavac (GALATOUR), Toni Häfliger (damals SBB-Fachstelle für Denkmalschutzfragen), Wilfried Lipp (ICOMOS Österreich), Bruno Maldoner (damals Bundeskanzleramt), Franz Neuwirth (damals Ministerium für Unterricht, Kunst und Kultur), Günter Novak (ÖBB-Infrastruktur AG), Kerstin Ogris (Südbahnmuseum Mürzzuschlag), Robert Pap (Reichenau), Wilfried Posch (ICOMOS Österreich), Nikolaus Reisinger (Universität Graz), Reinhard Stradner (ÖBB-Infrastruktur AG), Horst Schröttner (Verein Freunde der Semmeringbahn und Bgm. Semmering), Roland Tusch (Universität für Bodenkultur, Wien), Hubert Zenz (damals Österreichisches Staatsarchiv), Georg Zwickl (Ghegamuseum).

Ihnen allen sei besonders herzlich gedankt. Und ein ganz besonderer Dank gebührt den Lektorinnen Frau Dr. Ursula Huber und Frau Stefanie Kovacic (Böhlau Verlag) für die geduldige Zusammenarbeit bei der Buchherstellung.

Baden, Ostern 2018
Günter Dinhobl

1 Einleitung

Die Semmering-Eisenbahn in Österreich nimmt als *erste Hochgebirgseisenbahn der Welt* eine herausragende Stellung in der Transportgeschichte ein.[4] Die Strecke bildet ein Teilstück der zweigleisig ausgeführten Südbahn von der Hauptstadt Wien über Graz und Laibach/Ljubljana (heute Slowenien) zum bedeutendsten altösterreichischen Seehafen Triest (heute Italien).

Die Eisenbahn über den Semmering ist in den Jahren 1848–1854 unter der Leitung von Carl Ritter von Ghega (1802–1860) errichtet worden und hat in weiterer Folge auf der ganzen Welt den Bau von tunnel- und brückenreichen Eisenbahnstrecken[5] durch Gebirge und Hochgebirge begründet. Zwischen den etwa 21 km Luftlinie voneinander entfernt liegenden Orten *Gloggnitz* (Niederösterreich) und *Mürzzuschlag* (Steiermark) befindet sich – als eine der niedrigsten Überquerungen in den östlichen Alpen – die 985 m hohe Semmering-Einsattelung. Für die Schienenverbindung zwischen diesen beiden Orten musste eine Trasse von 41,7 km Länge mit 16 größeren Viadukten und 15 Tunnels[6] errichtet werden. Der Kulminationspunkt der Semmeringbahn mit 898 m Seehöhe liegt mitten im Scheiteltunnel. Diese Stelle sollte bis ins Jahr 1860 der höchste mit öffentlichen Eisenbahnen erreichbare Ort bleiben.

Nach umfangreichen Vorarbeiten wählte Ghega als maximale Neigung der Trasse 20 ‰, welche aus Kostengründen noch kurz vor Baubeginn auf 25 ‰ erhöht wurde: Trotzdem stellt die Semmeringbahn nicht nur „die flachste Gebirgsbahn Österreichs“[7], sondern auch die flachste alpenquerende Haupteisenbahnlinie dar. Jedoch stellt sie hinsichtlich der äußerst geringen Bogenradien die wohl schwierigste alpenquerende Haupteisenbahnlinie dar.

Die Bereiche, in denen beim Bau der Semmeringbahn Neuland im Eisenbahnwesen betreten wurde, sind vielfältig.

Streckenführung

Beim Bau der Semmeringbahn erfolgte – erstmalig im Bereich des Eisenbahnwesens – die Trassierung in Form eines *stetigen Lehnenanstieges unter Ausnutzung der Seitentäler* zur Überwindung eines Gebirges. Sowohl die damaligen Regeln im Eisenbahnbau als auch die teilweise stark zerklüftete Landschaft erschwerten die Planung sowie den Bahnbau erheblich. Dadurch wurde die Semmeringbahn derart populär, dass der Name „Semmering" bald stellvertretend für bahnerschlossene Passübergänge stand: so finden sich bis heute Bezeichnungen wie *Prager Semmering*[8], *Sächsischer Semmering*[9], *Weinviertler Semmering*[10] und *Kleiner Semmering*[11] für Eisenbahnstrecken in gebirgigem Gelände.

Ausgehend von dieser Trassierungsart wurden schließlich ab der zweiten Hälfte des 19. Jahrhunderts Schienen durch Gebirge und Hochgebirge in aller Welt gelegt – und damit zahlreiche Länder von westlichen Imperien bis in den letzten Winkel kolonisiert.[12]

Viaduktbautechnik

Bei der Semmeringbahn wurden erstmals in der Geschichte der Eisenbahn zahlreiche, in starken Krümmungen *und* Neigungen liegende Viadukte errichtet.[13] Wegen der noch in den Kinderschuhen steckenden Berechnungsmethoden im Brückenbau[14] musste technisches Neuland beschritten werden: die Belastungen der fahrenden Eisenbahnzüge waren lange Zeit für eine Dimensionierung nicht exakt (d. h. mathematisch) fassbar. Die zusätzlich auftretenden Belastungen in den Krümmungen aufgrund der Fliehkräfte führten dazu, dass die Viadukte „zu seiner Zeit ein nicht weniger bedeutendes Ingenieurbauwerk als der Semmering-Tunnel selbst"[15] waren.

Beachtenswert ist die relativ einheitliche Formgebung der Bauwerke (Viadukte, aber auch Stationsgebäude und insbesondere die Wächterhäuser etc.). Trotz einiger gravierender Bausünden in den letzten Jahren besteht der Ensemblecharakter im Großen und Ganzen bis zum heutigen Zeitpunkt und unterstreicht die Bedeutung dieses längst in die Geschichte der Technik eingegangenen Bauwerkes.

Tunnelbautechnik

Aufgrund der in den 1850er-Jahren vorherrschenden Handarbeit bei Tunnelbauten musste bei Tunnellängen von mehr als 300 m die sogenannte Qanat-Bauweise[16] angewendet werden. Ghega beschränkte die Tunnellänge auf maximal 1.500 m und entwarf deshalb einen Scheiteltunnel, um die Bauzeit nicht unnötig in die Länge zu ziehen. Zusätzliche Probleme beim Tunnelbau, wie übermäßiger Gebirgsdruck und ein „von vielem Wasser geschwängerter Boden"[17], der sich im starken Wasserzudrang manifestierte, erschwerten den Bau des 1849–1851 errichteten Scheiteltunnels. Die gleichen Probleme traten 1952 beim Bau der neuen Scheiteltunnel-Röhre und in jüngster Zeit sowohl beim Bau des Eisenbahn-Semmering-Basistunnels als auch beim Bau des Schnellstraßen-Semmeringtunnels auf. Derartige immer wiederkehrende Probleme verweisen nun schon seit über 150 Jahren auf die besonders schwierigen geologischen Verhältnisse am Semmering. Basierend auf den Tunnelbau-Erfahrungen hat der Techniker Franz von Rziha in den darauffolgenden Jahrzehnten die erste grundlegende „Theorie" des modernen Tunnelbaues entwickelt und in seinen Vorlesungen am k.k. polytechnischen Institut in Wien (Vorläufer der Technischen Universität) gelehrt.[18]

Lokomotivbau

Obwohl niemand ernsthaft glauben dürfe, so Fachzeitschriften aus der Zeit des beginnenden Eisenbahnwesens, „dass, um die Semmeringbahn betreiben zu können, die Lokomotiven erst erfunden werden müssen",[19] erschienen ab Baubeginn 1848 zahlreiche Artikel gegen die Ausführung der Semmeringbahn mit Lokomotivbetrieb. So konstatierte beispielsweise eine eigens für die „Semmering-Frage" eingesetzte Kommission des österreichischen Ingenieur-Vereins im Bericht aus dem Jahr 1849, „daß [am Semmering, Anm. G. D.] in der Mitte des 19. Jahrhunderts der Seildienst wohl kein Fortschritt aber ein Geboth, und der Locomotivbetrieb kein Rückschritt aber der größte Mißgriff ist".[20] Ebenso wurde in einer österreichischen Tageszeitung nicht daran gezweifelt, dass am Semmering „die Erfahrung den Lokomotivdienst als verwerflich darthun sollte".[21] Erst der im Sommer 1851 auf einer schon fertiggestellten Teilstrecke (Payerbach–Eichberg) durchgeführte Lokomotivwettbewerb konnte allen Gegnern den Wind aus den Segeln nehmen und zeigen, dass auch Expertenmeinungen den jeweiligen Zeitströmungen unterliegen können (vgl. insbes. 5.).

Dieser Wettbewerb wirkte auf den europäischen Lokomotivbau der folgenden Jahrzehnte äußerst innovativ: Es wurden bereits Lokomotivtypen entworfen, welche erst durch weitere technische Entwicklungen in den späten 1860er-Jahren die für den alltäglichen Betrieb notwendige Betriebssicherheit erlangten.[22] Damit hatte der Semmeringer Wettbewerb „für den Bau von Gebirgslokomotiven die gleiche grundlegende Bedeutung wie 22 Jahre früher der Lokomotivwettkampf von Rainhill auf der Liverpool-Manchester-Bahn"[23] für die Entwicklung der Dampflokomotive.

In der vorliegenden Publikation wird insbesondere auch die internationale Bedeutung der Semmeringbahn thematisiert. Soweit es möglich war, wurden vor allem gedruckte Quellen aus der Zeit des Bahnbaues verwendet, aber es wurde auch auf die seit dieser Zeit entstandene Literatur zurückgegriffen. Im Österreichischen Staatsarchiv befindet sich ein schier unerschöpfliches und in vielen Bereichen noch nicht bearbeitetes ungedrucktes Quellenmaterial hinsichtlich zahlreicher Fragen zum (frühen) Eisenbahnwesen in Österreich. In einzelnen Fällen wurden für die vorliegende Publikation Quellen des Österreichischen Staatsarchives benützt, jedoch stellen diese Recherchen keine systematische Bearbeitung dar.

Schon in vielen bisherigen Veröffentlichungen und Gutachten ist der Versuch unternommen worden, eine umfassende Bau- und/oder Betriebsgeschichte der Semmeringbahn zu erstellen. Manche Details in der älteren Literatur, aber auch in anderen (jüngeren) Veröffentlichungen und Stellungnahmen beruhen auf einer unvollständigen bzw. unrichtigen Recherche.[24] Eine besondere Spielart in jüngster Zeit ist die ausdrückliche Verweigerung der Einbeziehung von wissenschaftlichen Erkenntnissen[25] in der populären Historiographie der Semmeringbahn. Trotz der seit den 1930er-Jahren vereinzelt artikulierten Kritik an „Unwahrheiten“[26], werden die vorherrschenden mythologisierenden Geschichen zur Semmeringbahn im Großen und Ganzen unreflektiert weiter tradiert. Als neue, den mythologisierenden Sichtweisen nahestehenden Positionen von einzelnen Akteuren kann das Beharren auf die ‚umgebende Landschaft‘ der Bahn in der Bezeichnung der Welterbestätte angesehen werden, als auch die Befürchtung, dass die Bahn nach dem Bau des Semmering-Basistunnels eingestellt werden würde. Während Ersteres leicht aus den entsprechenden Dokumenten des UNESCO-Welterbezentrums richtiggestellt werden kann,[27] so muss hinsichtlich zweitgenannter Aussage das tausende Seiten umfassende Einreichoperat und der Baubescheid[28] nach den entsprechenden, rechtlich verbindlichen Aussagen des künftigen Betriebsprogrammes (dieses beinhaltet nämlich die Bergstrecke für den Ausweich- bzw. Umleitungsverkehr) durchforstet werden.

Um die Missstände – zumindest in verkehrsgeschichtlicher Hinsicht – zu berichtigen, wurde in den Jahren 1997–1998 im Auftrag der ALLIANCE FOR NATURE* eine Dokumentation über die Planung, den Bau und Betrieb der Semmeringbahn erstellt.[29] Anläßlich der ersten ‚World Railway Heritage Conference‘ am 16. März 1998 in York (UK) konnte diese Dokumentation ICOMOS präsentiert werden.[30] Im Dezember 1998 wurde die Semmeringbahn schließlich als erste Eisenbahnlinie der Welt in die Welterbeliste der UNESCO aufgenommen.[31] Sie steht nun in einer Reihe mit den von der UNESCO ausgezeichneten kulturellen Stätten der Welt wie den Pyramiden von Giseh Abusir, Sakkara und Dahschur in Ägypten, dem Tadsch Mahal in Indien, der Lagunenstadt Venedig, der Inkastadt Machu Picchu etc.

Im Jahr 2017 erfolgte die Aufnahme des Archivbestandes des Technischen Museums Wien zur Semmeringbahn als UNESCO-Weltdokumentenerbe,[32] was von einer umfangreichen Publikation begleitet wurde;[33] hingegen ist in diesem Zusammenhang nicht nachvollziehbar, dass der wesentlich umfangreichere Dokumentbestand des Österreichischen Staatsarchivs zu Bau und Inbetriebhaltung der Semmeringbahn nicht mit einbezogen worden ist.

Für das vorliegende Buch wurde die 1998 erstellte Dokumentation über die Planung, den Bau und Betrieb der Semmeringbahn grundlegend überarbeitet, um zahlreiche Details erweitert und neue Erkenntnisse von Quellenrecherchen im Österreichischen Staatsarchiv eingearbeitet. Ausgehend von den bis zur Mitte des 19. Jahrhunderts gängigen Richtlinien und Baumethoden der Eisenbahnen (Kapitel 2) folgen im Kapitel 3 biographische Notizen zu Carl Ritter von Ghega. Diese bilden die Grundlage für das Verständnis der höchst facettenreichen Baugeschichte (Kapitel 4) sowie des Lokomotiv-Wettbewerbes am Semmering (Kapitel 5). Ein Vergleich mit den bis in die 1860er-Jahre erbauten Gebirgsbahnen (Kapitel 6) stellt die Semmeringbahn in den internationalen Kontext. Das Bild abrundend werden im Kapitel 7 der Schutzstatus, die Nominierung der Semmeringbahn als UNESCO-Welterbestätte im Jahre 1995, deren Aufnahme in die UNESCO-Welterbeliste im Jahr 1998 als kulturelle Stätte sowie die seitdem abgewickelten Aktivitäten behandelt. Das Kapitel 8 ist einer um historische Details ergänzten Streckenbeschreibung gewidmet. Im Kapitel 9 finden sich zahlreiche ergänzende Informationen wie eine Chronik, Informationen über die Baulose, über Viadukte und Tunnels, zu Glockensignalen und Hochbauten, betreffend das Verkehrsaufkommen am Semmering seit Betriebsbeginn sowie Daten zu in Qanatbauweise errichteten Eisenbahntunneln und eine Zusammenstellung der damals gebräuchlichen Maßeinheiten.

2 Der Eisenbahnbau bis in die Mitte des 19. Jahrhunderts

Schon ab dem 16. Jahrhundert wurden in den Bergwerken Englands, Deutschlands und Österreichs Holzbohlen bzw. mit Eisen beschlagene Holzbohlen als Schienen eingesetzt, vor allem um die beladenen Erzwagen leichter rollen zu können. Derartige Transporteinrichtungen kamen später auch in Gießereien zum innerbetrieblichen Transport in Verwendung. Gegen Ende des 18. Jahrhunderts wurden von einigen Eisengießereien Überkapazitäten abgefangen, indem sie gusseiserne Schienen produzierten, welche die vormals in den Betrieben verwendeten (teilweise eisenbeschlagenen) Holzbohlen ersetzten. Die Spurführung der Wagen erfolgte zu jener Zeit entweder durch einen Leitsteg an den Schienen oder durch einen Spurkranz an den Wagenrädern, wodurch die eiserne Bahn vom Prinzip her entwickelt war.[34]

Zu Beginn des 19. Jahrhunderts erfolgten in England und Frankreich die ersten Versuche, die Dampfmaschine selbst als mobiles Fortbewegungsmittel einzusetzen. Die ersten erfolgreichen Versuche, sie als schienengebundenes Fortbewegungsmittel einzusetzen, wurden 1804 in England durch Richard Trevithick durchgeführt. Das starke Aufkommen der Verwendung von Kohle in England verstärkte die Forderung nach leistungsfähigen und kostengünstigen Transportmöglichkeiten. So wurden die ersten Dampflokomotiven zu Transportzwecken in Kohlerevieren Englands in Betrieb genommen. Als in den darauffolgenden Jahrzehnten diese Art des Transportes für Güter und für Personen eingesetzt wurde, konnten englische Fabriken hinsichtlich des Baues der Betriebsmittel von Eisenbahnen (Lokomotiven, Wagen, Schienen, etc.) weitgehend eine Monopolstellung erlangen.

Den englischen Ingenieuren kam aber auch eine führende Rolle bei der Entwicklung der Richtlinien für die Eisenbahntrassierung zu. In den Zwanzigerjahren des 19. Jahrhunderts wurde der in jener Zeit durch Kanalbauten in England bekannte Ingenieur Thomas Telford (1757–1834) als Berater beim Bau der ersten Eisenbahnlinie mit Dampflokomotivbetrieb herangezogen: „Seine Ratschläge scheinen die Ausführung befördert zu haben. In dem prächtigen Bildband, der die Eisenbahnstrecke von Manchester nach Liverpool in dreizehn farbigen Aquatinten feiert, triumphiert die gerade Linie, der Kanal hatte die Eisenbahn vorbereitet.“ [35]

Die Bedeutung Englands in der Entwicklung von Eisenbahnen mit Lokomotivbetrieb war auch Carl Ritter von Ghega nicht entgangen. Er resümierte im Jahr 1853:

> Indessen war der Fortschritt der Eisenbahnen in dem Dezennium von 1830 bis 1840 auf dieser Hemisphäre, vorzüglich aber auf unserem Kontinente, nicht so rasch, wie dies in der nächstfolgenden Zeit der Fall zu sein scheint. Der Grund davon dürfte zunächst in dem Umstande liegen, dass England anfänglich ganz ausschliesslich die Rails und Maschinen erzeugte, Prinzipien aufstellte, Erfahrungen machte, und mit diesem Allem, so zu sagen, ein Monopol trieb, welches auf die Entwickelung unserer Eisenbahnen hemmend einwirkte. [...] Ueberdies waren, rücksichtlich der sogenannten Eisenbahntheorien, damals von den englischen Ingenieuren der Anwendung von Neigungen und Krümmungen für Locomotivbetrieb so enge Grenzen angewiesen, dass die Ausführbarkeit der Locomotivbahn auf nicht flachem Lande in den meisten Fällen problematisch war.[36]

So erschien es nach Meinung erfahrener englischer Eisenbahningenieure zunächst völlig ausgeschlossen, eine Eisenbahn mit Lokomotivbetrieb in hügeligen Gegenden – geschweige denn über die Alpen – zu bauen und gefahrlos zu betreiben.

Die anfängliche Dominanz Englands im frühen Eisenbahnwesen hatte jedoch auch einen Vorteil: Durch den Export englischer Lokomotiven kam es zur Verbreitung der englischen Spurweite (1435 mm), welche in Europa und Nordamerika letztlich zur ‚*Normal*spur‘ wurde. Ob zu Beginn der als *Industrielle Revolution* bezeichneten Zeit eine derartige Standardisierung mittels Richtlinien so rasch und effizient gelungen wäre, ist mehr als fraglich.

Auch wurden massive Bedenken hinsichtlich der Höhe sowie hinsichtlich der klimatischen Bedingungen des zu überschienenden Gebirges geäußert: Es wurde damals als nahezu unmöglich angesehen, eine mit Lokomotiven betriebene Eisenbahn in solche Höhen führen zu wollen. Noch in der Ausschreibung zum Semmering-Lokomotivwettbewerb wurde die Region um den Semmering zu den „rauhesten Gegenden der österreichischen Monarchie“[37] gezählt sowie die Semmeringregion „als der Schneeregion nahe“[38] artikuliert. Weder Menschen noch Maschinen – so die damalige Meinung – könnten eine Eisenbahnfahrt in Höhenregionen wie am Semmering unbeschadet bestehen. Die Angst vor dem Gebirge und den unberechenbaren Witterungseinflüssen war noch im Jahre 1859 so groß, dass Hofrat Robert von Mohl vor dem Bau der Schwarzwaldbahn in Deutschland konstatierte, dass „eine Bahn über die Höhen des Schwarzwaldes [...] aus physischen Gründen unmöglich“[39] sei.

Viele dieser Bedenken konnte Ghega durch die ihm bekannten, damals bereits in Betrieb stehenden Gebirgsbahnen in Europa und Nordamerika zurückweisen.[40] Nicht jedoch in Bezug auf die Höhe des zu überquerenden Gebirges sowie in Bezug auf die Streckenlänge: Ghega nannte 14 in Betrieb stehende „Gebirgsbahnen“, die aber maximal lediglich ein Viertel der Länge der schließlich ausgeführten Semmeringbahn aufwiesen. Weiters erreichten die Schienen dieser Gebirgsbahnen maximal etwa 600 m ü. M., während die Semmeringbahn eine Höhe von knapp 900 m ü. M. erreichen sollte.

2.1 DIE STRECKENFÜHRUNG – GERADE UND KRÜMMUNGEN

Entsprechend den um 1840 gängigen Meinungen zu den Trassierungs-Grundsätzen ermöglichten Radien kleiner als 1.500 Fuß (rd. 460 m) keinen „lucrativen Eisenbahnbetrieb“[41]. Die Grundlagen dieser von englischen Ingenieuren aufgestellten Regel, eine Eisenbahnstrecke in möglichst gerader Linie zu bauen, bilden auf theoretischer Ebene die Newton'schen Bewegungsgesetze[42] und auf praktischer Ebene die Erfahrungen beim Kanalbau.[43] Aber es können auch ökonomische Gründe als Ursachen festgestellt werden: Billigen Arbeitskräften standen in England teure Landflächen gegenüber. Daher lohnte es sich, Kunstbauten wie (gemauerte) Einschnitte,[44], Aufschüttungen und Tunnel anzulegen sowie die Strecke möglichst gerade zu halten, um möglichst wenig Landfläche ankaufen zu müssen. Aufgrund dieser als unumstößlich empfundenen Regel sowie der noch in den Kinderschuhen steckenden Tunnelbautechnik (vgl. 2.4) gab es zunächst keine Möglichkeiten zum Bau von Eisenbahnen mit Lokomotivbetrieb im gebirgigen Gelände. Weiters herrschte in dieser Zeit, in der wegen schlechter Gleislage Entgleisungen von Lokomotiven und Wagen nicht unüblich waren, die Meinung, dass die Züge kleinere als die angegebenen Krümmungen wegen der vermeintlich erhöhten Entgleisungsgefahr nicht mit der nötigen Sicherheit passieren konnten.[45]

Zur Überwindung von Geländeerhebungen errichtete man die so genannten Seilebenen (vgl. 2.5.2). Diese boten die Möglichkeit, auf kurzen Streckenlängen kleinere Höhenzüge zu überwinden. Dieses Bauprinzip wurde auch vorgeschlagen, um in den Alpen eine technisch und ökonomisch akzeptable Betriebsführung einer Eisenbahn zu gewährleisten.[46]

In Nordamerika hingegen waren Arbeitskräfte gefragt und daher teuer,[47] Landflächen hingegen so gut wie wertlos. Nach dem Prinzip „natural resources for capital“[48] wurden in Amerika die Eisenbahnstrecken nicht unbedingt in gerader Linie ausgeführt: sie wichen mit gekrümmten Streckenführungen den natürlichen Hindernissen aus oder folgten den Flußtälern. Dadurch wurden damals auf einigen Strecken schon enge Radien bis 820 Fuß (= 250 m) gebaut.[49] Mit diesem ‚amerikanischen‘ Trassierungssystem wurde letztlich erfolgreich demonstriert, dass sehr wohl engere Krümmungen für einen ungestörten Eisenbahnbetrieb angelegt werden konnten.

Auf Altösterreichs Eisenbahnstrecken zeigt sich der Wandel zu kleineren Krümmungsradien besonders deutlich: Die 1842 eröffnete Strecke von Wien nach Gloggnitz weist als kleinsten Radius 1.615 Fuß (= 492 m) auf.[50] Schon bei der 1844 eröffneten Strecke von Mürzzuschlag nach Graz ist als geringster Kurvenradius 285 m gewählt worden; dieser für damalige Verhältnisse kleine Radius kam allerdings nur an drei Stellen der 94,7 km langen Strecke zur Anwendung.[51]

Ghega kannte diese verschiedenen Arten der Trassierung, und so projektierte er beim Bau der ausgeführten Semmeringbahn Radien bis herab zu 623 Fuß (= 189,7 m). Dabei berief er sich auf seine Beobachtungen während seiner Studienreisen nach England und Nordamerika, insbesondere auf jene bei der Baltimore-Ohio-Eisenbahn.[52] Ghega selbst verwies aber auch auf seine früheren beruflichen Erfahrungen beim Hochgebirgsstraßenbau und wusste dieses umfangreiche Erfahrungsfeld beim Semmering-Bahnbau anzuwenden (vgl. 3). Der gleichmäßige und an die Landschaft angepasste Anstieg der Trasse unter Ausnutzung der Seitentäler blieb im Großen und Ganzen bis in das erste Drittel des 20. Jahrhunderts die anerkannte Methode[53] für den Bau von Eisenbahnen im Gebirge und Hochgebirge. Auf diese Weise konnten weltweit Regionen zur imperialistischen Erschließung und Ausbeutung erschlossen werden, welche mit dem anderen bedeutenden Kolonisationsmittel, dem Dampfschiff, nicht erreicht werden konnten.[54]

2.2 DAS VERSTÄNDNIS VON REIBUNG UND DIE NEIGUNGSVERHÄLTNISSE

Schon beim Bau der ersten Dampflokomotiven zu Beginn des 19. Jahrhunderts waren die meisten Mechaniker und Ingenieure der festen Überzeugung, dass die Reibung der glatten Räder auf den ebenso glatten Schienen nicht ausreichen würde, um die schweren Wagenzüge in der Ebene zu ziehen oder gar mit ihnen Steigungen zu befahren. Als konstruktives Mittel zur Erreichung der vermeintlich erforderlichen Reibung wurden die Lokomotiven mit gezahnten Antriebsrädern versehen, welche in seitlich an den Schienen angebrachte Zahnstangen eingriffen.[55]

Bis etwa 1825 existierten derart angetriebene Eisenbahnen,[56] obwohl nach Ghega[57] schon 1813 diese Überzeugungen durch Beobachtungen von Blackett in England in Frage gestellt wurden. Die Auffassung von der unzureichenden Reibung zwischen angetriebenen, aber glatten Rädern und den glatten Schienen wird verständlicher, wenn man bedenkt, dass zu jener Zeit das Rad erstmalig in der Geschichte nicht mehr von einer augenscheinlichen äußeren Kraft, wie von einem Zugtier, in Bewegung gesetzt wurde, sondern ‚sich selber' in Bewegung setzte. Dies bedeutete nach Schivelbusch einen nicht zu vernachlässigenden Umbruch in der „Geschichte des Rades".[58]

Um eine absolut glatte Strecke – in horizontaler wie auch vertikaler Richtung – herzustellen, mussten neben dem glatten Schienenweg vor allem die Unebenheiten des Geländes ausgeglichen werden. Dies erforderte in den meisten Fällen beachtliche Erdarbeiten in Form von Einschnitten und Dämmen. Bei größeren Unebenheiten des Geländes mussten Tunnel und Viadukte zur ‚Begradigung' errichtet werden.

Während um 1831 eine Neigung von 1 : 250 (4 ‰) als maximal von Lokomotiven bewältigbar angesehen wurde,[59]

> „galt [um 1840] als stehende technische Regel, dass ein lucrativer Eisenbahnbetrieb keine grösseren, langdauernden Neigungen als 1 : 200 [5 ‰] [...] vertrage."[60]

Auf englischen Bahnen hat der Franzose Chevalier de Pambour vergleichende Versuche über die Beziehungen zwischen Lokomotiven und Schienen durchgeführt. Aus den Ergebnissen zog er in den frühen 1840er-Jahren den Schluss, dass die größte Neigung, auf der Verstärkungsmaschinen noch sinnvoll eingesetzt werden könnten, 1 : 100 (10 ‰) betrage.[61]

Um auf kürzeren Distanzen noch stärkere Neigungen als oben genannte zu überwinden, begann man in England nach dem Prinzip der ‚Seilebenen' (vgl. 2.5.2.), größere Geländeunebenheiten zu überwinden. Wie die Schleusen für die Kanäle waren die Seilebenen für die Eisenbahnen die ‚Hubwerke' zur Überwindung von Höhenunterschieden. Dieses englische Eisenbahn-Trassierungssystem blieb in Kontinentaleuropa nahezu zwei Jahrzehnte lang – bis gegen Mitte des 19. Jahrhunderts – das vorherrschende System für den Bau von Eisenbahnen in der Ebene und zur Überwindung von Höhenunterschieden. Die lange Vormachtstellung des englischen Ingenieurs-Gedankengutes wurzelt einerseits darin, dass auf dem europäischen Kontinent – im Gegensatz zu Nordamerika – keine übermäßigen Schwierigkeiten mit dem Einkauf von Eisenbahnmaterial aus England verbunden waren, und andererseits, dass die allgemein bekannten Ingenieure des englischen Eisenbahnbaues – allen voran Robert Stephenson – gerne zu Beratungszwecken herangezogen wurden.[62]

Doch schon zu Beginn der 1840er-Jahre fand hinsichtlich der Vorstellungen über Neigungsverhältnisse langsam ein Umdenken statt.

In England wurde bei Versuchen auf Seilebenen beobachtet, dass Lokomotiven durchaus imstande sind, auch steilere Streckenabschnitte ohne Seil als Hilfsmittel zu überwinden (auf Neigungen bis zu 1 : 37,5, d. h. 26,7 ‰). Nach diesen Versuchen wurde der Lokomotivbetrieb auf den meist jedoch nur kurzen Steilstücken (max. 2¼ Meilen lang[63]) eingeführt. Dass dies aber nicht ohne Probleme ablief, konnte Ghega im Rahmen seiner Studienreise nach England und Nordamerika in Erfahrung bringen.[64]

Aufgrund der Lieferschwierigkeiten von Eisenbahnmaterial aus dem fernen England entwickelte sich in Nordamerika sehr rasch ein neues Trassierungssystem: Merkmale dieses amerikanischen Trassierungssystems waren neben den markant stärkeren Krümmungen (vgl. 2.1) die deutlich größeren Neigungen (bis zu 1 : 50 bzw. 20 ‰, für kurze Strecken auch darüber).[65]

Ghega lernte diese Art des Trassierens auf seiner Amerikareise im Jahr 1842 bei der Baltimore-Ohio-Eisenbahn kennen:

> Sie [die Baltimore-Ohio-Eisenbahn, G. D.] hat naemlich durch Anwendung der bisher auf der östlichen Hemisphäre für Locomotivbahnen nicht gewagten scharfen Krümmungen und starken Steigungen thatsächlich bewiesen, dass in den meisten Fällen von vorkommenden Terrainshindernissen die Anlegung von Bahnkrümmungen mit kleinen Halbmessern und starken Bahnsteigungen, den Bau bedeutend zu erleichtern und manche kostspielige Objecte entbehrlich zu machen vermag, ohne dabei dem ungehinderten Betriebe mit Locomotiven in Weg zu treten.[66]

Nach Ghega wurde bei den Hauptlinien in Nordamerika der Grundsatz befolgt, das Neigungsverhältnis von 1 : 50 (20 ‰) nicht zu überschreiten, „selbst wenn Locomotiven schwerer Cathegorie angewendet werden".[67] Er berichtete im Jahr 1844 ebenfalls, dass die Amerikaner bereits die Seile von den schiefen Ebenen abbauten und die Strecken entweder mit Pferden betrieben,[68] direkt mit Lokomotiven befuhren, oder, bei sehr steilen Rampen, Ersatzstrecken mit einer Neigung von rund 1 : 60 (16,7 ‰) errichteten. Im Vergleich zur künftigen Überschienung des Semmerings waren diese Neigungsstrecken jedoch nur kurz und die beförderten Lasten gering.[69]

2.3 HOCHBAUTEN – BRÜCKEN UND VIADUKTE

Im beginnenden Eisenbahn-Zeitalter waren die theoretischen Grundlagen des Eisenbahnbrückenbaues noch wenig entwickelt. So gab es bis gegen Mitte des 19. Jahrhunderts noch keine Berechnungsmethoden für die Brückendimensionierung im heutigen Sinn (vgl. 2.3.2.), weshalb schon die kleinsten Abweichungen von den damaligen Erfahrungen Neuland bedeuteten. Noch nie zuvor wurden über Brücken derart schwere Lasten, wie sie Eisenbahnzüge nun einmal darstellen, transportiert. Deshalb wurden Eisenbahnbrücken meistens ohne jede Neigung ausgeführt bzw. die Streckenneigung stark reduziert. An den Bau von in Krümmungen liegenden Brücken wagte man sich lange Zeit überhaupt nicht heran.

Ein kurzer Rückblick auf die Geschichte zeigt, dass in früheren Zeiten der Brückenbau einzelnen Baumeistern und Gelehrten vorbehalten war und die Dimensionierung der Brückenbauten auf Erfahrungen und auf der Proportionenlehre gründete. Auch waren die auftretenden Belastungen noch nicht besonders groß.[70] Durch die im Zeitalter des neuen Verkehrsmittels Eisenbahn rasch ansteigenden Geschwindigkeiten und transportierten Massen sowie das durch zahlreiche Kunstbauten erforderliche englische Trassierungssystem stieg der Bedarf von Brückenbauten rasch an. Der Wunsch, das technisch Mögliche zu verwirklichen und die vorhandenen Baumaterialien rationell zu nutzen, weiters die Sicherheit zu erhöhen und außerdem schon im Vorhinein Rechenschaft abgeben zu können, wurde von vielen Ingenieuren des 19. Jahrhunderts geteilt und mittels der „Mathematisierung des Brückenbaus“[71] zu bewältigen versucht. Wegen der – nach heutigen Gesichtspunkten – unzulänglichen Kommunikationsmöglichkeiten über größere Distanzen[72] hing die Wahl der Brückenkonstruktion und des Baumaterials oft davon ab, was vor Ort bereits bekannt und einschätzbar war,[73] wobei beim Brückenbau neben Holz und Stein auch Ziegel und – am europäischen Kontinent zunächst noch zögerlich – Eisen zum Einsatz gelangte.

In dieser Anfangszeit des Eisenbahn-Brückenbaues waren Brückeneinstürze nicht selten. Beispielsweise stürzte 1845 der 30 m hohe Viadukt von Barentin in Frankreich unmittelbar vor seiner Vollendung völlig ein, „ohne dass auch nur einer seiner 28 Pfeiler stehenblieb“.[74] Nach dem Wiederaufbau, welcher 1847 vollendet war, mussten schließlich Brückenproben zum Nachweis der Festigkeit ausgeführt werden. Dazu, so die zeitgenössische Fachpresse, passierten auf dem zweigleisigen Viadukt Eisenbahnzüge mit je 25 beladenen Waggons nebeneinander in derselben Richtung und mit gleicher Geschwindigkeit 200 Mal (!) den Viadukt.[75]

Vor allem die größeren Geschwindigkeiten – und deren Zunahme zwischen 1830 und 1850[76] – bereitete den ausführenden Ingenieuren große Probleme:

Der Begriff der kritischen Geschwindigkeit wurde entwickelt. Damit ist jene Geschwindigkeit gemeint, bei der die Zeit einer Umdrehung der Triebräder der Lokomotive der Periode einer freien Schwingung der Brücke entspricht. Im Bereich der kritischen Geschwindigkeit werden zusätzlich starke Resonanzschwingungen hervorgerufen, wobei sich die Schwingungen aufschaukeln und zum Einsturz der Brücke führen können. Die Brückenbauwerke waren bis in ihre Fundamente hinein starken mechanischen Erschütterungen ausgesetzt, die durch die kurz aufeinanderfolgenden Schienenstöße bei Schienenlängen von weniger als 7 m hervorgerufen wurden.[77]

2.3.1 Eisenkonstruktionen

Die Verwendung des Eisens für den Brückenbau ging in Europa von England aus, das vorerst auch führend im Eisenbrückenbau wurde.[78] Die ersten Eisenbrücken entstanden schon vor dem eigentlichen Aufkommen der Eisenbahnen gegen Ende des 18. Jahrhunderts: Die Coalbrookdale-Brücke in England[79] wurde 1778 gegossen, im darauffolgenden Jahr aufgestellt und ist weltweit die erste gusseiserne Brückenkonstruktion. Sie ist in der Fahrbahn geradlinig, weist einen Bogen mit einer Spannweite von 30,6 m auf und wurde bautechnisch den hölzernen Fachwerkbrücken nachempfunden.[80] 1796 entstand die erste gusseiserne Brücke auf dem europäischen Kontinent, in Laasan in Schlesien.[81] Mit 11,5 m Spannweite war sie deutlich kürzer als die – als Vorbild dienende – englische Brücke bei Coalbrookdale. Weitere eiserne Brücken entstanden um 1800 im Wörlitzer Park in Sachsen und um 1801 die in Paris zur Überbrückung der Seine.[82]

Für kleinere Eisenbahnbrücken wurde Gusseisen seit Beginn des Eisenbahn-Zeitalters eingesetzt: Bereits 1823 konstruierte George Stephenson eine Brücke aus Gusseisen für die Strecke Stockton-Darlington.[83] Wegen der für die schweren Eisenbahnzüge zu geringen mechanischen Festigkeit von Gusseisen kam man von derartigen Konstruktionen bald wieder ab. Schon auf der 1830 eröffneten Strecke Liverpool–Manchester wurde lediglich eine der 63 – mehrheitlich steinernen – Brücken aus Gusseisen gefertigt.[84]

Die Verwendung großer, gusseiserner Eisenbahnbrücken war noch bis Mitte der 1840er-Jahre nicht ratsam: Um 1843 stürzte bei der Chester-Holyhead-Eisenbahn eine gusseiserne Brücke ein, und 1844 lehnte das englische Parlament den Bau einer Eisenbahn-Bogenbrücke aus diesem Werkstoff (2 Bögen mit je 110 m Länge) ab.[85] So nahm man in der folgenden Zeit vom Gusseisen, auch wegen des schwierigen Gussvorganges, wieder Abstand. Erfolgreicher zeigten sich jedoch andere Bauarten: In den 1840er-Jahren entstanden in England große Brückenbauten mit Blech- und Gitterträgern, wie beispielsweise die unter Leitung von Robert Stephenson errichtete, eingleisige und geradlinige Britannia-Brücke über die Meerenge von Menai (Bauzeit: 1846–1850). Da diese Meerenge auch von Hochseeschiffen befahren wurde, musste eine ausreichende Durchfahrtshöhe gewährleistet werden. Auf den Pfeilern, welche aus Stein aufgemauert wurden, ruhen die eisernen, vollwandigen Kastenträger mit Spannweiten der zwei Mittelöffnungen zu je 142 m und den beiden äußeren Öffnungen zu je 71 m.[86] Später, als dann detaillierte Berechnungsmethoden zur Auslegung der Brückendimensionen zur Verfügung standen, wurde das Prinzip der vollwandigen Kastenträger durch Fachwerkkonstruktionen abgelöst, die sich schon im Holzbrückenbau bewährt hatten.[87]

In Deutschland wurde die erste Bahnbrücke aus Gusseisen im Jahre 1853 bei Günzburg in Bayern errichtet,[88] und viere Jahr später proklamierte der deutsche Eisenbahningenieur Max Maria von Weber euphorisch, dass das Baumaterial dieser Zeit das Eisen sei.[89] Dieses Urteil verlor in der folgenden Zeit zwar prinzipiell nicht an Bedeutung, jedoch schrieb Weber im Jahr 1885 bezüglich Eisenbahnbrücken wesentlich differenzierter:

> Über die Dauer der eisernen Brücken den steinernen gegenüber läßt sich zur Zeit noch kein endgültiges Urteil abgeben. Im allgemeinen werden aber eiserne Brücken unter Berücksichtigung der etwas grö-

ßeren Unterhaltungskosten nur bei großen Höhen und großen Spannweiten billiger zu stehen kommen als steinerne.[90]

Die seit Beginn des 19.Jahrhunderts gebauten eisernen Ketten- und Hängebrücken erwiesen sich für den Eisenbahnbetrieb zunächst als wenig geeignet: Durch Resonanzeffekte kam es bei diesen Konstruktionen zu besonders starken Eigenschwingungen, welche Überbeanspruchungen der Baumaterialien hervorriefen und bis zum Einsturz der Brücken führten: Im Zeitraum von 1811 bis 1850 stürzten insgesamt 16 eiserne Ketten- oder Hängebrücken ein, 13 davon in Großbritannien und je eine in Frankreich, Deutschland und den Vereinigten Staaten von Nordamerika.[91]

2.3.2 Konstruktionen aus Holz, Stein und Ziegel

Auf dem europäischen Festland wurden Eisenbahnbrücken bis in die Vierzigerjahre des 19. Jahrhunderts oftmals aus Holz errichtet.[92] Im Gegensatz zu England fehlte am Kontinent eine leistungsfähige Eisenindustrie, hingegen konnte auf einen größeren Holzreichtum zurückgegriffen werden. Aufgrund der leichten Entzündlichkeit und der geringen Lebensdauer der hölzernen Brücken ging man bald auf die Errichtung von steinernen und aus Ziegeln gemauerten Viadukten über.[93] Dafür mussten die Ingenieure zunächst mangels Berechnungsmethoden auf römische Vorbilder zurückgreifen,[94] wie beispielsweise auf den Aquädukt von Pont du Gard[95] (Wasserleitung von Uzès nach Nimes, Frankreich) und den Aquädukt von Segovia[96] nördlich von Madrid (Spanien). Diese Bauwerke boten letztlich nur grobe Richtlinien hinsichtlich der Proportionen, was besonders bei einem Vergleich der Belastungen der Bauwerke ersichtlich wird: Bei den Aquädukten betrug die gleichmäßige Last (bei einem Kanalquerschnitt von 1,2 m Breite und 1,65 m Höhe[97]) maximal 2 t/m des langsam fließenden Wassers. Am Semmering setzte Ghega[98] eine Achslast von knapp 14 t durch die (fahrenden) Züge voraus, welche aber gegenüber römischen Aquädukten zu einer etwa fünfmal höheren (statischen) Belastung des Bauwerks führte.[99]

Die Konstruktionen unterscheiden sich nach der Form der Bögen in Halbkreisgewölbe, überhöhte Bögen, Stichbögen, elliptische Bögen, Korbbögen etc., welche nach Maßgabe der gegebenen Höhenverhältnisse, des Materials und des Geschmackes angewendet werden. Spitzbögen finden zweckmäßigerweise im Brückenbau keine Verwendung.[100]

Beispiele für große Eisenbahn-Brückenbauten vor Beginn des Baues der Semmeringbahn waren in Österreich die steinernen Viadukte (mit Halbkreisgewölben) der Kaiser-Ferdinand-Nordbahn bei Brünn und Raigern (um 1838)[101] und der ‚Mattersdorfer' Viadukt in Mattersburg auf der Strecke Wr. Neustadt–Ödenburg (1845–47) sowie die Holzkonstruktionen der südlichen Staatseisenbahn Mürzzuschlag–Graz, allen voran die große Brücke über die Mur bei Peggau.[102]

Die in der damaligen Zeit auftretenden technischen Probleme beim Bau großer Talübergänge seien noch kurz anhand des gut dokumentierten Baues der Göltzsch- und Elstertalbrücke der sächsisch-bayrischen Eisenbahn in Deutschland aufgezeigt:[103]

Bei der Trassenwahl dieser Eisenbahnlinie wurde besonders auf die zu querenden Täler geachtet. Der Oberingenieur Rainer Wilke entwarf 1844 mehrere Trassen, um einerseits auf der gesamten Strecke das Neigungsmaximum von 1 : 100 (10 ‰) einhalten zu können, und um andererseits die günstigsten Stellen zur Überwindung von Göltzsch- und Elstertal zu lokalisieren. Dass diese beiden Brücken zu den damals höchsten der Welt gehören mussten, war Wilke schon bald klar. Die im Juli 1851 eröffnete Göltzschtalbrücke wurde 574 m lang und 78 m hoch bei einer größten Spannweite von 30 m. Die ebenfalls 1851 dem Verkehr übergebene Elstertalbrücke war hingegen 274 m lang, 68 m hoch und ihre Spannweite wies maximal 31 m auf.

Beide Viadukte verliefen geradlinig, um die kürzeste Überquerung der Täler zu gewährleisten. Schon in der Projektphase vor Baubeginn veranlasste das Direktorium der Eisenbahn und die sächsische Regierung

> nochmals die Möglichkeit einer anderen Linienführung von fremden Fachleuten [zu] prüfen. Unabhängig voneinander bestätigten diese, dass sich keine Strecke in ebenso günstiger Weise für den Bau und den Betrieb der Eisenbahn eignete wie die von Wilke empfohlene.[104]

Darauffolgend wurde im Jänner 1845 ein Brückenbau-Wettbewerb ausgeschrieben, für den sich insgesamt 81 Baufachleute anmeldeten: Viele schlugen einen Steinbau vor, jedoch wurden auch Vorschläge aus Holz oder Eisen eingereicht.

> Die ungewöhnliche Größe der Göltzschtalbrücke, ihre Zweckbestimmung und die Notwendigkeit, ihr eine hohe Lebensdauer bei guter Reparaturmöglichkeit zu sichern, veranlaßte die Kommission, von der Verwendung von Holz und Eisen abzusehen und einen Baustoff zu wählen, der von vornherein die größten Garantien für ein Gelingen der Überbrückung bot.[105]

Der für den Brückenbau gewünschte Baustoff wurde wegen der großen Entfernung der Steinbrüche schließlich in Form von Ziegeln aus den großen Lehmlagern in der Nähe der Eisenbahn und der Brückenbaustellen gefunden.

Die Preisrichter stellten jedoch auch die Bedingung,[106] dass nur ein mathematisch begründeter Entwurf dem Bau zugrunde gelegt werden dürfe. Dabei zeigte sich sehr deutlich, dass die Eisenbahn-Brückenbautechnik noch in den Kinderschuhen steckte:

> Obwohl sich unter den Einsendern bedeutende Fachleute befanden, fehlte den Projekten eine exakte statische Berechnung, die von der künftigen Belastung der Brücke, ihrer Größe und der Tragfähigkeit des verfügbaren Baumaterials ausging und danach die Abmessungen der einzelnen Teile der Konstruktion (z. B. Pfeilerstärken) bestimmte. Was sich hier zeigte, war aber nur der Ausdruck einer allgemeinen Erscheinung.[107]

Aufgrund dieser ‚allgemeinen Erscheinung' entwickelte der Vorsitzende der Kommission, Prof. Johann A. Schubert, eine Brückenbautheorie, die am Göltzschtal- und Elstertalviadukt erstmals praktisch erprobt wurde. Diese „Theorie der Konstruktion steinerner Bogenbrücken“ wurde schließlich von Schubert in den Jahren 1847/48 veröffentlicht.

Die Vorbereitungsarbeiten für beide Viadukte begannen Mitte 1845, und die Grundsteinlegung der Göltzschtalbrücke erfolgte am 31. Mai 1846. Geplant war bei der Göltzschtalbrücke eine durchgehend vierstöckige Konstruktion mit gleich großen Bogen-Spannweiten. Wegen Problemen in der Fundamentierung des mittleren Pfeilers kam jedoch an dieser Stelle ein doppelt so weit gespannter Bogen – in zwei statt vier Etagen – zur Ausführung. Die Elstertalbrücke wurde schließlich, obwohl sie ebenfalls viergeschossig geplant war, nur zweigeschossig ausgeführt.

Finanzielle Schwierigkeiten der Eisenbahngesellschaft im Herbst 1846 und der Verkauf der Gesellschaft an den sächsischen Staat Anfang 1847 verzögerten die Arbeiten. Im Frühjahr 1849 war die erste Etage der Göltzschtalbrücke fertiggestellt und im September 1850 die vierte Etage. Die Brückenkrone, die Brüstung und die Fahrbahn wurden in den folgenden Monaten fertiggestellt, sodass die Einweihung der Göltzschtalbrücke am 15. Juli 1851 stattfinden konnte.

Aufgrund der Dominanz der Regeln des englischen Trassierungssystems, aber auch wegen des noch mangelnden Wissens bezüglich der Dimensionierung wurden die größeren Eisenbahn-Viadukte zunächst geradlinig angelegt. Dabei wurden die Talübergänge so projektiert, dass diese die kürzeste Verbindung zwischen den beiden Talhängen darstellten. Ebenso wurden Neigungen auf den Brückenbauwerken vermieden, und wenn dies nicht möglich war, zumindest die Neigung deutlich verringert.[108]

Erst mit dem amerikanischen Trassierungssystem der den gekrümmten Flusstälern folgenden Eisenbahntrassen kamen Eisenbahnbrücken mit gekrümmter Fahrbahn zur Anwendung. Damit wurden die Brückenbauwerke zusätzlich mit der auftretenden Fliehkraft der Eisenbahnzüge[109] belastet. Der erste in einer Krümmung erbaute Eisenbahnviadukt war die Übersetzung des Patapsco-Flusses der Baltimore-Ohio-Zweiglinie von Elk-Ridge-Lauding nach Washington (USA).[110] Erbaut 1835, übersetzt dieser Granitbau kurz nach der Station Elk-Ridge-Lauding den Patapsco in einer Höhe von 66 Fuß (20,1 m) mit 8 halbkreisförmigen Bögen zu je 58 Fuß (17,7 m) lichter Weite;[111] die Gesamtlänge – mit den am Ufer liegenden Stützmauern – beträgt 660 Fuß (201 m). Eine weitere in einer Krümmung gebaute Eisenbahnbrücke wurde von Ghega 1844 beschrieben, und zwar die hölzerne Brücke mit Sprengwerk bei Harpes Ferry/West Virginia, USA. Zunächst als gerade, eingleisige Brücke der Linie Baltimore–Harpes Ferry gebaut, wurde sie 1841–1842 um ein Gleis erweitert, welches jedoch nach dem zweiten Pfeiler in eine Krümmung übergeht und nach Cumberland weiterführt.[112]

Bei der Semmeringbahn kamen fünf große Viadukte in Krümmungen *und* Neigungen liegend zur Ausführung, mit denen technisches Neuland beschritten werden[113] musste: Der Schwarza-Viadukt bei Payerbach, der Wagnergraben-Viadukt, der Gamperlgraben-Viadukt, der Viadukt über die Kalte Rinne und der Untere Adlitzgraben-Viadukt. Diese Bauwerke liegen in Neigungen von bis zu 1 : 45 (22 ‰) bei minimalen Krümmungen von 189,7 m. Am Unteren-Adlitzgraben-Viadukt kam es jedoch schon ein Jahr nach Inbetriebnahme zu Rissen in den Gewölben, was zu baulichen Ergänzungen führte: Zur Stabilisierung des Bauwerkes und zur Aufnahme der Fliehkräfte der fahrenden Züge wurden zunächst an den drei Mittelpfeiler (später dann an drei weiteren Pfeilern) kräftige Streben an der Außenseite angebracht sowie die Gewölbe durch Innenringe verstärkt.[114]

2.4 TECHNIK DES EISENBAHN-TUNNELBAUES

Bis heute ist keine

> der gegenwärtig noch virulenten Ideen von weltverbesserndem Anspruchsniveau […] tiefer in der Fortschrittsideologie des 19. Jahr-

> hunderts verwurzelt als die Korrektur irdischer Oberflächenmängel durch Untertunnelung derselben.[115]

Dieses seit dem 19. Jahrhundert im abendländischen Denken fest verankerte Gedankengut hat ihre Wurzeln in der Antike bzw. im Vorderen Orient: Die ersten Tunnel wurden in Persien und in Südarabien zu Bewässerungszwecken schon vor der Epoche des Römischen Reiches errichtet.[116]

Zu Beginn des Eisenbahn-Zeitalters konnte bei Tunnelbauten zwar auf die seit dem Mittelalter verstärkt entwickelte Bergwerkstechnik zurückgegriffen werden, jedoch musste der Vortrieb zunächst weitgehend händisch erfolgen – ohne die erst in der zweiten Hälfte des 19. Jahrhunderts erfundene Gesteinsbohrmaschine und ohne Dynamit als leistungsfähigen Sprengstoff. In Anbetracht dessen konnten in einigermaßen vertretbaren Zeiträumen keine längeren Tunnelbauwerke mit größerer Überdeckung in Angriff genommen werden. Die schon in römischen Zeiten angewandte Qanat-Bauweise diente primär zur Eingrenzung der Bauzeit, indem von der Erdoberfläche in regelmäßigen Abständen mehrere senkrechte oder schräge Schächte bis zur künftigen Tunnelachse vorgetrieben wurden. Nach Erreichen der Tunnelachse begann der eigentliche Tunnelvortrieb: entgegengesetzt in beide Tunnelrichtungen. Damit konnte der Tunnelbau an mehreren Stellen gleichzeitig in Angriff genommen werden und nicht nur von den beiden Tunnelportalen ausgehend. Ein bedeutender Vorteil dieser Bauweise war auch der kürzere Transport des Ausbruchsgesteins unter Tage von den Stollenköpfen bis zu den 70–150 m entfernten Schächten. Mittels Seilwinden erfolgte der Abtransport das Ausbruchsgestein durch diese Schächte. Ein weiterer, nicht unwesentlicher Grund für die Wahl der Qanat-Bauweise war außerdem die leichtere Durchführbarkeit der Bewetterung (Belüftung) der relativ kurzen Stollenabschnitte durch die vielen Schächte.

Wegen dieser Vorteile setzte sich die Qanat-Bauweise bei größeren Tunnelbauten schon im Römischen Reich durch und wurde später im europäischen Mittelalter ebenso angewendet wie in der

Neuzeit bei den Schifffahrts-Kanalbauten ab dem 17. Jahrhundert.[117] Durch die Massengüter wie Erze, Kohlen o. ä. wurden Streckenverkürzungen durch Tunnel erstmals ökonomisch vertretbar, während die frühen Tunnelbauwerke hauptsächlich Be- und Entwässerungszwecken dienten (und damit genau genommen Stollen sind).[118]

Zu Beginn des 19. Jahrhunderts begannen schließlich die neu entstandenen Eisenbahnen aufgrund der größeren Transportgeschwindigkeiten sowie wegen der Unabhängigkeit von Wasserstand und Witterung (vor allem Frost) den Kanälen den Rang abzulaufen. Die englischen Eisenbahnbauten standen von Beginn an eng mit dem damals schon hochentwickelten Kanalbau in Verbindung. So zog beispielsweise George Stephenson im Jahre 1829 zum Bau der Liverpool-Manchester-Eisenbahn den im Kanalbau tätigen Thomas Telford zu Rate.[119] Die Tunnel waren seit Beginn des Eisenbahnzeitalters repräsentative Bauwerke der privaten oder staatlichen Auftraggeber, wie z. B. in S. G. Hughes repräsentativen Bildband für die Liverpool-Manchester-Eisenbahn.[120] Auf 13 farbigen Blättern werden Viadukte und Tunnel[121] wie Pathosformeln zitiert. Einschnitte und Aufschüttungen der neuen Strecke werden dargestellt: Allen voran jedoch, die Bedeutung dieser Kunstbauten zusätzlich unterstreichend, wird als erste Tafel ein Tunnelportal gezeigt.

In den folgenden Jahrzehnten versuchten Eisenbahngesellschaften die durch gebirgige Regionen getrennten Räume aus wirtschaftlichen und machtpolitischen Interessen zu verbinden, wodurch den Tunnelbauten eine besondere Bedeutung zukam:

> Den Unzulänglichkeiten des Globus setzt er [der Ingenieur, G. D.] den Rigorismus der alles perforierenden Geraden entgegen. Als direkte Verbindung zwischen zwei Punkten gilt seitdem der Tunnel – jene finstere Röhre, durch die der maschinell beschleunigte Fortschrittsmensch sein Fortkommen sucht.
>
> Ausgehend von der begründeten Vermutung, dass in der modernen Welt sich nichts und niemand am Ort der Wünsche befindet, prognostizieren die Verkehrsplaner einen unabsehbaren Dislozierungsbedarf;

noch weit entfernt von der Entdeckung der Langsamkeit und deren humanen Aspekten setzen die Tunnelbauer auf ein ungebremstes Beschleunigungsverlangen.[122]

Wassereinbrüche, Erdrutsche und hohe Gesteinstemperaturen führten oftmals zu Schwierigkeiten beim Bau. Die Auseinandersetzung mit ihnen und ihre Bewältigung führte wegen der rasch steigenden Zahl an Tunnelbauten ab der zweiten Hälfte des 19. Jahrhunderts von der „Schule des Empirismus" zur „Theorie innerhalb der Wissenschaft".[123] Damit einhergehend trägt die (technische) Bewältigung der mit den Tunnelbauten zusammenhängenden Schwierigkeiten auch dazu bei, dass Fortschrittsglaube sowie Begeisterung und Stolz auf die Ingenieurskunst – jenseits aller nationalen Konkurrenz – ‚zivilisatorischer' Konsens im Abendland wird.[124]

So entwickelte sich ab 1830 weitgehend parallel eine englische, belgische, österreichische, deutsche und italienische Tunnelbauweise. Diese national konnotierten Bauweisen unterscheiden sich jedoch lediglich in den Verfahren, wie der Gesteinsausbruch bei schwierigen Gebirgsverhältnissen zu erfolgen hatte: Zunächst wurde nur ein Teil des zukünftigen Tunnelquerschnittes ausgebrochen, dieser Stollen mittels massiver Holzkonstruktionen abgestützt und danach konnte das Profil nach einem bestimmten, gewissermaßen ‚national' konnotierten Schema auf das Sollmaß aufgeweitet und ausgemauert werden.

Bis in die späten 1850er-Jahre wurde bei längeren Tunnelbauten – primär aus Zeitgründen – weiterhin die Qanat-Bauweise angewendet.[125] Der Tunnelbau erfolgte damals noch weitestgehend mittels Handarbeit: Die Bohrlöcher mussten mit Hammer und Meißel in den Fels geschlagen werden, in welche schließlich Schwarzpulver zum Sprengen gefüllt wurde. Je nach Standfestigkeit des Gebirges wurde der Tunnel nach dem Vollausbruch ausgemauert oder bei festem Gestein unausgemauert belassen.

Erst mit dem Einsatz der druckluftbetriebenen Tunnelbohrmaschine ab 1857[126] und des sprengtechnisch deutlich wirksameren Dynamits ab 1867[127] wurde die Qanat-Bauweise immer seltener angewandt und geriet immer mehr in Vergessenheit. Der Tunnelvortrieb begann in weiterer Folge nur noch von zwei Punkten – nämlich von den künftigen Tunnelportalen. Die fertiggestellten Tunnelbauten bereiteten aber auch im alltäglichen Betrieb Probleme: so beschädigten Bergwässer, in Kombination mit den aggressiven Abgasen der Dampflokomotiven, die Tunnelausmauerung erheblich. Ab Beginn des 20. Jahrhunderts ging man schließlich dazu über, die Tunnel gegenüber dem Gebirge abzudichten.[128]

Mit der Anwendung der Tunnelbautechnik auf die eisenbahntechnisch zuvor unzugänglichen Alpen wird deutlich, dass mit dem Bau des Semmering-Haupttunnels „der eigentliche Anfang der großen Alpentunnel gemacht“[129] wurde. Die Erfahrungen aufgrund der verschiedenen geologischen Gebirgsschichtungen in der Semmering-Region führten letztlich auch zur Entwicklung einer Theorie des Tunnelbaues: Der am Semmeringbahn-Bau mitwirkende Franz von Rziha (1831–1897) veröffentlichte 1863 erstmalig das ‚Lehrbuch über die gesamte Tunnelbaukunst‘, das maßgebend für den modernen Tunnelbau wurde.[130]

2.5 DIE BETRIEBSMITTEL – UNTERSCHIEDLICHE SYSTEME

2.5.1 Dampflokomotiven

Die Dampflokomotive wurde ab Beginn des 19. Jahrhunderts von England aus über die Welt verbreitet. Zunächst bewirkte der Entwicklungsvorsprung Englands im Lokomotivbau, dass englische Lokomotiven in zahlreiche Länder exportiert wurden: nach Belgien, Deutschland, Frankreich, Österreich sowie in die Vereinigten Staaten von Amerika.

In den ersten Jahren des Lokomotivbaues konnte die *englische* Bauart folgendermaßen charakterisiert werden: Um die Dampfzylinder vor Umwelteinflüssen so weit wie möglich zu schützen, wurden diese innerhalb des Rahmens liegend angeordnet.[131] Dies erschwerte jedoch die Wartung der Zylinder und erforderte schwierig herzustellende gekröpfte Treibachsen.[132] Weitere Charakteristika waren die mit Blech beschlagenen hölzernen Rahmen der Lokomotiven[133] sowie die mindestens 5 bis 6 Fuß (1,52 bis 1,82 m) im Durchmesser messenden Treibräder.[134] Vorteil dieser Lokomotivbauart war der ruhige Lauf bei größeren Geschwindigkeiten auf gut verlegten Gleisen.

Wegen der langen Transportwege begannen die ersten nordamerikanischen Fabriken schon im Jahre 1831 eigene Lokomotiven zu bauen.[135] Diese unterschieden sich von den aus England stammenden grundlegend. Die Zylinder wurden wartungsfreundlich außerhalb des Rahmens angebracht, welcher ebenfalls zunächst aus mit Blechen beschlagenem Holz bestand. Die Triebachsen hatten wegen der außenliegenden Zylinder keine Kröpfung und konnten somit einfacher hergestellt werden.[136] Während bei den englischen Lokomotiven alle Achsen starr im Rahmen gelagert wurden, war in Nordamerika bei den vorderen Rädern ein bewegliches vierrädriges Gestell üblich, welches „sich leicht nach den Bahnkrümmungen stellt, und den Gang der Maschine durch dieselben erleichtert".[137] Aufgrund dieser für die damaligen Verhältnisse außergewöhnliche Konstruktionsart kam die angetriebene Achse in unmittelbarer Nähe des Feuerkastens zu liegen, wodurch ein Großteil des Lokomotivgewichtes für die Reibung und damit für die Zugkraft wirksam gemacht werden konnte. Die steigenden Verkehrsleistungen sowie die erwünschte größere Zugkraft der Lokomotiven bewirkten, dass ab etwa 1840 eine zweite Achse mit gekuppelt wurde.[138] Diese Konstruktionsart, zwei vorlaufende und beweglich angebrachte Achsen und zwei angetriebene Achsen, wurde seither als die *amerikanische* Bauart bezeichnet. Sie eignete sich besonders bei kurviger Streckenführung und wurde bis ins 20. Jahrhundert hinein gebaut.[139] Neben der veränderten Achsanordnung waren im Vergleich zu den englischen Lokomotiven auch die kleineren Treibräder ein Charakteristikum der amerikanischen Lokomotiven jener Zeit: Der Durchmesser betrug zumeist 4 Fuß (1,22 m) und konnte bei Güterzug-Lokomotiven bis herab zu 3 Fuß (0,91 m) Durchmesser betragen.[140]

Ein weiterer wichtiger Unterschied zwischen der englischen und der amerikanischen Lokomotivkonstruktionsart bestand zu jener Zeit in der Art der Feuerung: Während die englischen Dampflokomotiven mit entschwefelter Steinkohle (Koks) betrieben wurden, kam bei den amerikanischen zunächst Holz (Fichtenholz) zum Einsatz; im Laufe der Zeit ging man in Amerika auch auf Steinkohlenfeuerung über, jedoch verheizte man sie, ohne vorher den aufwendigen Verkokungsprozess ausgeführt zu haben.

Im Lokomotivbau herrschte zu jener Zeit noch Ungewissheit in Bezug auf die Verwendung von Dampflokomotiven bei kalten Witterungsverhältnissen – speziell unter 0 °C. Diese Bedenken griff Ghega in seiner Publikation von 1844 auf – und versuchte sie mit seinen Beobachtungen zu widerlegen:

> Man hat zwar gegen die freie Stellung der Cylinder das Bedenken aufgeworfen, diesselben wären, bei ihrer unmittelbaren Berührung mit der Atmosphäre im Winter zu sehr der Kälte ausgesetzt, und der Dampf darinnen wäre dadurch leicht dem Condensiren unterworfen; allein die Erfahrung widerlegt dieses Bedenken gänzlich, denn es ist kein Fall vorgekommen, wo die Cylinder in der Folge eines solchen Übelstandes ihren Dienst versagt hätten, auch in den nördlichsten Staaten nicht, wo es an Kälte, Schnee und Frost nicht fehlt, wo der Betrieb der Bahnen wohl durch Schneewehen erschwert, das Erschwerniss jedoch durch die Wirkung der Locomotive selbst überwunden wird.[141]

Demnach sah man in Schnee und Kälte den ärgsten Feind der Eisenbahnen.[142] Dem Dampflokomotivbetrieb bei niedrigen Außentemperaturen und widrigen Witterungsbedingungen wurde noch einige Zeit besondere Beachtung geschenkt. So berichtete 1849 die Stuttgarter Eisenbahn-Zeitung als außergewöhnliches Ereignis, dass „trotz 18 Grad Kälte“ am 4. Jänner 1849 eine Probefahrt auf der südlichen österreichischen Staatseisenbahnstrecke von Cilli (Celje) nach Tüffer (Laško) unternommen worden sei und diese somit den Beweis lieferte, dass der Betrieb auch unter diesen Umständen sicher sei.[143]

Auf dem europäischen Kontinent setzte wegen der guten Versorgung mit Eisenbahnmaterial aus England die Herstellung von Lokomotiven im Vergleich zu Nordamerika erst später ein. In Österreich gelang ein Nachbau erstmals in den Werkstätten der Kaiser-Ferdinand-Nordbahn im Jahre 1840: Der englische Ingenieur John Baille, unter dessen Leitung die Nordbahn-Werkstätte eingerichtet worden war, organisierte den Bau der nach englischen Vorbildern gebauten *Patria*. In der Werkstätte der Wien-Gloggnitzer Bahn wurde unter Leitung des schottischen Werkstättenleiters John Haswell im Jahre 1841 die Lokomotive *Wien* nach nordamerikanischen Vorbild gebaut.[144]

Einen Wendepunkt der Lokomotivbautechnik bildete schließlich der Wettbewerb am Semmering (vgl. 5.).

2.5.2 Seilebenen

Zur Überwindung von stärkeren Neigungen bei Eisenbahnen kamen bis in die Vierzigerjahre des 19. Jahrhunderts Seilebenen (auch als schiefe Ebene bezeichnet) zur Anwendung. Dabei wurde der Wagenzug auf den steilen Gleisrampen mit Hilfe von Ketten oder Seilen hinaufgezogen, welche durch feststehende Dampfmaschinen, durch Wasserkraft oder durch parallelfahrende Gegenzüge mit Ballastwagen angetrieben wurden.

Die Neigungen in den Seilebenen lagen im Bereich zwischen 1 : 75 (13 ‰) und 1 : 20 (50 ‰).[145] Die Längen der Seilebenen betrugen in der Mitte der 1840er-Jahre 1/3 bis etwa 3 Meilen (0,5 bis 4,8 km).[146] Hinsichtlich der dabei überwundenen Höhenunterschiede sowie Längen der Seilebenen konstatiert Luigi Negrelli 1842:

> Die geneigten Flächen mit feststehenden Dampfmaschinen aber werden […] immer noch als das beste bisher bekannte Mittel zur Übersteigung kleiner Anhöhen angewendet – an bedeutendere Anhöhen hat man sich bisher nicht gewagt.[147]

Nicolas Wood entwickelte eine „Theorie der Rampen“ und befasst sich in seinem 1839 erschienenen „Praktischen Handbuch der Eisenbahnkunde“ auf dreißig Seiten ausschließlich mit Seilebenen und den dazugehörigen Einrichtungen.[148]

Eine besondere eisenbahnhistorische Bedeutung kommt, nach Ghega, der ersten ausschließlich mit Dampfmaschinen betriebenen öffentlichen Eisenbahn von Liverpool nach Manchester zu (eröffnet 1830):

> von dieser Bahn an begannen die Ingenieure mit Vertrauen grosse Bauten, grosse Dämme, tiefe Einschnitte, hohe Viaducte, lange Tunnel, starke Steigungen und schiefe Ebenen mit stehenden Maschinen auszuführen. [...] Die schiefen Ebenen mit stehenden Dampfmaschinen sind jene von Edgehill für den unterirdischen Dienst zwischen Liverpool und Lime Street, und für den Dienst der unterirdischen Bahn von Wapping und Crown Street. [...] Sowohl das Seil ohne Ende als das Gegengewicht, um die gleichbleibende Spannung zu erzielen, waren hier zum ersten Male angewendet. Nach dem Vorbilde der schiefen Ebenen in Liverpool mit feststehenden Dampfmaschinen wurden später mit wenigen Abänderungen jene der Bahn von London nach Birmingham, von Liége in Belgien, von Aachen in Deutschland, etc. gebaut.[149]

Gegen Ende der Dreißigerjahre des 19. Jahrhunderts begann man schließlich vermehrt, die anfallenden Kosten von Lokomotiv- und Seilbetrieb zu vergleichen: Dabei zeigte sich, dass im Durchschnitt der Lokomotivbetrieb um das Zwei- bis Vierfache günstiger kam, bei einigen Bahnen sogar bis zum Zwölffachen günstiger im Vergleich zum Seilebenenbetrieb. Neben diesem ökonomischen Nachteil war auch die Sicherheit nicht einwandfrei gegeben: Obwohl die stark beanspruchten Seile etwa alle zwei Jahre ausgewechselt werden sollten, so Ghega 1853, war keine der schiefen Ebenen ohne Unterbrechung durch Seilrisse oder Probleme in der Seilführung in Betrieb.[150]

Als die große Zeit des Seilebenen-Baues können aus heutiger Sicht die Jahre 1830–1840 angesehen werden. Schon gegen Ende der

1830er-Jahre erfolgten die ersten Versuche, die Neigungen der Seilebenen mittels Lokomotiven zu befahren. Dies ging sogar so weit, dass beispielsweise 1836 in Nordamerika am Übergang bei Parrs Spring Ridge der Baltimore-Ohio-Eisenbahn zwar vier Seilebenen[151] projektiert und errichtet wurden, aber der Betrieb von Beginn an dann doch mittels Pferdekraft erfolgte. Versuche, diese steilen Strecken mit Lokomotiven zu befahren, fielen negativ aus: Vor allem bei schlechter Witterung bewältigten die Lokomotiven auf den steileren Streckenabschnitten (50 ‰) nicht einmal die Last von 7 Tonnen, welche bei trockener Witterung gerade noch gezogen werden konnte.[152] Diese Versuche führten letztlich zum Bau einer neuen Trasse für einen durchgehenden Lokomotivbetrieb mit einer geringeren Neigung. Der 1,2 km längere Neubau der Strecke wurde in der ersten Jahreshälfte des Jahres 1839 in Betrieb genommen, wobei als maximale Neigung 1 : 64 (16 ‰) zur Ausführung kam.[153]

In den darauffolgenden Jahren verschwanden zunehmend die Seile und die feststehenden Dampfmaschinen: So bei der Mohawk-Hudson-Eisenbahn zwischen Albany und Scheneetady, der Baltimore-Ohio-Eisenbahn bei Parrs Spring Ridge, der London-Birmingham-Eisenbahn zwischen Euston Square und Camden Town, der Manchester-Leeds-Eisenbahn, der Edinburgh-Glasgow-Bahn, der französischen Bahn von Andrezieux nach Roanne, der „la Renardière" („bei Krümmungen und Gegenkrümmungen von 300 Meter Halbmesser" bei 1 : 34,5 Neigung[154]), der London-Blackwall-Eisenbahn mit ihrem außerordentlich lebhaften Verkehr, bei der Great-Western-Eisenbahn im Box Tunnel sowie bei der Birmingham-Gloucester-Eisenbahn auf der Lickey Incline. Die beiden letztgenannten waren als Seilbahnen projektiert, jedoch erfolgte ab Betriebsaufnahme ein ausschließlicher Lokomotivbetrieb.[155] Dieser erfolgte aber auch nicht ohne Probleme, wie Ghega 1844 berichtete: Auf der 2 ¼ Meilen (3,6 km) langen und 1 : 37 ½ (27 ‰) steilen Lickey Incline der Birmingham-Gloucester-Bahn

> hat sich der Fall ereignet, dass ein Zug beim Hinabfahren durch die Bremsen nicht angehalten, und in der Absteigstation zu Bronsgrove –

> am Fuße der schiefen Ebene – nicht mehr zum Stillstehen gebracht werden konnte, sondern durch sein Beharrungsvermögen noch um etwa eine Meile über die Station hinausgetrieben wurde.[156]

Ghega verwarf schließlich das Seilbahnsystem aufgrund seiner Recherchen und der betrieblichen Erfolge der ab 1836 umgebauten Seilbahnrampen[157] bei den meisten der oben genannten Eisenbahnstrecken in England, Frankreich und den USA. In Deutschland und Belgien wurden Seilebenen noch bis gegen Mitte des 19. Jahrhunderts errichtet[158] und standen noch bis ins 20. Jahrhundert in Betrieb.

An dieser Stelle bietet sich der Verweis auf eine etwa zur selben Zeit wie die Semmeringbahn erbauten Gebirgsbahn an: die Giovi-Bahn, welche von Genua nach Turin über den ligurischen Apennin führt (vgl. 6.1.).[159] Zwischen Genua Pontedècimo (90 m ü. M.) und Busolla (360 m ü. M., Entfernung 10 km) projektierte der belgische Ingenieur Maus, welcher schon die Lütticher schiefe Ebene gebaut hatte, zwei Seilebenen mit bis zu 35 ‰ (durch den 3 km langen Giovi-Tunnel mit 28,8 ‰).[160] Mitten in die Bauzeit dieser Linie fiel der Lokomotiv-Wettbewerb am Semmering (1851), durch den die Dampflokomotive auch bei Steigungsstrecken gegenüber dem Seilbetrieb durchgesetzt wurde. Drei Jahre später konnte die Giovi-Strecke mit ausschließlichem Dampflokomotivbetrieb eröffnet werden – mit Lokomotiven aus einer am Semmering-Wettbewerb teilnehmenden Fabrik. Jedoch schon 26 Jahre später wurde wegen der betrieblichen Schwierigkeiten durch die zu starken Neigungen der Bau einer neuen Linie beschlossen, welche mit maximal 16 ‰ Neigung errichtet und am 15. April 1889 eröffnet wurde.

2.5.3 Atmosphärische Bahnen

In den 1840er-Jahren gab es noch ein weiteres, zunächst in Ingenieurskreisen euphorisch aufgenommenes Eisenbahnsystem: die atmosphärische Eisenbahn. Charakteristikum dieser Variante war eine Röhre (mit rd. 25 cm Durchmesser) zwischen den Schienen, welche mittels einer mit Dampfkraft angetriebenen Saugpumpe annähernd luftleer gepumpt wurde. Ein längsverschiebbarer Kolben in dieser Röhre bewegte sich aufgrund des erzeugten Druckunterschiedes in Richtung der evakuierten Seite. Mit den zu ziehenden Wagen war der Kolben durch einen metallenen Ausleger verbunden, weshalb die Röhre auf der ganzen Länge einen Spalt aufweisen mußte. Die Abdichtung dieses Spaltes erfolgte mit beweglichen Klappen, welche sich jedoch im täglichen Betrieb als störungsanfällig und äußerst wartungsaufwendig zeigten. Weitere Schwierigkeiten traten bei den Weichen auf: technisch höchst aufwendige und empfindliche Konstruktionen wurden für das Passieren von Abzweigungen ersonnen. Schnee und Eis legten die beweglichen Klappen innerhalb kürzester Zeit lahm und machten so einen ganzjährig gesicherten Betrieb unmöglich. Die schwer zu beherrschende Abdichtung stellte auch die größte Schwierigkeit des Systems der atmosphärischen Bahnen dar und bewirkte ihren Niedergang innerhalb eines Jahrzehnts.

Die erste derartig ausgerüstete Bahnstrecke entstand 1838 bei der West-London-Eisenbahn zwischen Wormwood und Scrubs. Gegenüber dem Lokomotivbetrieb erhofften sich die Erfinder Clegg und Samuda durch die etwa 800 m lange, in einer Neigung von 1 : 120 bis 1 : 115 liegende Bahnlinie, den Nachweis, dass mittels des atmosphärischen Systems vergleichsweise größere Neigungen bewältigt werden können.[161]

> Die bewegende Kraft hat ihre Wirkung nicht verfehlt; das Experiment ist gelungen, und man zweifelt nicht mehr an der praktischen Anwendung des Systems auf Bahnen für den öffentlichen Verkehr. Das Experiment war aber dadurch gleichsam an einem Modelle in grösserem Massstabe vollzogen; allein die Modelle geben oft keine verlässliche Garantie für den Erfolg der Wirklichkeit.[162]

Daraufhin wurde im Herbst 1843 die 2,68 km (1 2/3 engl. Meilen) lange Strecke von Kingstown nach Dalkey in Irland eröffnet, welche ebenfalls auf dem atmosphärischen System von Clegg und

Samuda beruht. Jedoch traten im täglichen Betrieb immer öfter Schwierigkeiten mit den Klappen auf, sodass schlussendlich auf Dampflokomotivbetrieb umgestellt wurde. Trotzdem entstanden in den darauffolgenden Jahren in England noch Strecken von Exter nach Plymouth, weiters von London nach Crydon (8,75 km) sowie in Frankreich von Paris nach St. Germain (in Betrieb ab 1846/47) mit diesem System.[163]

Als besonders schwerwiegend sah man die ökonomischen Nachteile an, wie Ghega mitteilte:

> Mithin betragen für die Locomotivbahn die Betriebsauslagen 45 % der gesammten Einnahme, während für die atmosphärische Bahn erstere letztere um 6 % übersteigen. [...] Hierbei nehmen die Reparaturen der Maschinen und des pneumatischen Apperates nahe die Hälfte und die Ausbesserungen der Treibröhre einen Viertheil der gesamten Betriebsauslagen in Anspruch.[164]

Um die Bedeutung und Anwendbarkeit dieser Antriebskraft für österreichische Eisenbahnen eingehender zu untersuchen, reiste k.k. Inspektor für Eisenbahn-Betriebsangelegenheiten Adalbert Ritter von Schmid vom 17. Jänner bis 19. April 1846 nach England und Frankreich. Obwohl er letztlich keine Garantien für den Erfolg dieses Betriebssystems zu Baubeginn der Semmeringbahn 1848 geben konnte, sprach er sich persönlich vehement für den atmosphärischen Betrieb am Semmering, an zweiter Stelle für den Seilebenenbetrieb und erst an dritter Stelle für den Lokomotivbetrieb aus.[165]

Die technisch komplizierten Maschinen des ‚pneumatischen Apparates' (mit Dampfmaschine angetriebene Saugpumpe) und der ‚Treibröhre' waren in Wartung und Instandhaltung immens kostspielig, weshalb das System schließlich – neben den technischen Problemen der Abdichtung der Treibröhre – auch aus ökonomischen Gründen scheiterte. Trotzdem, so die Stuttgarter Eisenbahn-Zeitung vom 1. September 1849, „scheint diesem System die Aufmerksamkeit der österreichischen Ingenieure fortwährend zugewandt zu werden".[166] Noch 1849 lieferte Julius Pollak den Vorschlag, die Verbindungsbahn vom Hauptzollamt zum Südbahnhof in Wien mit dem atmosphärischen System auszustatten, weil „kein System sich zweckmäßiger erweisen und allen billigen Erwartungen in Beziehung auf Nützlichkeit, Bequemlichkeit und Sicherheit in höherem Maße entsprechen werde als das atmosphärische."[167] Der Vollständigkeit halber sei hier aber ebenfalls erwähnt, dass sich Pollak in seiner Veröffentlichung wegen betrieblicher Schwierigkeiten ausdrücklich von einer atmosphärischen Bahn für die 1848 begonnenen Überschienung des Semmerings distanzierte.

Dieses letzte Aufflackern hielt aber nicht mehr lange an, und Ghega konnte 1853 die kurze Geschichte des atmosphärischen Systems prägnant zusammenfassen:

> In Grossbritannien entstand mit grosser Sympathie das atmosphärische System, in Grossbritannien wurde auch mit grosser Raschheit sein Verdammungsurtheil vollzogen.[168]

Abbildung 1: Gedenktafel an Ghegas Geburtshaus in Venedig (Foto: Dinhobl)

3 Biographische Notizen zu Carl Ritter von Ghega

> In diesem Viertel von S. Gioachino wurde Carlo de Ghega geboren, ein Ingenieur, der seinen beharrlichen Genius zuerst den Gewässern und Straßen seiner Heimat zuwandte und dann den norischen Alpen, die er als erster unter harten Widerwärtigkeiten dem Reich der Dampfkraft erschloß.[169]

Carl Ghega wurde am 10. Jänner 1802 in Venedig als Sohn eines Marinebeamten geboren[170] und besuchte aufgrund der Stellung seines Vaters das k.k. Militärkollegium St.Anna, wo er die philosophisch-mathematische Fachrichtung belegte. Im Alter von 15 Jahren begann er im Jahr 1817 das Studium an der mathemathisch-naturwissenschaftlichen Fakultät der Universität Padua, ein Jahr später wurde er Diplom-Ingenieur und 1819 schließlich Doktor der Mathematik. In diesen Jahren besuchte er während der Universitätsferien in seiner Heimatstadt Venedig die Kunstakademie, um sich eingehend mit Fragen der Architektur zu beschäftigen.[171]

Sofort nach seinem Studium in Padua bekam Ghega eine Anstellung im Staatsdienst als Volontär beim Straßen- und Kanalbau-Department des Lombardisch-Venezianischen Königreiches. Der erste Einsatz führte Ghega zum Bau der „Strada d'Alemagna" von Pieve di Cadore in der Provinz Belluno über Cortina nach Toblach. Dort arbeitete er erstmals mit Ermenegildo Francesconi (1759–1862) zusammen, welcher später Bauleiter der Kaiser-Ferdinands-Nordbahn und ab 1841 Generaldirektor der Österreichischen Staatseisenbahnen war.[172] Im Jahr 1824 erfolgte die Ernennung Ghegas zum selbständigen Bauleiter der Provinz Treviso. In den folgenden Jahren fand man ihn als Delegationsleiter und schließlich Amtsingenieur I. Klasse in fast allen Provinzen Norditaliens.

Dabei erhielt er neben Beförderungen auch insgesamt 18 Anerkennungsdekrete.[173] Sein Tätigkeitsbereich umfasste die Planung und Überwachung der Bauausführungen von Straßenbauten bei Conegliano, Ceneda–Seravalle (heute Vittorio Veneto) und Collalto sowie von Schutzbauten am oberen Piave und die Regulierung des Po.

In den Jahren 1836–1840 wurde Ghega auf Fürsprache seines früheren Arbeitskollegen Francesconi, welcher zu jener Zeit Baudirektor der durch das Bankhaus Rothschild finanzierten Kaiser-Ferdinands-Nordbahn Wien–Brünn (Brno) war, mit den Planungsarbeiten und der Bauleitung der Teilstrecke von Lundenburg (Breclav) bis Brünn (Brno) beauftragt.[174] Um mit dem Eisenbahnwesen näher vertraut zu werden, begleitete Ghega zu Beginn dieser Tätigkeit Francesconi und einen Vertreter des Bankhauses Rothschild namens Goldschmidt[175] auf einer Studienreise nach Deutschland, Frankreich, Belgien und England. Dabei trafen sie in Newcastle mit George Stephenson, der zentralen Person im frühen Eisenbahnwesen, zusammen.[176]

Nach dieser Studienreise begannen Planung und Bau der ersten österreichischen Dampfeisenbahnstrecke, der Kaiser-Ferdinands-Nordbahn. Im Ghega zugeteilten Abschnitt von Lundenburg (Breclav) nach Brünn (Brno) (104 km) traten die ersten Schwierigkeiten in Form von wesentlich ungünstigeren Bodenverhältnissen als im Abschnitt Wien–Lundenburg (Breclav) auf.[177] Auch mussten zwei Viadukte – einer bei Raigern (Rajhrad) und einer bei Brünn (Brno) – errichtet werden, wobei Letzterer als gemauerter Viadukt mit 72 Bögen und 637 m Länge einen der größten Eisenbahnviadukte der damaligen Zeit darstellte.

Im Anschluss daran, ab etwa Mitte 1839, projektierte Ghega die Eisenbahnstrecken Lundenburg (Breclav)–Olmütz (Olomouc) (123 km) sowie Olmütz (Olomouc)–Brünn (Brno) (103 km) und leitete auf dem Teilstück Lundenburg (Breclav)–Spittinau den Bau. Gleichzeitig befasste er sich mit der Projektierung einer Eisenbahnlinie zur Verbindung der Kaiser-Ferdinand-Nordbahn mit Prag, welche schließlich als k.k. Nördliche Staatsbahn etwa fünf Jahre später – am 1. September 1845 – eröffnet wurde.

Abbildung 2: Porträt Ghega von Josef Kriehuber (um 1840)

Da diese Arbeitszeit bei der Nordbahn eine Beurlaubung Ghegas vom Staatsdienst darstellte, musste er im Juni 1840 zum Straßenbau-Departement zurückkehren,[178] wo er als „Baudirektionsadjunkt für Tirol und Vorarlberg" Hochgebirgsstraßen im Val Sugana sowie über den Finstermünz- und Reschenpass und weiters eine Kettenbrücke über die Etsch bei Mori entwarf.[179] Diese Erfahrungen aus dem Gebirgsstraßenbau haben sich schließlich für Ghega – wie er 1854 selbst betont[180] – beim Eisenbahnbau am Semmering als besonders wertvoll erwiesen.

Am 19. Dezember 1841 wurde auf Initiative des Präsidenten der Hofkammer Karl Friedrich Freiherr von Kübeck (1780–1855) der künftige Eisenbahnbau auf Staatskosten beschlossen,[181] und am 21. Dezember 1841 Ermenegildo Ritter von Francesconi zum Generaldirektor der Staatseisenbahnen ernannt.[182] Zu Beginn des Jahres 1842 erging auch an Ghega eine Berufung nach Wien, und er wurde gemäß Francesconis Vorschlag als Baudirektionsadjunkt und designierter Inspektor der südlichen Staatseisenbahnen bestellt.[183]

Auch bei dieser Beschäftigung begann seine Tätigkeit mit einer Studienreise. Begleitet vom Architekten Moritz Löhr als Übersetzer, führte ihn diese Reise von Februar bis Anfang August 1842 nach England und in die Vereinigten Staaten von Nordamerika.[184] Hier besichtigten sie neben den größeren amerikanischen Lokomotivfabriken vor allem die neigungs- und krümmungsreichen Strecken der Baltimore-Ohio-Eisenbahn. Im Anschluss an diese Reise entstand sowohl seine Abhandlung über die Baltimore-Ohio-Eisenbahn – zunächst als „Relation" für die Hofkammer[185] geschrieben und 1844 auch publiziert – als auch ein Werk über den nordamerikanischen Brückenbau (1845 veröffentlicht). Angetan von der Unkompliziertheit der Bahnbauten in Nordamerika schrieb Ghega im Buch über die Baltimore-Ohio-Eisenbahn:

> [...] er [der Techniker, G. D.] bemerkt bei jedem Schritte, mit welcher Geschicklichkeit die Richtung der Eisenbahn, durch die wohlberechnete Anwendung von mehr oder weniger scharfen Krümmungen, dem sich schlängelnden Lauf der Flüsse und Thäler angepaßt wurde, um Tunnel und andere kostspielige Kunstobjecte zu vermeiden; und wenn er zur Untersuchung der Neigungsverhältnisse und des Betriebes der Bahn übergehet, so findet er darin Manches, woraus er erst für künftige ähnliche Fälle einigermassen Anhaltspuncte finden kann.[186]

Trotz dieser Begeisterung musste Ghega in Nordamerika feststellen, dass die Neigungsstrecken, denen sein besonderes Interesse galt, kurz, flach und daher mit den Dimensionen der die Alpen überquerenden Eisenbahnlinie von Wien nach Triest nicht zu vergleichen waren.[187] Ungeachtet dessen legte Ghega seine Beobachtungen und Erkenntnisse vor und versuchte sie in mathematischer Sprache zu fassen. Dies zeigt deutlich folgende Passage über den Berechnungsansatz zum Neigungs- und Krümmungswiderstand, welcher für Schienenfahrzeuge gilt:

> Die Virtual-Länge einer Linie zwischen zwei gegebenen Puncten ist weiter Nichts, als die wirkliche Baulinie zwischen denselben Puncten

> mit ihren Steigungen und Krümmungen in eine horizontale und gerade Linie verwandelt, welche rücksichtlich der Erfordernisse an bewegender Kraft, der wirklichen Baulinie gleichgestellt ist, und diese auch wirklich bei der Berechnung der bewegenden Kraft repräsentiert. [...] Beträgt nun die Steigung 1 zu n, so ist der zu überwindende Widerstand = B.(1+280/n).ba; [mit a: Reibung auf horizontaler und geradliniger Bahn; b: Länge der wirklichen Baulinie; B: Bruttoladung; G. D.]. [...] beträgt nun die Grösse der Krümmung in Graden des Kreises K0, so ist der Widerstand = a.(K0.v.200*2)/360.[188]

Dieses grundlegende Werk von Ghega über die Baltimore-Ohio-Eisenbahn wurde schon kurze Zeit später als „Beweisführung für das Adhäsionsprincip"[189] angesehen, da – nach Ghega selbst – die in dem Buch

> über die Baltimore-Ohio-Eisenbahn enthaltene Aeusserung über die Steigungs- und Krümmungsverhältnisse dieser Bahn, dann über nordamerikanische Locomotive, darin kurz zusammengefasst, dass unter allen auf Eisenbahnen bestehenden Triebmitteln doch die Locomotive als die dem praktischen Gebrauche zusagendere und minder komplizierte bewegende Kraft anzusehen ist. Es war dies der Ausdruck meiner [Ghegas, G. D.] auf eigene Beobachtungen und Berechnungen gegründeten Ueberzeugung, nach welcher ich bei meinem Vorschlage zur Einrichtung der Staatseisenbahn über den Semmering handeln zu sollen glaubte.[190]

Nachdem am 3. August 1842 – kurz vor Ghegas Rückkehr von der Studienreise – die Entscheidung für die Variante der Überschienung des Semmering-Passes anstatt im Bereich des Wechsels oder des Preiner Gscheides gefallen war,[191] begannen schon im Oktober des gleichen Jahres die Bauarbeiten an der ersten, vom österreichischen Staat gebauten Eisenbahnstrecke (südliche Staatseisenbahn Wien–Triest). Zunächst kam der technisch nicht sonderlich anspruchsvolle Abschnitt Mürzzuschlag–Graz zur Ausführung (der Abschnitt Wien–Gloggnitz wurde von der privaten Wien-Raaber-Eisenbahngesellschaft am 5. Mai 1842 eröffnet, vgl. 4.2.), und Ghega setzte sich von nun an intensiv mit der Projektierung einer Überschienung des Semmerings auseinander.

Aufgrund seiner vielfältigen Erfahrungen aus dem Alpenstraßenbau als auch aufgrund der Studienreisen konnte Ghega die Planungen zielstrebig beginnen, wobei er sich der technischen Schwierigkeiten durchaus bewusst war:

> Bei günstigem Terrain unterliegt es keiner besonderen Schwierigkeit eine Locomotivbahn anzulegen und dabei, in Beziehung auf Neigungs- und Krümmungs-Verhältnisse, gewisse Grenzen nicht zu überschreiten. [...]
> Anders verhält es sich aber bei der Anlegung von Eisenbahnen auf schwierigem Terrain durch Thäler und über Gebirge. Hier erfordert die Lösung der Aufgabe einen viel größeren Spielraum in der Bestimmung der Neigungs- und Krümmungs-Verhältnisse und in der Anwendung der Locomotiv-Kraft, um nicht durch eine unnöthige Aengstlichkeit, einestheils die Oekonomie zu beeinträchtigen, andertheils den Betrieb mittelst Locomotive dort aufzugeben, wo noch dieses Fortschaffungsmittel vorzugsweise mit Vortheil angewendet werden kann. [...] Empirische Grundsätze, blosse Vorliebe für diese oder für jene Einrichtung, vorgefasste Ansichten über ein gewisses Normal-Steigungs-Verhältniss, über einen bestimmten Normal- Krümmungs-Halbmesser, sind dem Gedeihen des Eisenbahnwesens nur hinderlich.[192]

Neun Jahre später, also kurz vor der Inbetriebnahme der Semmeringbahn, schreibt Ghega:

> Man muss sich darauf gefasst machen, dass, unter übrigens gleichen Umständen, der Betrieb einer Gebirgsbahn schwieriger als jener einer ebenen Bahn sein muss.[193]

Ghega befürwortete, wie man diesen Ausführungen entnehmen kann, das Projekt einer „Locomotivbahn“ mit ausschließlichem Adhäsionsbetrieb über den Semmering.

Um wirtschaftliche und technische Vergleiche anstellen zu können, aber auch aufgrund der persönlichen Vorlieben der projektierenden Eisenbahningenieure, entstanden ab 1842 verschiedenste Trassenvarianten zur Überschienung des Semmerings: Projekte für Adhäsionsbahnen, atmosphärische Bahnen und Seilbahn-Rampen wurden ebenso wie Projekte mit einem fünf bis sechs Kilometer langen Basistunnel entwickelt.[194]

Lange Tunnelbauten lehnte Ghega entschieden ab, vor allem weil sie aufgrund des damaligen Standes der Technik in angemessener Zeit als nicht ausführbar galten.[195] Zusätzliche Probleme wie übermäßiger Gebirgsdruck und starker Wasserzudrang erschwerten schließlich auch den Bau des 1849 bis 1851 errichteten Scheiteltunnels.[196] Nahezu ähnliche, durch die ungünstigen Gebirgsverhältnisse bedingten Schwierigkeiten traten wieder in den Fünfzigerjahren des 20. Jahrhunderts beim Bau des neuen Scheiteltunnels[197] und rund 40 Jahre später beim Bau der künftigen Semmering-Bahn- und Straßentunnel auf.[198] Damit führen die geologischen Verhältnisse am Semmering nun schon seit über 150 Jahren immer wieder zu den gleichen und in einer Zeit der verstärkten Technisierung sogar als „unvoraussagbar"[199] (!) bezeichneten Problemen.

Des Weiteren verwarf Ghega

> auf Grund seiner wissenschaftlichen Ueberzeugung und seiner in Amerika gemachten Wahrnehmungen das Seilbahn-System, wie sehr solches auch in Deutschland und Belgien hochgehalten und in ersterem Lande von dem Meister Henz, dem die Wissenschaft des Erdbaues so viel verdankt, so energisch vertheidigt wurde, dass er, Henz, dieses System noch in späterer Zeit (1847) auf der Rampe von Hochdahl, Linie Elberfeld-Dortmund, anwandte.[200]

Neben seinen auf Beobachtungen und Berechnungen gründenden Überlegungen zu den Neigungs- und Krümmungsverhältnissen beschäftigte sich Ghega auch mit den dafür erforderlichen „Triebmitteln" zur Bewegung der Wagen.[201] Aber auch am atmosphärischen System konnte Ghega aufgrund der technischen Schwierigkeiten und des daraus resultierenden wirtschaftlich unrentablen Betriebs keinen Gefallen finden. In die Dampflokomotive legte Ghega jedoch seine großen Hoffnungen, studierte sie und schrieb zwei Jahre nach den Erfolgen des Lokomotivwettbewerbes 1851 ohne zu zweifeln:

> Es war übrigens schon in jener Zeit keine bloße Vermuthung und keine sanguinische Hoffnung, sich aus den fortschreitenden Verbesserungen des Lokomotivbaues eine erhöhte Leistungsfähigkeit der Lokomotive selbst, somit die Möglichkeit zu versprechen, die mit dem für die Bahn über den Semmering beabsichtigten Gebrauche von Vorspann-Lokomotiven verbundenen Umständlichkeiten in einer nicht fernen Zukunft vermindern, oder wenigstens die Regel zur Ausnahme machen zu können.[202]

Ghega begann ab Sommer 1842 die Eisenbahn über den Semmering zu projektieren und legte den allgemeinen Entwurf seinem Vorgesetzten Ritter von Francesconi am 31. Jänner 1844 vor.[203] In den Jahren 1846 bis 1847 wurden noch Abänderungen vorgenommen, indem zur Senkung der Baukosten die Linienführung verkürzt wurde (z. B. Schwarza-Übergang von Reichenau nach Payerbach verlegt). Um dies zu erreichen, musste jedoch die maximale Neigung von 1 : 50 auf 1 : 40 erhöht werden.[204]

Francesconi schob jedoch den Baubeginn immer wieder hinaus, bis der Staat im Jahr 1848 zur Beruhigung der durch die Revolution aufgebrachten Menschen fertige Bauprojekte für „Notstandsarbeitsmaßnahmen“[205] suchte und diese in den Plänen für den Bau der Semmeringbahn fand (vgl. 4.6.1.).

Neben den Planungsarbeiten zur Semmeringbahn war Ghega auch mit der Fortsetzung der Planungen und der Bauleitung der südlichen Staatsbahn (Wien–Triest) von Graz über Cilli (Celje; Eröffnung 2. Juni 1846) und Laibach (Ljubljana; Eröffnung 16. September 1849) beschäftigt.

Am 11. August 1848 wurde Ghega zum Generalinspektor und Bauleiter der nördlichen Staatsbahn ernannt, am 21. September 1848 zum „Ministerial Sectionsrath" und am 2. Jänner 1849 schließlich zum Vorstand der Eisenbahnbaudirektion.[206] Im Rahmen der Eröffnung des Teilstücks Cilli (Celje)–Laibach (Ljubljana) erhielt Ghega am 1. September 1849 den „Kaiserlichen Orden der eisernen Krone III. Klasse",[207] wodurch er das Recht erhielt, ein Ansuchen um die Erhebung in den Ritterstand zu stellen.

Die Entscheidung Ghegas zugunsten eines durchgehenden Betriebs mittels Dampflokomotiven bescherte ihm schwere Anfeindungen seitens österreichischer Techniker.[208] Diese bevorzugten die Seilebenen als einzig mögliches Eisenbahnsystem zur Überwindung von Gebirgen, da – unter Berufung auf die Meinung von George Stephenson – keine Lokomotiven zur Bewältigung lang anhaltender Neigungen existierten.[209] Diese andauernde Kritik verunsicherte Ghega, galt es doch ebenfalls als anerkanntermaßen schwierig, eine Lokomotivbahn in solche Höhen führen zu wollen.[210]

In der Zeit dieser erbitterten Anfeindungen wurde schließlich am 1. März 1849 der (Weiter-)Bau der südlichen Staatsbahn durch Kaiser Franz Joseph im Ministerrat mit imperialem Gestus legitimiert.[211]

Während der Bahnbau über den Semmering ab Mitte 1849 rasch voranschritt, ließ Minister Freiherr von Bruck (damals Minister für Handel, Gewerbe und öffentliche Bauten) im März 1850 einen Wettbewerb für Dampflokomotiven auf der bis dahin schon fertiggestellten Strecke von Payerbach bis Eichberg ausschreiben (vgl. 5). Noch bevor die Wettbewerbsfahrten von August bis September 1851 stattfanden, gelang am 12. Juni 1851, nach zweijähriger Bauzeit, der Durchbruch des Richtstollens im Haupttunnel. Zehn Tage später, am 22. Juni 1851, wurde Ghega aufgrund seiner Verdienste für die Monarchie in den Ritterstand erhoben.[212]

In diese Zeit fielen auch die ersten Probefahrten auf der schon fertiggestellten Strecke von Gloggnitz bis Küb, durch welche Ghega seine Planungen bestätigen wollte. Ab dem 26. Juni 1851,[213] noch vor den eigentlichen Wettbewerbsfahrten, unternahmen Ghega und Franz Fischer von Röslerstamm (1819–1907)[214] erste Probe-

Abbildung 3: Porträt Ghega (um 1851)

fahrten mit einer *normalen* Lokomotive.[215] Niemand wollte so recht glauben, dass diese die starken Neigungen der Semmeringbahn bewältigen würde. Mit 1000 Zentnern Anhängelast (rund 56 t), aber auch mit dem Wissen, dass „sowohl der Minister als hervorragende Eisenbahntechniker dem Gelingen der Semmeringübersetzung mit Adhäsion kein Vertrauen schenkten",[216] begannen die Ingenieure die Probefahrt. Schließlich bewältigte die Lokomotive mit den Wagen die Strecke von Gloggnitz bis Küb anstandslos. Nach einer Tagebuchaufzeichnung eines beteiligten Ingenieurs war Ghega von den geglückten Versuchen außerordentlich begeistert[217] und er teilte diese Erfolge sogleich dem für die staatlichen Eisenbahnbauten zuständigen Minister Baumgartner (1793–1865), welcher 1851 bis 1853 das Ministerium für Handel, Gewerbe und öffentliche Bauten leitete, in einem Schreiben mit.[218]

Nachdem im Sommer 1851 der bedeutsame Lokomotiv-Wettbewerb am Semmering stattgefunden hatte (vgl. 5), stieg Ghega in der Beamtenlaufbahn weiter auf und wurde am 23. Oktober 1852 zum Ministerialrat und Vorstand der Zentraldirektion für Eisenbahnbauten ernannt. Im gleichen Jahr trat Ghega dem nun mit geänderter Meinung (nämlich *für* den Lokomotivbetrieb am Semmering) auftretenden österreichischen Ingenieur- und Architektenverein bei.[219]

Ghegas Großzügigkeit in der Anlegung und Dimensionierung der Trasse zeigt ihre Wirkung bis heute, da der Vollbahnbetrieb noch immer auf dieser vor knapp 150 Jahren erbauten Gebirgsbahn abgewickelt wird:

> Er beharrte dabei auf doppelspuriger Ausführung, welche weise Voraussicht ihren unschätzbaren Wert erst Jahrzehnte später richtig erkennen ließ. [...] Alle Bauwerke wurden so grosszügig und in den Querschnitten so günstig dimensioniert, dass die Tunnelprofile selbst mehr als 100 Jahre später bei der Elektrifizierung der Semmeringbahn kaum irgendwelcher Korrekturen bedurften, wohl aber umfangreicher Sanierungen, da man doch zum Zeitpunkt der Erbauung praktisch überhaupt nichts wußte über die zweckmäßige Abdichtung oder schädlichen Einfluß der Lokomotivabgase auf das Mauerwerk, ganz abgesehen davon, dass es widerstandsfähige Materialien überhaupt noch nicht gab.[220]

Neben dem Semmering-Eisenbahnbau leitete Ghega auch die Planungen der anderen noch zu bauenden Teilstrecken der Südbahn bis Triest. Des Weiteren wurde er als Berater für schwierig anzulegende Eisenbahnstrecken herangezogen, wie beispielsweise bei der ebenfalls durch gebirgiges Terrain führenden Giovi-Strecke von Genua über den ligurischen Apennin nach Mailand bzw. Turin (vgl. 6.1.).[221] Ferner arbeitete er im Jahr 1853 einen Entwurf für ein Eisenbahnnetz der gesamten Monarchie aus[222] und im darauf folgenden Jahr legte er Trassenstudien zum Bau der Westbahn nach Salzburg vor.[223]

Nach der Fertigstellung der Semmeringbahn 1854 wandte sich Ghega vollständig der Planung und der Bauleitung der Strecke über das Laibacher Moor als weiterem schwierigen (und letzten) Teilstück der Staatseisenbahnverbindung Wien–Triest zu. Am 27. Juli 1857 wurde diese Strecke feierlich eröffnet, wodurch die Verbindung Wien–Triest nun vollständig mit der Eisenbahn zu befahren war.

Im Anschluss daran fand Ghega bis 1858 beim Bau der k.k. Nordtiroler Staatsbahnen von Kufstein nach Innsbruck sowie beim Ausbau der Strecke von Verona nach Bozen Beschäftigung. Weitere Aufträge führten ihn nach Galizien, wo er die Arbeiten an der nordöstlichen Staatsbahn von Krakau über Bochnia und Tarnow nach Debica leitete. Schließlich kam er wieder zurück nach Wien und leitete den Bau des Bahnhofs Hauptzollamt.[224]

Abbildung 4: Ghega-Denkmal in der Station Semmering (Foto: Dinhobl)

Durch die angespannte finanzielle Lage des Staates wurden ab 1854 die Staatseisenbahnen privatisiert, wobei Minister Baumgartner, welcher inzwischen ins Finanzministerium gewechselt hatte, den „Verkauf mit großem finanziellen Nachteil für Österreich abwickelte".[225] Mit Jahresende 1858 ging die letzte noch im Besitz des Staates befindliche Eisenbahn in private Hände über.[226] Dadurch wurde auch Ghegas Dienststelle in der Zentraldirektion für Eisenbahnbauten entbehrlich und aufgrund seines Antrags vom 1. Juli 1859 aufgelöst.

In den folgenden Jahren führten ihn seine letzten Aufträge – Ghega war schon von der Tuberkulose gezeichnet – als Vertreter Österreichs nach Florenz, um für den Bau einer Eisenbahnlinie über den Apennin seinen Rat zu geben, sowie in das gebirgige Siebenbürgen zur Ausarbeitung des dortigen Eisenbahnnetzes.[227]

Carl Ritter von Ghega starb am 14. März 1860 um 13 Uhr in seiner Wiener Wohnung in der Rothenturmstraße Nr. 6 an Tuberkulose (damals als Lungenschwindsucht bezeichnet).[228]

In Würdigung von Ghegas Werken sowie zur Wiedergutmachung der Anfeindungen beim Bahnbau ließ der österreichische Ingenieur- und Architektenverein, nach dem Entwurf von Franz Rudolf Bayer (1825–1878) ein Ehrenmal in der Station Semmering aufstellen, welches am 22. Juli 1869 eingeweiht wurde. Die beiden Weihetafeln, die ab 1904 bis zu Beginn der 1970er-Jahre neben dem Denkmal angebracht waren, trugen folgende Inschriften:

Zum einen Ghegas Wahlspruch:

> Durch die Eisenbahnen verschwinden die Distanzen, die materiellen Interessen werden gefördert, die Kultur gehoben und verbreitet.

Und zum anderen:

> Segensreich hat sich erfüllt, was Dein heller Geist erkannte, zum Ruhme unseres Vaterlandes, unserem Stande zur Ehre.[229]

Abbildung 5: Ghegas Grabdenkmal am Wiener Zentralfriedhof (Foto: Dinhobl)

Inzwischen wurden diese Tafeln anlässlich der 150-Jahr-Feierlichkeiten im Jahr 2004 wieder seitlich des Ghega-Denkmals angebracht.

Am 6. September 1887 veranlasste der österreichische Ingenieur- und Architektenverein nach Auflösung des Währinger Friedhofes die Überstellung von Ghegas sterblichen Überresten in ein prunkvolles Ehrengrab auf dem Zentralfriedhof der Stadt Wien.[230]

In knapper Formulierung fasst Ascanio Schneider, ein Kenner der europäischen Gebirgsbahnen, die Bedeutung von Ghega zusammen:

> Der Name Ghega bleibt für immer mit der Entwicklungsgeschichte der Gebirgsbahnen verbunden.[231]

4 Baugeschichte der Semmering-Eisenbahn

4.1 GRUNDLEGENDE KENNTNISSE GHEGAS

Um Ghegas Kenntnisstand über das Eisenbahnwesen in den 1840er-Jahren zu vermitteln, wird in diesem Kapitel als Einleitung eine Auswahl von Zitaten zusammengestellt. Diese erschienen alle vor der Vollendung der Semmeringbahn, wodurch berechtigterweise angenommen werden kann, dass sich Ghega diese Kenntnisse vor bzw. während der Planungszeit angeeignet hatte. Dass dieses Wissen die Grundlage zum Bau der Eisenbahn über den Semmering bildete, dürfte damit außer Zweifel stehen.

Innerhalb der Jahre 1840 bis 1850 habe, so Ghega,

> der Lokomotivbetrieb für starke Steigungen, und zwar für Steigungen von 1 : 65 bis 1 : 37 progressiv zugenommen, und dass ungefähr mit gleichem Schritte die Lokomotive in ihren Dimensionen verstärkt wurden, und verhältnismässig grössere Leistungen entwickelt haben. Für den Betrieb auf starken Steigungen scheinen in Nordamerika die Lokomotiven auf der Baltimore-Ohio-Eisenbahn, in England jene auf der Birmingham-Gloucester- und auf unserem Kontinente jene auf der Alpbahn in Württemberg bisher die stärksten zu sein. Für Steigungen nahe an 1 : 40 ist auf unserem Kontinente die Zahl von 6 Triebrädern, das Gewicht der Maschine von 34 Tonnen, die gezogene Bruttolast von 102 Tonnen noch nicht überschritten worden.[232]

Ghega selbst konnte auf das Wissen über folgende Neigungs- und Krümmungsverhältnisse zurückgreifen, welche damals von Lokomotiven im täglichen Betrieb befahren werden konnten:[233]

> 1844 lieferte Stephenson Lokomotive[n] für die Braunschweig-Harzburger Eisenbahn, auf welcher auf einer Strecke auch die Steigung 1 : 46 vorkommt [...] Die Versuche mit diesen Maschinen wurden im Monate Oktober 1843 auf der Strecke Winenburg nach Harzburg in einer Länge von 5 engl. Meilen mit einer Steigung, welche zwischen 1 : 100 und 1 : 46 wechselt, angefangen, wo die Maschine Crodo eine Bruttolast von 73 Tonnen (ohne den Tender) mit einer Geschwindigkeit von 12–15 engl. Meilen pr. Stunde zog.[234]
> Im Jahre 1845 lieferte die Cockerill'sche Fabrik von Seraing die Lokomotive Nr. 102 für die österreichischen Bahnen nach dem amerikanischen Systeme. Vor der Lieferung wurde selbe auf der Bahn des Vesdre-Thales in Dienst gesetzt. Folgende sind [...] die Leistungen dieser Lokomotive auf den dort vorkommenden starken Steigungen:
> [...] Die Maschine zog auf der Lütticher schiefen Ebene, 1 : 36, die Bruttolast von 59200 Kilogr. in 16 Minuten die ganze Strecke von Lüttich bis Ans hinauf.[235]

Die ersten Seilebenen wurden in Nordamerika schon 1836 abgebaut oder auf Lokomotiv- bzw. Pferdebetrieb umgerüstet. Ab den 1840er-Jahren erfolgte auch in England der Umbau von Seilebenen, worüber Ghega selbst anhand von 5 Beispielen berichtet (vgl. 3.). In Abschätzung dieser von Nordamerika ausgehenden Entwicklung hat Ghega schon vor 1844

> in seiner, der hohen Regierung unterbreiteten Relation über die nordamerikanischen Eisenbahnen, actengemäss dargethan, dass in Nordamerika keine Seilbahnen mehr angelegt, und dass die schon bestehenden nach und nach abgeschafft und für Locomotiven umgestaltet werden.[236]

Auch die Entwicklung der atmosphärischen Eisenbahnen verfolgte Ghega aufmerksam. Beispielsweise wurde bei St. Germain in Frankreich zunächst eine atmosphärische Eisenbahn errichtet (1846), wobei jedoch der Betrieb schon bald von Dampflokomotiven abgewickelt wurde. Ab 1847 begann man dann die Einrichtungen für den atmosphärischen Betrieb abzubauen und die Strecke ausschließlich mit Lokomotiven zu betreiben.[237] Über diese Versuche konnte Ghega folgendes in Erfahrung bringen:

> Die Maschine hat mit 4 Wagen von 13 Tonnen Gewicht mit Leichtigkeit die Reihe von Steigungen überwunden, welche in parabolischer Linie auf 900 Meter Entfernung von 0 bis 1 : 28,5 anwachsen und dann durch die 1000 Meter lange Rampe fortgesetzt werden. Auch diese Rampe hat die Lokomotive ohne Schwierigkeit überwunden. Die Thalfahrt wurde blos mit der Wirkung der Bremse geleitet.[238]

Eine europäische Strecke mit starken Neigungen, deren Bauherrn sich auf Ghegas Erkenntnisse in der Veröffentlichung über die Baltimore-Ohio-Eisenbahn beriefen,[239] war diejenige in Württemberg über die Alp (eröffnet 1850). Auf einer Länge von 3 1/5 engl. Meilen (5,2 km) weist sie nach Ghega eine Neigung von 1 : 45 (22 ‰) bei kleinsten Krümmunghalbmessern von 273 m auf[240] (diese Strecke ist heute noch zwischen Stuttgart und Ulm /Deutschland im Vollbahnbetrieb).

Ganz allgemein fasste Ghega im Jahr 1853 die weltweit errichteten Gebirgsbahnen folgendermaßen zusammen (Auflistung vgl. 6):

> diese Bahnstrecken dürften ungefähr 14 an der Zahl sein, ihre Steigungen zwischen 1 : 65 und 1 : 37, mit Krümmungen von 478 Fuß; ihre Länge zwischen 2 und 6½ engl. Meilen; ihre Betriebsperiode zwischen 2 und 10 Jahren wechseln. [...] Die Annahme des Lokomotivbetriebes für Gebirgsbahnen kann also als eine allgemeine angesehen werden; sie hat sich zum ausschließlichen Systeme erhoben.[241]

In dieser Aufzählung werden die Unterschiede der Gebirgsbahnen zur damals im Bau befindlichen Semmeringbahn deutlich: je nach Vergleichsstrecke sollte Letztere eine vier bis zwanzig Mal größere Länge aufweisen. Als weiterer wesentlicher Unterschied sind die durchwegs geringeren Höhen der Scheitelpunkte bei den übrigen Gebirgsbahnen anzusehen. Sieben der insgesamt 14 Strecken erreichten nicht einmal 300 m Seehöhe, die übrigen sechs etwa 600 m über dem Meer, während die Semmeringbahn bei knapp 900 m Meereshöhe kulminiert.

Obwohl schon damals kurze Streckenstücke mit einer größeren Steigung als 1 : 40 (25 ‰) errichtet und mit Lokomotiven betrieben worden waren, projektierte Ghega die Semmeringbahn zunächst mit einer maximalen Steigung von 1 : 50 (20 ‰) und verwies auf seine Beobachtungen in Nordamerika, indem er feststellt,

> dass es für Haupthandelslinien, und selbst wenn Locomotiven schwerer Cathegorie angewendet werden sollen, nicht räthlich sei, das Steigungsverhältnis von 1 zu 50 zu überschreiten. Die Amerikaner haben bei ihren Haupt-Eisenbahnverbindungen diesen Grundsatz befolgt.[242]

Ghega zielte so geradewegs auf den Bau einer Adhäsionsbahn mit Lokomotivbetrieb. All diese Facetten analysierte er in seinem Buch über die Baltimoore-Ohio-Eisenbahn: Fast die Hälfte des Werkes beschäftigt sich direkt oder indirekt mit „Beobachtungen und Berechnungen“[243] von Streckenplanungen und Lokomotivkonstruktionen für Strecken mit engen Krümmungen und lang anhaltenden Neigungen.

> [Die] In meinem Buche über die Baltimore-Ohio Eisenbahn enthaltene Aeusserung über die Steigungs- und Krümmungsverhältnisse dieser Bahn, dann über nordamerikanische Locomotive, darin kurz zusammengefasst, dass unter allen auf Eisenbahnen bestehenden Triebmitteln doch die Locomotive als die dem praktischen Gebrauche zusagendere und minder komplizierte bewegende Kraft anzusehen ist. Es war dies der Ausdruck meiner auf eigene Beobachtungen und Berechnungen gegründeten Ueberzeugung, nach welcher ich bei meinem Vorschlage zur Einrichtung der Staatseisenbahn über den Semmering handeln zu sollen glaubte.[244]

So unterschied Ghega schon 1844 die für Lokomotivbetrieb akzeptablen Neigungen (um 1 : 50, d. h. 20 ‰)[245] von jenen, bei denen ein Lokomotivbetrieb nicht ratsam sei – nämlich bei Neigungen größer als 1 : 30 (33 ‰):

> [...] so wird problematisch, ob bei starken Steigungen die Eisenbahnen durch die Ersparungen an Zugkraft jene Überlegenheit über die Chaussées behaupten können, [...] zumal bei lang anhaltenden Ansteigen, selbst durch Verminderung der Last nicht auf eine angemessene Erhöhung der Geschwindigkeit gerechnet werden kann, wie solche immerhin bei der Personen-Beförderung wünschenswerth ist. Beim Hinabfahren werden aber die starken Gefälle besonders bei einem schlüpfrigen Zustande der Schienen, oder bei Glatteis bedenklich, da bisweilen die Wirkung der Bremse nicht zureicht, um das Beharrungs-Vermögen des Wagenzuges zur rechten Zeit aufzuheben, und denselben zum Stillstehen zu bringen.[246]

Bezeichnenderweise wurden genau diese Argumente Ghegas gegen einen Lokomotivbetrieb bei Neigungen über 1 : 30 (33 ‰) von seinen Gegnern für den Lokomotivbetrieb bei Neigungen unter 1 : 30 eingesetzt (vgl. 4.5.).

Baukostenersparnis durch Streckenverkürzung war nach dem überstürzten Baubeginn im Revolutionsjahr 1848 schließlich der ausschlaggebende Grund, dass die Semmeringbahn in der größeren Neigung von 1 : 40 (25 ‰) ausgeführt wurde (vgl. 4.4.). Trotzdem zeigte sich diese Neigung als wegweisend für die in der folgenden Zeit erbauten Hauptbahnen im Gebirge: In den Alpen waren dies die Brenner- (eröffnet am 24.8.1867), Mont Cenis- (16.10.1871), Gotthard- (1.6.1882), Arlberg- (20.9.1884), Tauern- (5.7.1909), Karawanken- (1.10.1906), Simplon- (1.6.1906) und Lötschberg-Bahn (15.7.1913). Sie alle weisen nahezu dieselbe Neigung wie die Semmeringbahn auf, meist jedoch sogar ein wenig steiler.[247]

4.2 EISENBAHN WIEN–GLOGGNITZ

Die folgenden zwei Kapitel sollen kurz die Verkehrsgeschichte der an die Semmeringbahn anschließenden Streckenabschnitte umreißen. Sie tragen zu einer umfassenderen Kenntnis der Vorgeschichte des Semmeringbahnbaues bei, indem sie die Veränderungen in Bau- und Trassierungssystemen jener Zeit besonders deutlich veranschaulichen.

Die beginnende Industrialisierung, der dadurch verstärkt einsetzende Handel, die Versorgung Wiens und die touristische Erschließung der angrenzenden Gebiete[248] durch Verkehrsmittel bilden den Hintergrund, vor dem die ersten Eisenbahnen der österreichischen Monarchie errichtet wurden. Einen wesentlichen Anstoß zur wirtschaftlichen Erschließung und touristischen Erkundung des südlichen Niederösterreichs mit seinem alpinen Charakter brachte die am 5. Mai 1842 eröffnete 74,8 km lange Eisenbahn von Wien nach Gloggnitz. Sie wurde von Matthias Schönerer (1807–1881) im Auftrag der privaten Wien-Raaber Eisenbahngesellschaft projektiert und ausgeführt.[249]

Bevor der Bau der Linie Wien–Gloggnitz im April 1839 beginnen konnte, besuchte Schönerer in Begleitung des Mechanikers Kraft 1837 zu Studienzwecken die klassischen Eisenbahnländer England und Belgien, aber auch die Vereinigten Staaten von Nordamerika.[250] Begeistert nahm er die in Nordamerika gewonnenen Erfahrungen auf und bestellte im Namen der Wien-Raaber Eisenbahngesellschaft die erste von einer amerikanischen Fabrik gebaute Lokomotive Österreichs bei der in Philadelphia ansässigen Firma Norris.[251] Um deren Leistungsfähigkeit in Bezug auf Neigungen zu demonstrieren, baute er 1839 am Wiener Südbahnhof eine Rampe mit 1 : 32,5 (31 ‰), welche die Lokomotive ohne Schwierigkeiten meisterte.[252] Es ist wahrscheinlich, dass Ghega, der zu dieser Zeit mit den Planungen und beim Bau des Abschnittes Lundenburg (Breclav)–Brünn (Brno) der Kaiser-Ferdinands-Nordbahn beschäftigt war, Notiz von diesem eisenbahntechnischen ‚Experiment' nahm.

Trotzdem wich Schönerer von den damaligen, aus England stammenden Richtlinien für die Eisenbahntrassierung[253] im Abschnitt Wien–Wiener Neustadt nicht ab; erst bei dem zunächst als eingleisige Nebenlinie konzipierten Abschnitt Wiener Neustadt–Gloggnitz kam eine maximale Neigung von 1 : 130 (7,7 ‰) zur Ausführung.[254] Hinsichtlich der Kurvenradien blieb Schönerer den englischen Grundsätzen gänzlich treu, weshalb auf der gesamten Strecke keine kleineren Halbmesser als 521 m zur Ausführung kamen.[255] Dies erforderte die Errichtung von hohen und langen Dämmen (Wien, Hetzendorf, Mödling, Baden und vor Wiener Neustadt[256]) sowie von tiefen und langen Einschnitten (Meidling, Guntramsdorf[257], Vöslau, Kottingbrunn und Ternitz).

Die 74,8 km lange und zweigleisig ausgelegte, im Abschnitt Wiener Neustadt–Gloggnitz aber zunächst nur mit einem Gleis ausgeführte Trasse[258] erforderte insgesamt 455 Einzelobjekte in Form von Brücken, Viadukten und Durchlässen. Die große Anzahl an Kunstbauten war notwendig geworden, da alle kleineren landschaftlichen Unebenheiten wegen des englischen Trassierungssystems unter großem bautechnischen Aufwand korrigiert werden mussten. Aufgrund dessen entstanden im hügeligen Gelände deutlich höhere Baukosten: Während die schon fertigen Bahnen im Flachland um 300.000 Thaler pro geographischer Meile kosteten, beliefen sich die Kosten der Wien-Gloggnitzer Bahn auf mehr als das doppelte, nämlich 635.219 Thaler pro geographischer Meile.[259] Da die Trasse an den Ausläufern des Wienerwaldes zwischen Wien und Vöslau kleinere Höhenzuge bewältigte, bezeichnete man damals diesen Streckenabschnitt als Gebirgsbahn.[260]

Das Festhalten Schönerers am englischen Trassierungssystem zeigt sich besonders deutlich an Österreichs erstem Eisenbahntunnel, dem 165 m langen Tunnel durch den Katzbichl zwischen den Stationen Pfaffstätten und Gumpoldskirchen.[261] Fertiggestellt wurde der Tunnel im Jahre 1841 mit Hilfe von Tunnelbaufachleuten aus Deutschland.[262] Über die Notwendigkeit dieses Bauwerks herrschen bis heute unterschiedliche Meinungen: Geht man heute davon aus, dass die Möglichkeit der Umfahrung in Betracht zu ziehen

Abbildung 6: Tunnel der Wien-Gloggnitzer Bahn, nördliches Portal bei Gumpoldskirchen (Foto: Dinhobl)

gewesen wäre,[263] so muss dies damals aufgrund des von Schönerer konsequent eingehaltenen englischen Trassierungssystems als nicht ausführbar angesehen werden (vgl. 2.1.). Mit der Inschrift am nördlichen Tunnelportal, „RECTA SEQUI" („der Geraden folgen")[264], huldigte Schönerer diesem Prinzip der damaligen Trassierungstechnik. Doch auch damals wurde der Tunnelbau kritisiert, weil „die Trassenführung auch ohne Tunnel möglich gewesen wäre und überdies 100.000 Gulden an Baukosten hätten eingespart werden können".[265] Damit dürfte die Notwendigkeit dieses Bauwerks im Spannungsfeld zwischen konsequent eingehaltenem englischem Trassierungssystem und Prestigebauwerk liegen.

4.3 EISENBAHN MÜRZZUSCHLAG–GRAZ

Nachdem am 19. Dezember 1841 der Bau von wichtigen Eisenbahnen zur Staatsangelegenheit erklärt wurde, erfolgte schon am 3. August 1842 der Beschluss, der Strecke Mürzzuschlag–Graz und damit auch der Überschienung der Semmeringregion im Vergleich zur Wechselregion den Vorzug zu geben. Einer der Hauptgründe für diese Entscheidung war, dass die Trasse über den Wechsel erst bei Graz ins Murtal gelangt wäre und deshalb die damals aufkommende und rasch expandierende Eisen-Industrie in der Obersteiermark nicht mit einbezogen hätte,[266] für welche sich besonders der „steirische Prinz" Erzherzog Johann einsetzte. Auch wurde erst rund ein Jahr zuvor (am 17. August 1841) die neue Semmering-Passstraße als Teil der Staatsstraße von Wien nach Triest, verlaufend durch die wirtschaftlich aufstrebende obersteirische Industrieregion, eröffnet. Diese wirtschafts- und verkehrspolitischen Rahmenbedingungen bewertete man schließlich wichtiger als die Bedenken hinsichtlich der Klima- und Höhenverhältnisse (der Wechselpass liegt 119 m tiefer als der Semmering-Pass) (vgl. 2.5.1.).[267]

So begannen schon im Herbst 1842 die Arbeiten an der ersten staatlich gebauten Eisenbahn. Die Teilstrecke von Mürzzuschlag nach Graz hatte eine Länge von 94,7 km und war in der Trassenführung durch die Täler der Flüsse Mürz und Mur relativ klar vorgezeichnet. Wie im Abschnitt Wiener Neustadt–Gloggnitz wurde als maximale Neigung 1 : 130 (7,7 ‰) gewählt. Bei der Wahl des kleinsten Krümmungshalbmessers distanzierte man sich jedoch nun von den englischen Trassierungsgrundsätzen und wählte Radien von mindestens 285 m. Dieser für damalige Verhältnisse kleine Radius kam allerdings nur an drei Stellen zur Anwendung.[268]

Durch die kleineren Halbmesser konnte die Eisenbahntrasse wesentlich leichter dem Gelände angepasst werden und erforderte nicht so viele Kunstbauten wie noch der Bau der Eisenbahn von Wien nach Gloggnitz. Jedoch mussten allein im Mürztal neun Brücken errichtet werden; das größte Bauwerk war die Murbrücke mit

Gitterträgern bei Peggau. Diese größeren Brücken bestanden überwiegend aus Lärchenholztragwerken (später eiserne Fachwerkkonstruktionen) und ruhten auf Widerlagern bzw. Pfeilern aus Natursteinmauerwerk. Lediglich zwei Brücken, nämlich eine bei Kapfenberg und eine bei Stübing, wurden als gemauerte Viadukte ausgeführt. Kleinere Kunstbauten mussten auf dieser Strecke in Form von 195 Durchlässen und 108 Wegübergängen errichtet werden.

Als imposantestes Kunstbauwerk dieser Strecke galt jedoch eine Galerie. Bei der bis an die Mur reichenden Badlwand mussten ca. 1.500 Arbeiter mit Schwarzpulver rd. 40.000 m³ Fels auf einer Länge von ca. 400 m absprengen, um am Wandfuß zumindest eine eingleisige Trasse errichten zu können. Trotz des Abtragens der Felswand blieb für die schon zuvor bestandene Straße und die neue Eisenbahn nicht genügend Platz: Deshalb wurde, auch zur Sicherheit des Bahnbetriebes, die 363 m lange Badlwandgalerie errichtet, auf deren ‚Dach' die Straße umgeleitet wurde – ein wohl weltweit einzigartiges Bauwerk![269]

Am 16. September 1844 konnte die erste Probefahrt auf der Strecke Mürzzuschlag–Bruck/Mur stattfinden und am 3. Oktober 1844 auf dem restlichen Teilstück bis Graz.[270] Die feierliche Eröffnung erfolgte schon bald darauf, nämlich am 21. Oktober 1844 durch Erzherzog Johann, den unermüdlichen Befürworter des Baues der Eisenbahn nach Triest durch die (Ober-)Steiermark, mit einem von Ghega persönlich geführten Sonderzug.[271]

Für die Dauer von fünf Jahren ab der Eröffnung der Strecke Graz–Cilli/Celje (2. Juni 1846) wurde der Betrieb an die Wien-Gloggnitzer Eisenbahn verpachtet. Nach Ablauf dieses Zeitraumes übernahm am 2. Juni 1851 schließlich die Staatsverwaltung den Betrieb und errichtete zu diesem Zweck in Graz eine k.k. Betriebsdirektion.[272]

4.4 PROJEKTE EINER EISENBAHN ÜBER DEN SEMMERING

Erste Pläne einer europäischen Eisenbahnverbindung von Hamburg nach Triest reichen zurück ins Jahr 1825, als der den technischen Neuerungen aufgeschlossene Erzherzog Johann in einem Brief an den Hofkanzler Graf Franz v. Saurau Projektstudien für eine Eisenbahnverbindung dieser Städte durch die Steiermark forderte.[273]

Knapp fünf Jahre später, also zur Zeit der Eröffnung der ersten öffentlichen und ausschließlich mit Dampfmaschinen betriebenen Eisenbahn von Liverpool nach Manchester (England), projektierte Franz Xaver Riepl (Professor am Polytechnikum in Wien) eine 450 Kilometer lange Eisenbahnverbindung von Wien zu den Salzlagerstätten Galiziens und ein Jahr später, 1830, nach Triest. Dabei plante Riepl eine Strecke, welche den Alpen über ungarisches Gebiet auswich und damit die aufstrebende Eisenindustrie im Mürz- und Murtal in der Obersteiermark nicht berücksichtigte.[274]

Diese „Gefahr einer Umfahrung der Steiermark“[275] alarmierte Erzherzog Johann und im Jahr 1836 richtete er schließlich ein Majestätsgesuch an Kaiser Ferdinand I. Darin suchte er um die Genehmigung von Trassierungsstudien durch die Ingenieur-, Sappeur- und Mineurkorps (sie entsprechen etwa den heutigen Pioniertruppen) zur Untersuchung der „Möglichkeit einer Bahn gegen Triest in Hinsicht auf Gefälle und Wendungen“[276] an. Die Genehmigung wurde ihm schließlich am 3. August 1837 erteilt, jedoch mit einer Auflage: Das Militärbudget dürfe nicht belastet werden, weshalb für die Kosten dieser Studien die steirischen Stände aufkommen mussten.[277] In den folgenden Jahren (1837–1839) studierten die Offiziere Erzherzog Johanns eingehend das Gelände von Gloggnitz bis Triest und legten ihren Bericht am 30. Juni 1839 zunächst dem Erzherzog vor und anschließend dem innerösterreichischen Industrieverein. In dieser Studie war vorgesehen, den Semmering zunächst mittels einer pferdebetriebenen Steilstrecke zu überwinden.[278] Diese Untersuchungen, aber vor allem die daraus resultierenden Kartenmaterialien bildeten schließlich eine der Grundlagen für die Planungen der Eisenbahn über den Semmering in den 1840er-Jahren.[279]

Am 2. April 1836 suchte Karl Ludwig Freiherr von Bruck, der kurz zuvor den „Österreichischen Lloyd“ ins Leben gerufen hatte[280] und Bevollmächtigter des von Bürgern und Kaufleuten gegründeten „Triestiner Eisenbahn Komitees“ war, um die Konzession für eine Bahnlinie von Triest durch die Steiermark nach Wien an. Ihm wurde empfohlen, sich in diesen Belangen mit Georg Simon Freiherr von Sina zu einigen, welcher kurz zuvor, am 27. Februar 1836, um eine Konzession von Eisenbahnlinien im Großraum Wien-Budapest (auch um die Linie Wien–Gloggnitz) beim Staat angesucht hatte. Daraufhin erklärte sich Sina im Juni 1836 verbindlich bereit, die Eisenbahn über Gloggnitz hinaus bis Triest weiterzuführen. Nach diesem Zugeständnis zog das Komitee der Triestiner Kaufleute ihr Ansuchen um eine Konzession zurück.

Erst am 2. Jänner 1839 erhielt Sina von Seiten des Staates eine vorläufige Baugenehmigung für die Eisenbahnlinien von Wien nach Raab/Györ mit einer Zweiglinie nach Pressburg/Bratislava, weiters von Wien über Wiener Neustadt nach Gloggnitz (also noch nicht bis nach Triest) mit den Seitenlinien nach Mödling, Laxenburg und ins Helenental bei Baden sowie eine Verbindungslinie von Wiener Neustadt nach Raab/Györ über Ödenburg/Sopron. Von staatlicher Seite war man im Gegensatz zur früher errichteten Kaiser-Ferdinands-Nordbahn nicht mehr gewillt, eine „ausschließliche“ Konzession zu erteilen. Der Staat behielt sich nun das Recht vor, auch *anderen,* privaten und staatlichen Bahnen Konzessionen mit gleichen Endpunkten zu genehmigen. Weiters räumte sich der Staat auch das Recht ein, im Fall eines Baues der Eisenbahnlinie Wien–Steiermark–Triest die Strecke Wien–Gloggnitz jederzeit einzulösen.[281]

Matthias Schönerer, welcher die Strecke von Wien nach Gloggnitz projektierte und ihren Bau leitete, entwarf im Jahr 1839 eine Bahnlinie über den Semmering zur Bestimmung der Lage des Bahnhofes Gloggnitz:[282] Die Strecke sollte zunächst im Talboden bis Schottwien verlaufen

> [und] suchte ihre [weitere] Entwickelung über Maria Schutz und den Myrthengraben in der Richtung nach dem Alpenpasse [...]. Ein längerer Tunnel sollte die Höhe abschneiden und die Linie durch denselben

auf die steiermärkische Seite in das Fröschnitztal geführt und in Mürzzuschlag an die südliche Staatsbahn angeschlossen werden.[283]

Eine im allgemeinen Verständnis der damaligen Zeit für Lokomotivbetriebe als zu groß geltende maximale Neigung von 1 : 26,6 (37,6 ‰) sollte jedoch gemäß Schönerers Plänen nicht überschritten werden. Daher sollte diese Bahn über den Semmering zunächst mit Pferdebetrieb eröffnet werden, um bei gegebener Zeit auf Lokomotivbetrieb umgestellt zu werden.[284]

Die von Schönerer projektierte Eisenbahn zwischen Gloggnitz und Mürzzuschlag wies eine Länge von 25,7 km und drei Tunnel mit einer Gesamtlänge von 2.281,9 m auf.[285]

Die Trasse der Eisenbahn Wien–Triest war zunächst noch nicht so eindeutig festgelegt, wie es aufgrund der Vorarbeiten schien: Mit dem Dekret zum Bau von Staatseisenbahnlinien, die sternförmig von Wien auszugehen hatten, entschied am 19. Dezember 1841 der damalige Kaiser Ferdinand I. zwar zugunsten einer Trasse durch die Steiermark, jedoch noch nicht zugunsten der Überschienung des Semmerings.[286] Als Gründe für die Wahl der Trasse über die Steiermark werden neben den regional- und wirtschaftspolitischen Interessen Erzherzog Johanns die finanzielle Situation des Staates, weiters das noch zu wenig entwickelte Kreditwesen in Ungarn zur Finanzierung von Eisenbahnstrecken, aber auch nationale Spannungen zwischen der österreichischen und der ungarischen Reichshälfte genannt. Ein betrieblicher Grund wird zwar in der Semmeringbahn-Literatur nicht benannt, bestand aber zur Zeit der Planungen ebenfalls: es waren dies die Zollschranken, welche bis ins Jahr 1851 zwischen Österreich und Ungarn bestanden und den Eisenbahnbetrieb administrativ zusätzlich erschwert hätten.

Im Frühjahr des Jahres 1842 erfolgten durch die k.k. Ingenieursabteilungen Vergleichsstudien zwischen der Wechsel-, Preiner Gschaid- und Semmering-Überschienung.[287] Während im Juni 1842 diesbezüglich noch keine Einigung erzielt werden konnte, fiel am 3. August 1842 mit dem Beschluss des Baues einer Eisenbahn von Mürzzuschlag nach Graz die Entscheidung zugunsten der Preiner Gschaid- und Semmering-Variante.[288] Diese Entscheidung geht wohl auf die Einflussnahme Erzherzog Johanns und sein besonderes Interesse an der Semmering-Variante zurück. Er setzte sich für eine moderne Verkehrsanbindung für die im Entstehen befindliche (Eisen-)Industrie der Obersteiermark ein.[289]

Die somit auf die „Einsattlung nächst dem Semmeringkogel" beschränkten Projekte lösten in weiterer Folge eine Vielzahl von Trassierungsentwürfen aus.[290]

Um die unterschiedlichen Projekte zu dokumentieren, sei eine Zusammenstellung aus dem Jahr 1884 vorangestellt (als Nr. 1 wurde Schönerers Projekt von 1839 aufgelistet, siehe Fußnote Nr. 275):

> 2. Das Project einer Linie von Gloggnitz aus im Thale von Schottwien und von da im Adlitzgraben, über die Sohle desselben sich wenig erhebend, bei zulässiger Steigung fortgeführt und das zwischen ihm und dem Fröschnitzthale liegende Gebirge, beiläufig in der Richtung gegen Steinhaus, mittels eines 5 bis 6 Kilometer langen Tunnel durchbrechend. Die Länge des projectierten Tunnel ist augenscheinlich zu groß.
> 3. Das Project Keißler. [schon 1842, ebenso wie Schönerers Projekt, vorgelegen[291], G. D.] Nach demselben sollte die Bahn von Gloggnitz abgehen, über Payerbach und an den Südabhängen des Reichenauer Thales in die „Prein" einlenken und bei dem gleichnamigen Orte den vorliegenden Alpenstock (Kam-Alpe) mittelst eines circa 5000 Meter langen Tunnels durchbrechen. Dieser Tunnel hatte eine mit der Meridianrichtung fast zusammenfallende Axe und mündete jenseits des Gebirges auf dem Abhange nördlich von Spital. Die Maximalsteigung betrug 1 : 40, die Länge der Linie von Gloggnitz bis Mürzzuschlag 25,5 Kilometer. Die Tunnelschiene culminierte in 810 Meter Seehöhe.
> 4. Das Project einer Linie, welche mit der vorstehenden bis Prein ungefähr identisch ist, hier aber den Eselsgraben einlenkend und mittelst Tunnel bei dem Ortbauer in den oberen Adlitzgraben kehrend und die Kam-Alpe mittelst eines circa 2500 Meter langen Tunnels, der bei Spital gemündet haben würde, durchschneidend. Von diesem Projecte konnte der Verfasser [Schweiger-Lerchenfeld, G. D.] kein Elaborat auftreiben.

5. Das Project einer Linie, welche mit Nr. 3 bis Prein übereinstimmt, von hier nach der Strecke Thalauf sich entwickelt und unweit der Thalwurzel das Gebirge („Im Gscheid“) mittels eines 2500 Meter langen Tunnels durchschneidet. Der Tunnel hatte eine Richtung ONO nach WSW und würde ungefähr bei Raxen in den Raxengraben gemündet haben. Von hier war die Linie über Kapellen und das untere Mürzthal nach Mürzzuschlag zu führen. Sie hatte eine Länge von 32,3 Kilometer und eine Maximalsteigung von 1 : 40. [...]
6. Das Project Ghega (a). Nach demselben sollte die Linie bereits vom Bahnhofe Neunkirchen abgehen, an den Geländen südlich der Schwarza über Landschach, Thiermannsdorf, Kranichberg, Wartenstein, Maria Schutz (oberhalb Schottwien) und Oberhull durch den Myrthengraben sich entwickeln, schließlich den Semmering mittelst eines 1470 Meter langen Tunnels durchschneiden, beim Dürngraben in das Fröschnitzthal einmünden, um hierauf auf südlicher Seite nach Mürzzuschlag geführt zu werden. Diese Linie hatte eine Maximalneigung bis 1 : 50,7, 15 Tunnel in einer Gesamtlänge von 4273 Meter, und war von Neunkirchen bis Mürzzuschlag 46,7 Kilometer lang. [...]
7. Das Project Ghega (b). Das selbe war mit Schönerer'schen fast identisch, da die Linie von Gloggnitz abzweigen und sich über Schottwien und Maria Schutz längs den Abhängen des Göstritz (Sonnwendstein) entwickeln und den Semmering mittelst eines 1532 Meter langen Tunnel durchschneiden sollte. [...] Die Maximalsteigung betrug 1 : 28, die Gesamtlänge der Bahnlinie 26 Kilometer. Sie sollte eventuell für den Pferde- oder atmosphärischen Betrieb eingerichtet werden.
8. Das Project Ghega (c). Von Gloggnitz durch das Schwarzathal über Payerbach bis Reichenau, hier mittelst Viaduct im Bogen auf die jenseitige Lehne wendend, um hierauf in einer beiläufigen Richtung sich zu entwickeln, welche mit derjenigen der nachmals ausgeführten fast zusammenfällt. Dieses Project hatte zwischen Gloggnitz und Mürzzuschlag eine Länge von 43 Kilometer, Maximalsteigungen von 1 : 50, 10 Tunnel mit zusammen 3261 Meter Länge und 22 Viaducte. [...] Der Haupttunnel hatte eine Länge von 1200 Meter.
9. Das Project einer Linie, welche mit dem vorstehenden im Großen und Ganzen identisch war. Der wesentliche Unterschied bestand dar-

> in, dass sie von Gloggnitz ab nicht am linken, sondern am rechten Ufer der Schwarza (wie das Keißler'sche Project) ihre Entwicklung nahm und bis Reichenau verlief, hier aber mittels einer Kopfstation kehrend ('spitzkehrend') ihren Anstieg hoch über dem Schwarzathale bewirkte. Die Gegner jeder Art von Locomotivbahn hatten ihrerseits vier Seilbahnprojecte ausgearbeitet, welche von einer hierzu berufenen Comission eingehend untersucht wurden. Nach dem ersten dieser Projecte sollte die Locomotivbahn bis Schottwien einerseits und (ab Mürzzuschlag) bis Steinhaus andererseits geführt werden und zwar mit einer Maximalsteigung von 1 : 50. Die Zwischenstrecke sollte mittelst Seilbahn von sechs Rampen verbunden und die ganze Höhe des Semmering-Passes überschritten werden... Das zweite Project behielt die Locomotivbahn bis Schottwien bei; von Mürzzuschlag aber sollte die Locomotivbahn bis Steinhaus und von hier bei fast horizontaler Lage und Herstellung eines entsprechend langen, unter der Einsattelung des Semmering liegenden Tunnels bis über den Myrthengraben geführt und die Zwischenstrecke durch eine Seilbahn mit zwei Rampen ergänzt werden... Das dritte Project war mit dem vorstehenden fast identisch, da der einzige Unterschied in der höheren Lage des Scheiteltunnels bestand. Das vierte Project endlich behielt die Locomotivbahn nur bis Gloggnitz, beziehungsweise bis Mürzzuschlag bei, und sollte die ganze Zwischenstrecke, einschließlich der ganzen Höhe der Semmering-Einsattelung, durch eine Seilbahn mit vierzehn Rampen ergänzt werden. Die Gesamtlänge aller vier Linien war fast die gleiche, nämlich 23,5 bis 23,9 Kilometer. Das Steigungsverhältnis betrug zwischen 1 : 67 bis 1 : 8...[292]

Mit diesen Projekten musste sich Ghega in seiner Position als Baudirektionsadjunkt und designierter Inspektor der südlichen Staatseisenbahnen auseinandersetzen und sowohl die Realisier- als auch Finanzierbarkeit abschätzen.

Den Vorschlag des in den Projekten 2 und 3 eingeplanten rund 5 bis 6 km langen Tunnels lehnte Ghega mit Verweis auf die ungleich längere Bauzeit und die schwierigen Gebirgsverhältnisse ab. Da weder leistungsfähige Sprengstoffe noch Tunnelbohrmaschinen zur Zeit des Semmering-Eisenbahnbaues erfunden waren, konnten lange Tunnelbauten in einer angemessenen Bauzeit nur mittels der Qanat-Bauweise errichtet werden.[293] Mit Hilfe der dabei angelegten senkrechten bzw. schrägen Bauschächte konnte die Zahl der Angriffspunkte für den Vortrieb gesteigert und damit die Bauzeit reduziert werden. Jedoch erlaubte diese Bauweise nur geringe Gebirgsüberlagerungen. Bei vergleichbar langen Tunnelbauten betrug die maximale Überdeckung rd. 200 m. Die Überlagerungen bei den Varianten 2 und 3 (Projekt Keißler) waren mit rd. 450 m bzw. 600 m mehr als doppelt so groß und galten damals insbesondere als wirtschaftlich nicht ausführbar. Für den Fall des nur von den beiden Tunnelenden begonnenen Vortriebs wurde damals die Bauzeit auf acht bis zwölf Jahre eingeschätzt.[294] Diese Einschätzung erscheint in Anbetracht des ausgeführten Semmering-Haupttunnels jedoch als wenig realistisch. Schon alleine der Vergleich mit dem Semmering-Tunnel führt – ohne den rascheren Baufortschritt durch die Anwendung der Qanat-Bauweise in Rechnung zu stellen – auf mindestens 15 bis 18 Jahre Bauzeit für einen 5 bis 6 km langen Basistunnel.[295]

Ghega analysierte das gegen Ende der 1830er-Jahre aufkommende neue System der atmosphärischen Eisenbahn und konnte deswegen auf die technischen Schwierigkeiten und die daraus resultierenden höheren Erhaltungskosten hinweisen. Als weiteren Grund der Ablehnung dieses Systems nannte Ghega die Umstellung der ersten atmosphärischen Bahnen auf Lokomotivbetrieb schon gegen Mitte der 1840er-Jahre (vgl. 3.).

Die Verwendung von Seilebenen konnte Ghega aufgrund seiner Beobachtungen der Entwicklungen im Eisenbahnwesen nicht befürworten (vgl. 3.). Diesbezüglich bekam Ghega auch von Carl Etzel[296] Unterstützung, welcher im damaligen Königreich Württemberg eine Schlüsselrolle beim dortigen Aufbau eines Eisenbahnsystems einnahm und sich als Mitherausgeber der „Stuttgarter Eisenbahn-Zeitung" international einen Namen machte. So berichtete er in der Ausgabe vom 27. Oktober 1849 überschlagsmäßig über potentielle Seilebenen am Semmering: Wegen der kurzen Entfernung zwischen Schottwien und dem Semmering-Pass („kaum 2000 Klafter") sowie der großen zu überwindenden Höhendifferenz („über 200 Klafter") wäre das durchschnittlich erforderliche Neigungsverhältnis für eine Seilebene rund 1 : 10, ohne dass er, Etzel, die „nothwendigen horizontalen Strecken" miteingerechnet hatte.[297] Dies würde damit ein Neigungsverhältnis erfordern, „wie man es noch nirgends – selbst in Amerika – für den Personenverkehr in Anwendung zu bringen wagte."[298]

In diesem Zusammenhang ist das Angebot des deutschen Grafen von Westphalen beachtenswert. Dieser reiste 1844 eigens nach Wien und bot dem Hofbaurat und Generaldirektor der Staatsbahnen Francesconi am 1. August 1844 an, auf eigene Rechnung und Gefahr mehrere Seilebenen mit Kettenantrieb zwischen Schottwien und Steinhaus anlegen zu lassen.[299] Allerdings wäre das Seilebenensystem betrieblich und ökonomisch aufwendiger gewesen. Außerdem hätte dieser großzügig gemeinte Vorschlag das erst drei Jahre zuvor eingerichtete Staatsbahnsystem unterwandert und damit die staatlich-strategische Position im Verkehrswesen eingeschränkt. Deshalb lehnte Francesconi diesen Vorschlag rundweg ab. Darauf folgend beschwerte sich der Graf mit einem neun Seiten umfassenden Brief – letztlich erfolglos – bei Francesconis Vorgesetzten, dem Präsidenten der allgemeinen Hofkammer Karl Friedrich Freiherr von Kübeck, und warf Francesconi mangelnde Sachkenntnis vor.[300]

Obwohl Ghega dem atmosphärischen- und Seilebenen-Betrieb eine Absage erteilte, projektierte er mehrere Trassenvarianten mit Lokomotiv-, Pferde- oder Atmosphärischem Betrieb[301] (vgl. Punkt 7 in Fußnote Nr. 292). Er selbst befürwortete die Adhäsionsbahn mit der Linienentwicklung über Reichenau–Eichberg–Breitenstein (vgl. Punkt 8 in Fußnote Nr. 292).

Ghegas Projekt einer Semmering-Überquerung, bei dem sich die Eisenbahnlinie schon ab Neunkirchen an Nordabhängen entlangwindet (vgl. Nr. 6 in Zitat Nr. 292), wurde schließlich neben verkehrspolitischen[302] auch aus klimatischen Gründen[303] nicht in die engere Auswahl aufgenommen.

Das Projekt Nr. 9 in Fußnote Nr. 292 wird in der Literatur oft Luigi Negrelli (1799–1858) zugerechnet.[304] Negrelli veröffentlichte 1842 aber lediglich ein Gedankenmodell einer Eisenbahn mit Dampflokomotivbetrieb, welches mittels Spitzkehren größere Höhenunterschiede zu überwinden vermag. Diesen Entwurf verwandte Negrelli zwischen den fiktiven Orten Oberdorf und Schattendorf. Außerdem erwähnte er, dass schon drei Jahre zuvor, also 1839, Ermenegildo Francesconi, die Idee der Spitzkehren aufgegriffen, jedoch nicht weiterverfolgt hatte:

> [...] und mir kann es demnach nur angenehm sein, durch die Umstände gedrängt, zur Auffassung einer gleichen Idee gelangt zu sein.[305]

Ghegas Projekte für die Semmeringbahn waren schließlich zu Beginn des Jahres 1844 fertig, und er legte sie am 31. Jänner 1844 seinem Vorgesetzten, dem Generaldirektor der Staatseisenbahnen Ermenegildo Francesconi, vor.[306]

In den folgenden Jahren dürfte Francesconi zunächst noch gezögert haben, das Projekt seinen Vorgesetzten vorzulegen. Durch die Fortschritte im Lokomotivbau, so seine Hoffnung, würde sich die Lösung der Frage der Betriebsart über den Semmering noch vor der Fertigstellung der Linie bis Triest von selbst ergeben.[307] Nur die technisch und betriebsmäßig aufwendigen Systeme wie Seilebenen und die atmosphärischen Systeme waren damals vermeintlich zur Überwindung größerer Höhenunterschiede geeignet. Auch die Entsendung des Inspektors für Eisenbahn-Betriebsangelegenheiten Adalbert Schmid nach England und Frankreich zum Studium des atmosphärischen Antriebssystems im Frühjahr 1846 brachte keine endgültige Klarheit: Obwohl er letztlich bei der Genehmigung des Baues der Semmeringbahn im Jahre 1848 keine ausreichenden Garantien für den Erfolg einer derart langen, für atmosphärischen Betrieb eingerichteten Strecke geben konnte, war er jedoch nicht abgeneigt, prinzipiell den atmosphärischen Betrieb am Semmering vehement zu befürworten.[308] Deshalb sieht Mauterer in Schmid einen Anstifter der Kampagnen gegen Ghega nach Baubeginn.[309]

In den Jahren nach 1844 war Ghega primär mit der Fortsetzung der Planungen und der Bauleitung des Abschnittes der südlichen Staatsbahn (Wien–Triest) von Graz über Cilli/Celje (Eröffnung 2. Juni 1846) und weiter bis Laibach/Ljubljana (Eröffnung 16. September 1849) beschäftigt. Aus Kostenüberlegungen von Seiten des Staates überarbeitete er das Projekt der Semmeringbahn über Reichenau–Eichberg noch in den Jahren 1846/47. Die Erreichung der Vorgabe der Minimierung der Baukosten erforderte aber eine Verkürzung der Streckenlänge, welche nur durch die Erhöhung der maximalen Neigung auf der Nordrampe von 1 : 50 auf 1 : 40 erzielt werden konnte. Dadurch musste beispielsweise der Schwarza-Übergang von Reichenau nach Payerbach verlegt werden.[310]

4.5 ARGUMENTE GEGEN EINEN LOKOMOTIVBETRIEB NACH BAUBEGINN

Die Argumente gegen einen Lokomotivbetrieb am Semmering[311] kamen von verschiedenen Seiten – hauptsächlich aber von Experten und Fachleuten, welche sich innerhalb des damals neugegründeten österreichischen Ingenieur-Vereines als „Commission zur Erörterung der Semmering-Frage" formierten und den an die Staatsverwaltung gerichteten Bericht auch in der Vereinszeitschrift publizierten: „In der Mitte des 19. Jahrhunderts [sei] der Seildienst wohl kein Fortschritt aber ein Gebot, und der Locomotivbetrieb kein Rückschritt aber der größte Mißgriff."[312] Eine österreichische Tageszeitung kritisierte ebenfalls Ghegas Entwurf scharf:[313]

> Ein weiterer Nachteil der projektierten Bahn über Payerbach ist die für den Betrieb mit stationären Maschinen, wenn, wie nicht zu zweifeln ist, die Erfahrung den darthun sollte.[314]

Dabei ist besonders darauf hinzuweisen, dass all diese Argumente gegen den Lokomotivbetrieb erst dann aufkamen, nachdem der Bau im Jahr 1848 genehmigt und begonnen worden war.[315]

Bei näherer Betrachtung kristallisieren sich vier Hauptkritikpunkte in den Argumenten der Gegner von Ghegas Entwurf heraus:

1.) Allen voran kamen Einwände, dass noch keine Lokomotive existierte, welche auf so starken und langen Steigungen wie denen der Semmeringbahn nennenswerte Lasten zu ziehen imstande gewesen wäre.[316] So wurde beispielsweise dahingehend polemisiert, dass bei einer lokomotivbetriebenen Semmeringbahn gar „die Gesetze der Mechanik etwas in Kollision“[317] geraten würden. Schließlich verwies Carl Etzel in der Eisenbahn-Zeitung als Antwort auf diverse abfällige Expertenmeinungen auf eine Garantie der Eßlinger Lokomotivfabrik: Diese garantiere, dass auf Neigungen mit 1 : 45 (22 ‰) bei einer Geschwindigkeit von zwei deutschen Meilen pro Stunde 100 t ohne Anstand zu bewältigen seien. Versuche hatten sogar gezeigt, dass in 1 : 100 260 t Last gezogen werden konnten, wodurch, so Etzel, mittels Umrechnung bei einer Neigung von 1 : 45 110 t und bei der Neigung der Semmeringstrecke noch 100 t Anhängelast zu erreichen wären.

> In Angesicht dieser Zahlen wird wohl Niemand glauben, dass, um die Semmeringbahn betreiben zu können, die Lokomotiven erst erfunden werden müssen, [...][318]

2.) Den meisten Zeitgenossen Ghegas erschien es auch unbegreiflich, wie man in dem wild gegliederten Gelände der Semmeringregion mit seinen tiefen Abgründen und Schluchten das breite Band für eine (zweigleisige) Eisenbahn abringen wolle. Das damals noch vorherrschende englische Trassierungssystem, kombiniert mit den Seilebenen, war noch zu sehr in den Köpfen der zahlreichen Ingenieure verhaftet.

3.) Weiters hatte man zu den noch unvollkommen entwickelten Bremseinrichtungen kein Vertrauen. Die Talfahrt der Züge wurde als lebensgefährlich erachtet. In Europa wurde sicherheitstechnisch den Seilebenen zunächst der Vorzug gegeben. Auch wollten die Befürworter der Seilebenen zunächst nicht zur Kenntnis nehmen, dass ausgehend von Nordamerika viele Seilebenen schon ab 1836 für ausschließlichen Lokomotivbetrieb umgebaut wurden.[319]

4.) Zu guter Letzt fehle, so die Kritiker, außerdem jegliche Betriebserfahrung mit Dampflokomotiven in Seehöhen um 900 m, und es erschien der Adhäsionsbetrieb besonders im Winter in dieser Höhenlage geradezu unmöglich.[320]

4.6 DER BAU DER EISENBAHN ÜBER DEN SEMMERING

4.6.1 Baubeginn

Der Baubeginn der Semmeringbahn fällt genau in die Zeit der Revolution des Jahres 1848. In Wien waren die ersten revolutionären Unruhen am 13. März 1848 ausgebrochen: Vor dem Landtagsgebäude in der Herrengasse fielen Schüsse und in den Fabriksvorstädten sammelte sich die Arbeiterschaft zum Marsch in die Innenstadt. Als Folge dieses ersten Aufstandes trat Staatskanzler Fürst Metternich zurück. Sein Rücktritt beruhigte die Aufständischen nur wenig, sodass schon im Mai neuerliche Unruhen ausbrachen. Schließlich folgte die Einberufung eines verfassungsgebenden Reichstages. Am 9. Mai 1848 wurde Andreas Baumgartner (1793–1865) zum Minister für öffentliche Arbeiten berufen und in Anbetracht der unruhigen Zeit suchte er nach Bauprojekten, um mittels „Notstandsarbeitsmaßnahmen“[321] die durch die Industrialisierung beschäftigungslos gewordenen und revoltierenden Arbeiter zu besänftigen.

Zunächst wurde die damals schon als dringend notwendig empfundene Regulierung der Donau bei Wien vorgeschlagen, jedoch fehlten für die gewünschte rasche Inangriffnahme der Bautätigkeiten die notwendigen Planungen.[322] Am 17. Juni 1848 forderte Minister Baumgartner von Ermengildo Ritter von Francesconi das Projekt der Semmeringbahn an: Francesconi und Negrelli (damals Generalinspektor der k.k. nördlichen Staatsbahn; als ministerieller Sachbearbeiter herangezogen)[323] befürworteten die von Ghega zunächst vorgeschlagene und 1846/47 bereits modifizierte Trasse über Payerbach–Eichberg–Breitenstein. Wegen der anhaltend angespannten Situation in Wien und dem Wunsch, möglichst viele Arbeiter zu beschäftigen und sie von den Unruheherden in Wien wegzubringen, wurde der Bau der Semmeringbahn innerhalb kürzester Zeit schon am 27. Juni 1848 durch Minister Baumgartner genehmigt. Damit einhergehend wurde der Auftrag zur öffentlichen Bauausschreibung erteilt.[324] In diesem Zusammenhang unterstrich der Minister, dass er „eine Unterbrechung der Betriebsart zwischen Hamburg und Triest für einen wesentlichen Übelstand“[325] hielte.

Die Entscheidung zum Bau der Semmeringbahn war keine rein innerstaatliche oder nationale Angelegenheit: sie muss insbesondere auch im gesamteuropäischen verkehrspolitischen Kontext gesehen werden. Gegen Mitte des 19. Jahrhunderts wurden drei potentielle Nord-Süd-Strecken für zukünftige Eisenbahnlinien vorgeschlagen: Erstens von Le Havre/Calais über Paris nach Marseille, zweitens von Hamburg nach Triest über Preußen und Österreich und drittens von Oostende/Antwerpen über Württemberg und Bayern, weiters mittels einer Alpenpassage bei Disentis und schließlich bis Genua.[326]

Schon im Herbst 1846 begannen die Bauarbeiten an der Strecke Genua–Turin (damals Königreich Sardinien)[327], welche bis zum Lago Maggiore verlängert werden sollte, um schließlich – so der Wunsch – über die zunächst noch nicht mit Schienen zu überwindenden Alpen in der Schweiz nach Deutschland und weiter bis zum Ärmelkanal und damit in Richtung England zu führen. Auch in Bayern wurde an einer Nord-Süd-Verbindung gearbeitet und 1854 konnte bei Lindau am Bodensee der nördliche Alpenrand erreicht werden (vgl. 6). Durch diese Nord-Süd-Verbindung wäre die Bedeutung des Hafens von Genua noch verstärkt worden, während der Hafen von Triest einigermaßen an Bedeutung verloren hätte. Dass dies wohl auch von österreichischer Seite nicht erwünscht war, zeigt eine Bemerkung der Stuttgarter Eisenbahnzeitung vom 11. April 1847: Der Österreichische Lloyd bekam 1847 durch den Sieg in einem internationalen Wettkampf den Auftrag zum Transport von Briefen und Paketen von England nach Ostindien („Indian Mail“). Dadurch versprach man sich eine zusätzliche Belebung des Verkehrswesens von und nach Triest.[328] Die Bedeutung einer internationalen Fernverbindung Hamburg–Triest war auch dem die Baubewilligung erteilenden Minister Baumgartner bewusst.[329]

Die Semmeringbahn erfüllte von Anfang an auch eine militärstrategische Bedeutungsdimension: Schon bald nach Baubeginn zeigte sich, dass zahreiche Truppentransporte von Wien aus in das Krisengebiet in Oberitalien rasch durchgeführt werden konnten.[330]

Die Bauarbeiten konnten nach dem kurzen und überstürzt scheinenden Genehmigungsverfahren durch Minister Baumgartner schließlich am 7. August 1848 im Abschnitt Gloggnitz–Payerbach[331] beginnen. Dieses erste Baulos wurde an dem Wiener Bauunternehmer Hablitschek mit der Bedingung vergeben, dass er so schnell wie möglich 5.000 Arbeiter ständig beschäftige. Der Baubeginn in diesem Abschnitt erfolgte so kurzfristig, dass die Arbeiter zunächst täglich von Wien zu der Baustelle gefahren werden mussten: Weder in Gloggnitz noch in Payerbach war eine ausreichende Zahl an Unterkünften vorhanden.[332] Diese Fahrten, aber auch die Transporte von Freiwilligen zur Unterstützung des k.k. Heeres in Italien, erfolgten auf der zunächst noch privaten Wien-Gloggnitzer Bahn unentgeltlich.[333]

Von Mürzzuschlager Seite wurde der Bau am 30. August 1848 im ebenfalls bautechnisch unproblematischen Abschnitt Mürzzuschlag–Spital begonnen.[334]

Wegen des überstürzten Baubeschlusses fand die kommissionelle Begehung der Strecke nicht vor Baubeginn statt und musste schließlich mit zweimonatiger Verspätung nachgeholt werden.[335]

Im Oktober 1848 flammten in Wien die Unruhen neuerlich auf: am 6. Oktober 1848 wurde Kriegsminister Graf Baillet-Latour – nach den polizeilichen Untersuchungen von einem Arbeiter der Wien-Gloggnitzer Bahn – ermordet und seine Leiche anschließend von der revoltierenden Menschenmenge an einem Laternenpfahl aufgehängt.[336] Diese Unruhen hatten ebenfalls zur Folge, dass die Wien-Gloggnitzer Bahn an mehreren Stellen unterbrochen wurde, beispielsweise in Meidling und Wien, aber auch im Bereich Atzgersdorf–Hetzendorf, wo die Schienen aus dem Gleiskörper gerissen wurden.[337] Vom 12. Oktober 1848 an wurde der „Wiener Hauptstationsplatz“ (Südbahnhof) von den National- und Mobilgarden besetzt und konnte erst nach erbitterten Kämpfen von den k.k. Truppen zurückerobert werden. Gleichzeitig wurde Wien vom Militärkommando völlig abgesperrt: Wie auf der Kaiser-Ferdinands-Nordbahn und der Linie Wien–Bruck a.d. Leitha wurden ab diesem Tag auf der Strecke Wien–Mödling alle Zugsfahrten verboten und ab dem 13. Oktober bis Baden. Am 14. Oktober 1848 wurde der Betrieb auf der gesamten Strecke von Wien bis Gloggnitz eingestellt. Erst nach der Rückeroberung des Südbahnhofes durch die k.k. Truppen konnte am 23. Oktober 1848 der Betrieb auf der Strecke Mödling–Gloggnitz wieder aufgenommen werden, und ab dem 15. November 1848 war dann die ganze Strecke Wien–Gloggnitz wieder in Betrieb.[338]

Nach diesen Unruhen wurde am 21. November 1848 Carl Ludwig Bruck (1798–1860) zum Minister für Handel, Gewerbe und öffentliche Bauten ernannt. Bruck war einer der Mitbegründer des Triestiner Lloyd, weshalb er vermutlich nicht nur wirtschaftliche Interessen hatte, die Bahnverbindung zwischen Wien und Triest zu unterstützen.[339]

Im Winter 1848/49 wurden die Arbeiten an der Semmeringbahn nach der Betriebsunterbrechung der Gloggnitzer Bahn nur langsam und schlecht weitergeführt. In dieser Zeit begannen die zahlreichen Anfeindungen und Kontroversen gegen Ghegas Projekt. Im Reichstag musste deswegen ein Ausschuss zur Untersuchung der „Verschleuderung von Staatsgeldern für ein unmögliches Experiment“[340] einberufen werden. Weiters wurde an die Staatsverwaltung ein anonymer Antrag um Tieferlegung des Haupttunnels gestellt, gegen den sich Ghega in einem Bericht vom 21. Februar 1849 – abgesehen von der deutlich längeren Bauzeit – mit primär geologischen Argumenten („von vielem Wasser geschwängerten

Boden")[341] aussprach.[342] Schon am 1. März 1849 lehnte der junge Kaiser Franz Joseph I. (im Dezember 1848 dankte Kaiser Ferdinand I. als Folge der Oktoberunruhen zugunsten seines Neffen ab) im Ministerrat den Antrag um Tieferlegung des Tunnels mit imperialer Gestik ab.[343] Nach Niel habe der Kaiser die von Minister Baumgartner erteilte Baubewilligung mit folgenden Worten bestätigt:

> Der Bahnbau über den Semmering ist fortzusetzen. Die Beurteilung ist durch Männer erfolgt, die von Jugend auf sich mit dem Straßenbau befasst haben und deren Tüchtigkeit durch aufgestellte große Bauwerke unstreitbar dargetan ist.[344]

Ab diesem Zeitpunkt liefen die Arbeiten an der gesamten Strecke in vollem Umfang. Die definitiven Trassierungsarbeiten wurden nun verstärkt in Angriff genommen. Sie sollten aber noch das ganze Jahr 1849 andauern, bis schließlich die gesamte Strecke markiert und abgesteckt war.[345] Die Arbeiter konnten nicht mehr täglich von Wien zu den Baustellen befördert werden, und so entstand entlang der künftigen Strecke ein Barackenlager nach dem anderen – vor allem aber in den Adlitzgräben. In diesen Jahren bevölkerten bis zu 10.000 Arbeiter und Arbeiterinnen die Semmering-Region.[346]

4.6.2 Der Bau der Strecke

Die gesamte geplante Strecke wurde in 14 Baulose eingeteilt und anschließend an verschiedene Unternehmer zur Bauausführung übergeben. Die Übergabe erfolgte, je nach Baulos (vgl. 9.2.), zwischen dem 8. August 1848 und dem 15. Juni 1850. Die ersten beiden vergebenen Baulose waren die bautechnisch einfachen von Gloggnitz nach Payerbach und von Mürzzuschlag nach Spital am Semmering, bei denen die Arbeiten noch 1848 begonnen werden konnten. Alle anderen Baulose wurden erst nach der Unterstützungserklärung Kaiser Franz Josephs vom 1. März 1849 (vgl. 4.6.1.) vergeben.[347]

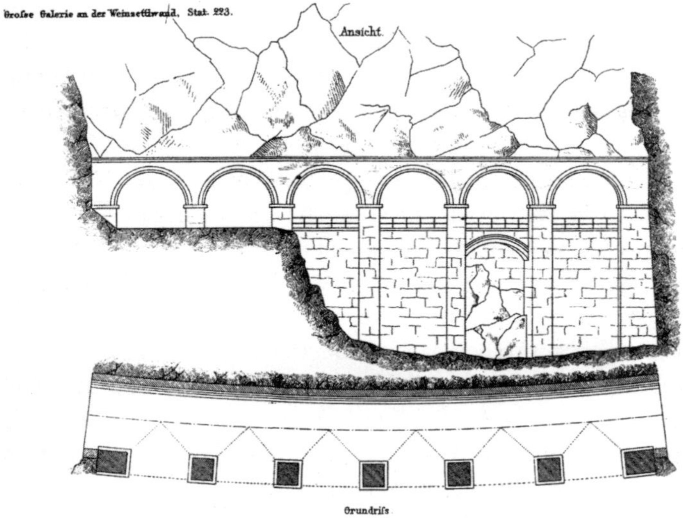

Abbildung 7: Große Galerie im Bereich der Weinzettlwand (nach Birk 1861)

Das Prinzip der Aufteilung der Strecke in Baulose und die Übernahme durch verschiedene Unternehmer führte dazu, dass die Arbeiten zeitgleich ausgeführt werden konnte. In der damaligen ausschließlich von Handarbeit geprägten Zeit war dies von besonderer Bedeutung. Nur so konnte die Eisenbahnstrecke über den Semmering in der knapp sechsjährigen Bauzeit fertiggestellt werden. Der Bau schritt zügig voran, war jedoch von zwei größeren Unfällen überschattet. Der schwerste Arbeitsunfall ereignete sich am 27. Oktober 1850, bei dem durch einen Felssturz an der Weinzettlwand 14 Menschen getötet wurden. Die darauffolgende gerichtliche Untersuchung kam zu folgender Urteilssprechung: Obwohl „die Untergrabung an der Sohle des Felsens stattfand und die beiden Rutschblätter die Schwere des Felses nicht mehr erhalten konnten“,[348] wurde Ghega von einer Schuld freigesprochen. Diese geologischen Schwierigkeiten führten zur Verlegung der ursprünglich projektierten Trasse vom Wandfuß ins Berginnere. Deshalb entstanden die drei Weinzettlwand-Tunnel, welche bei den Unterbrechungen mittels Galerien (eine mit einem, die zweite mit sechs Gewölbebögen) verbunden wurden.[349] Im darauffolgenden Jahr, am 28. Februar 1851, wurden zwei Arbeiter beim Bau des Klammtunnels verschüttet, von denen einer nach 104 Stunden noch lebend geborgen werden konnte.[350]

Ungeachtet des zügigen Baufortschrittes bereitete ab 1849 sowohl der Staatsverwaltung als auch dem Bauleiter Ghega die Ausbreitung von Cholera und Typhus weitaus größere Sorgen. Da es zu jener Zeit noch keine wirksamen Medikamente zur Bekämpfung gab, wirkten sich diese Krankheiten verheerend aus: Obwohl in Schottwien, am Weberkogel und oberhalb der Kalten Rinne sofort Notspitäler errichtet wurden, konnten viele der Erkrankten nicht aufgenommen werden und starben ohne ärztliche Betreuung in ihren Unterkünften. Während in anderen Jahren jener Zeit in Klamm 15 bis 20 Sterbefälle pro Jahr registriert wurden, zählte man im Sterberegister der Pfarre Klamm im Jahr 1850 schon 303 Todesfälle.[351] Aus Furcht vor Seuchen flüchteten im Sommer 1850 innerhalb kurzer Zeit etwa 1.200 Arbeiter, ohne dass man für sie sofort Ersatz gefunden hätte.

Wegen dieser zahlreichen Todesfälle wurde schließlich im Auftrag der Kaiserin-Mutter, Erzherzogin Sophie, im Adlitzgraben nächst Breitenstein ein Notkirchlein errichtet und am 13. Juli 1851 eingeweiht. In der folgenden Zeit hielt der Wiener Neustädter Pater Sedlak den Kirchendienst in drei Sprachen ab (Deutsch, Italienisch und Böhmisch) und schloss in dieser schwierigen Zeit insgesamt 102 Ehen.[352]

In den Jahren 1852/53 ergab sich zusätzlich ein verkehrspolitisches Problem: Der Wunsch des Staates, die Linie Wien–Gloggnitz der privaten Wien-Gloggnitzer Eisenbahngesellschaft abzukaufen, wurde am 26. Jänner 1852 dem Unternehmen durch den Handelsminister übermittelt. Nach zahlreichen Verhandlungen wollte die Gesellschaft dem Wunsch des Staates aber nicht zustimmen. Deshalb erteilte der nun als Handelsminister agierende Andreas Freiherr von Baumgartner im März 1853 an Ghega den Auftrag, eine staatseigene Paralleltrasse von Gloggnitz nach Wien zu projektie-

Abbildung 8: Viadukte bei der Krauselklause (rechts) und der Kalten Rinne (links, nach Zöllner, Mothes, Luckenbacher 1872)

ren. Durch diesen massiven staatlichen Druck wurde die Generalversammlung der Wien-Gloggnitzer Eisenbahngesellschaft umgestimmt und bewilligte am 6. Juli 1853 schließlich doch den Verkauf der Bahn, wodurch sich das Projekt einer Paralleltrasse erübrigte. Am 4. August 1853 wurde der Kaufvertrag zwischen Georg Simon Freiherr von Sina und dem Staat abgeschlossen, am 30. August unterzeichnete auch Kaiser Franz Joseph I. den Vertrag. Nach dieser Transaktion wurde die Wien-Gloggnitzer Bahn in die k.k. südliche Staatseisenbahn eingegliedert.[353]

Nachdem am Semmering insgesamt 2,02 Millionen m^3 Erde bewegt (Auf- und Abträge) sowie 1,39 Millionen m^3 Felsen gesprengt worden waren,[354] konnte am 12. Oktober 1853 die letzte Gleislücke in der Nähe der Kalten Rinne geschlossen werden. Damit war die Semmeringbahn zunächst eingleisig befahrbar. Zehn Tage später sollte die erste belegte Fahrt über die gesamte Strecke erfolgen, und zwar mit einer gewöhnlichen Lokomotive, der *Lavant* der südlichen Staatsbahn. Am 23. Oktober 1853 erfolgte die erste Festfahrt auf der Semmeringbahn mit Minister Baumgartner als quasi „inoffizielle[r] Eröffnung".[355] Am darauffolgenden Tag fand eine Festfahrt mit sämtlichen Bahningenieuren statt.[356] Nachdem die eigens für die Semmeringbahn gebauten Lokomotiven Anfang November geliefert wurden (vgl. 5.2), konnte ein provisorischer Betrieb eingerichtet werden, und es verkehrten täglich vier bis sechs Güterzüge über die Semmeringbahn.[357]

Die abschließenden Arbeiten, nämlich das Legen des zweiten Gleises, die Fertigstellung der Stationsgebäude und Streckenwächterhäuser (welche von Moritz Ritter von Löhr, Ghegas Begleiter auf seiner zweiten Amerikareise, geplant wurden) sowie die Errichtung von Signalanlagen dauerten noch bis zum Frühjahr des Jahres 1854. Den Sicherungsanlagen an der Semmeringbahn wurde große Bedeutung geschenkt, gab es doch noch kein Vorbild und somit keinerlei Erfahrung im Betrieb einer derartig langen Eisenbahn durch ein Gebirge. Um die Strecke lückenlos überwachen zu können, wurden die Wächterhäuser in gegenseitigem Sichtabstand errichtet. Zur Verständigung des Strecken- mit dem Lokomotivpersonal kamen zunächst an Masten angebrachte Korbsignale zur Anwendung,[358] weiters am Tag Armsignale und in der Nacht Lichtsignale mit Laternen.[359] Das Bahnpersonal der Stationen und der Wächterhäuser verständigte sich untereinander – erstmalig in Altösterreich – mit elektromagnetischen Glockensignalen, welche die bevorstehenden Zugfahrten akustisch ankündigten.[360] Zur Verständigung des Bahnpersonals der Stationen wurden die Glockensignale ab 1858 durch den Telegraphen ergänzt.[361] Von den Bahnwächtern wurden ferner Knall-[362] und Scheibensignale[363] verwendet. Die Vorsichtsmaßnahmen und Sicherheitsbestrebungen bewirkten weiters, dass von Betriebsbeginn an nicht nur die erfahrensten Lokomotivführer der gesamten Monarchie zusammengezogen wurden, auch die Bahnwächter mussten schon an anderen Strecken ihren Dienst zufriedenstellend geleistet haben. Beim Fahrpersonal setzte sich die Zugmannschaft neben dem Lokomotivführer und dem Heizer noch aus Zugführer und Kondukteuren zusammen. Letztere hatten neben der Fahrscheinkontrolle auch für den einwandfreien Zustand der Waggons zu sorgen: Dies bedeutete in der damaligen Zeit, die Radlager bei jedem Aufenthalt nachzuschmieren und die Räder und Achsen auf Heißlaufen bzw. Bruch zu untersuchen. Wegen der damals noch nicht vorhandenen durchgehenden Zugbremsen erhielt jeder Zug außerdem noch vier bis fünf Bremser zugeteilt.[364] Besonderes Augenmerk wurde den Bremsen schon ab Gloggnitz bzw. Mürzzuschlag gegeben: Zwei Bediensstete in Gloggnitz und drei Bedienstete in Mürzzuschlag untersuchten jeden bergwärts fahrenden Zug hinsichtlich der Funktionstüchtigkeit der Bremsklötze, welche anfänglich noch aus Holz waren.[365]

Am 12. April 1854 besuchte Kaiser Franz Joseph I. das erste Mal – von einem Jagdausflug aus Mürzsteg zurückkehrend – die fertiggestellte Semmeringbahn. Dabei wurde seinem Hofzug ein offener Güterwagen angehängt, von dem aus er sich bei der knapp zwei Stunden dauernden Fahrt von Ghega über die einzelnen Bauwerke informieren ließ.[366] Am 16. und 17. Mai 1854 besuchte der Kaiser die Semmeringbahn erneut, diesmal als Begleiter Kaiserin Elisabeths. Nachdem am 9. Juli 1854 durch ihn die „Allerhöchste Entschliessung" unterzeichnet worden war, daß zur Eröffnung der Semmeringbahn keine Feierlichkeiten vorgesehen seien, konnte mit dem Personenverkehr am 17. Juli 1854 der Betrieb nun vollständig aufgenommen werden – etwa ein dreiviertel Jahr nach der ersten Festfahrt über die gesamte Strecke.[367]

Bei der Abrechnung der Baukosten der gesamten Semmeringstrecke musste jedoch eine gewaltige Kostenüberschreitung festgestellt werden. Während bei der Vorlage 1844 die Summe von 9,996 Millionen Gulden (rd. 215 Mio. Euro)[368] von Ghega veranschlagt wurde,[369] musste die Bausumme 1850 – trotz Streckenverkürzung – wegen des Preisverfalls schließlich auf 11 Millionen Gulden (rd. 193 Mio. Euro) aufgestockt werden. Bei der endgültigen Abrechnung zeigte sich trotzdem eine finanzielle Fehleinschätzung Ghegas: Insgesamt erforderte die Semmeringbahn 24,59 Millionen Gulden (Stand Ende 1856; rd. 363 Mio. Euro). Dies entspricht zwar etwa dem zweieinhalbfachen des 1844 projektierten Betrages in Gulden,[370] aber etwa dem 1,7-fachen Betrag in Bezug auf die tatsächliche Kaufkraft.

Gleichzeitig brachten die Kriege 1848/49 und die neuerlichen Kriegseinsätze im Südosten und im Süden der Monarchie[371] den Staat in eine finanziell desolate Lage, sodass ab dem Jahr 1854 Staatseigentum verkauft – d. h. in heutiger Terminologie: ‚privatisiert' – werden musste.[372] Den Beginn machten am 1. Jänner 1855 die nördlichen und südöstlichen vom Staat erbauten Eisenbahnlinien. Für diese Privatisierungen ist der Begriff „Ausverkauf" mehr als zutreffend: Während für den Bau der verkauften Staatseisenbahnen bis 1854 336 Mio. Gulden investiert wurde, betrug der Erlös mit mageren 169 Mio. Gulden lediglich etwa die Hälfte (!).[373] Aber auch in den folgenden Jahren verbesserte sich die staatliche Finanzlage nicht, weshalb die k.k. Südliche Staatsbahn dasselbe Schicksal wie die anderen, schon verkauften Staatseisenbahnstrecken ereilte und sie per 23. September 1858 an die k.k. priv. Südbahn-Gesellschaft verkauft wurde.[374]

4.6.3 Der Bau des Haupttunnels: 1849–1853

Die Errichtung des 1.428 m langen Haupttunnels wurde am 4. Mai 1849 an die Bauunternehmer Gebrüder Klein vergeben, woraufhin die Arbeiten schon am 5. Juni 1849 aufgenommen werden konnten. In der Mitte dieses Bauwerkes erreicht die Semmeringbahn ihren höchsten Punkt bei 898,14 m über dem Meer, während die Gebirgsüberdeckung dabei maximal 114 m beträgt.[375] Wegen seiner Länge wurden sechs vertikale und drei schräge Schächte abgeteuft,[376] um zur eigentlichen Tunnelachse zu gelangen. Von diesen Punkten ausgehend konnte dann der tatsächliche Tunnelvortrieb (in beide Richtungen) begonnen werden. Gleichzeitig dienten die neun Schächte[377] dem Abtransport des gesprengten Materials, der Versorgung der Tunnelbaustelle mit Frischluft und dem Abpumpen des eindringenden Bergwassers. Für den damaligen Stand der Tunnel-Bautechnik ist bezeichnend,

> dass i. J. 1849 dem Bauunternehmer noch verboten wurde, zwecks Entwässerung des Tunnels einen Sohlstollen bis zum Tunnelausgang vorzutreiben, weil befürchtet wurde, dass der längere Bestand eines Stollens in einem der Auszimmerung bedürftigen Gebirge zu Hemmungen im Baufortschritte führen könnte.[378]

Trotz des Verbotes zeigten sich die „Hemmungen im Baufortschritte" schon von Beginn an: Das Gebirge war an der gewählten Stelle in einem durch und durch zerrütteten Zustand sowie von tonigen Schichten durchsetzt, wodurch die den Bau erschwerende Aufblätterung und der grießartige Zerfall der einzelnen Schichten zustande kam.[379] Beim Bau wurde zunächst ein kleiner Querschnitt in Form des Richtstollens ausgebrochen, anschließend auf den erforderlichen Querschnitt erweitert und wegen der schwierigen Gebirgsverhältnisse nach dem Vollausbruch sofort mit Ziegeln ausgemauert, um ein Nachrücken des lockeren Gesteins zu verhindern.[380]

Nicht nur die teilweise grießartigen Gesteinsschichten erschwerten den Tunnelbau, auch die Druckverhältnisse im Gestein waren außergewöhnlich hoch. Durch starkes Schwellen der Tunnelsohle unter der Einwirkung des Gebirgsdruckes (dieser schwankte zwischen 10 und 25 kg/cm^2) wurde dieselbe nach dem Ausbruch im Bereich der Tunnelmitte um bis zu 2 m angehoben. Auch der schon erwähnte große Wasserzudrang an den Übergangsstellen, Schichtengrenzen und an den Störungsflächen des Gesteins trug nicht unwesentlich zu den Schwierigkeiten beim Bau des Haupttunnels bei: Die von Dampfmaschinen angetrieben Wasserpumpen an den Schächten mussten ständig betrieben werden; sie waren erst nach Durchbruch des Tunnels entbehrlich, als das Wasser durch das Gefälle von 4 ‰ von selbst abfließen konnte.[381]

Nach jahrelanger Tag- und Nachtarbeit gelang der Durchbruch des Richtstollens am 12. Juni 1851[382] und in der Folgezeit fand die Aufweitung und Ausmauerung sowie der Ausbau statt. Die erste belegte Fahrt durch den Tunnel erfolgte am 24. September 1853.[383]

Aufgrund seines Ausmaßes und der besonderen Bedeutung

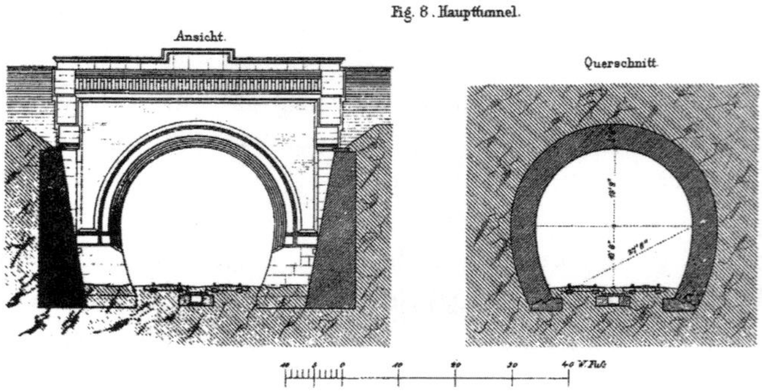

Abbildung 9: Bauzeichnung des Haupttunnel-Portals (nach Birk 1861)

erhielt dieses große Tunnelbauwerk eigene, in Marmor gemeißelte Inschriften:[384]

Nördliche Fassade:
FRANCISCUS JOSEPHUS I. AUSTR. IMP.
HOMINUM RERUMQUE COMMERCIO.

Südliche Fassade:
ADRIATICUM GERMANICO JUNXIT MARE
MDCCCLIV.

4.6.4 *Trassierungs- und Messtechnik*

Als gelernter Doktor der Mathematik betonte Ghega schon im Jahr 1844,

> [...] wie wichtig es ist, bei der Ausmittelung (Tracierung) einer Eisenbahnlinie auf dem Felde, die Neigungs- und Krümmungs-Verhältnisse der Bahn mit möglichster Rücksicht auf den Umfang der Leistungen der Locomotiven zu bestimmen. Horizontale und verticale Projections-Verhältnisse der Bahn, Stärke (relative Festigkeit) der Bahnschienen, Schwere (respective Zugkraft) der Locomotive und die Anzahl der Hilfslocomotiven sind Elemente, welche mit einander in Zusam-

> menhang stehen und gleichsam als Functionen der auf der Bahn fortzuschaffenden Massen zu betrachten sind, und umgekehrt.
> Bei der Ausmittelung der Linie für die Baltimore-Ohio Eisenbahn war dies Alles berücksichtigt, und erst aus einer Reihe von Vergleichen mehrerer Alternative[n] unter sich, wobei auch die commerciellen Verhältnisse in gehörigen Anbetracht gezogen wurden, wurde jene Linie zur Ausführung gewählt, welche die technischen, ökonomischen und commerciellen Anforderungen am vortheilhaftesten in sich vereinigte. Dieses Verfahren ist nicht neu, auch nicht ausschließlich amerikanisch.[385]

Das Wissen um dieses Verfahren führte letztlich dazu, dass Ghega verschiedene Trassenvarianten am Semmering ausarbeitete, obwohl er selbst Befürworter des Adhäsionsbetriebs mit ausschließlichem Lokomotivbetrieb war.

Die heutzutage so vertrauten und unentbehrlichen Schichtenpläne der Kartographie kamen damals erst zögernd zum Einsatz. Auch musste das Trassieren von Eisenbahnen im Hochgebirge erst entwickelt werden. Ghega konnte nach eigenen Angaben auf die von den Pionieroffizieren Erzherzog Johanns in den Jahren 1836–1839 angefertigten und 1842 im Auftrag der k.k. Generaldirektion für Staatseisenbahnen ergänzten Niveau-Verhältnisse der Semmeringregion zurückgreifen[386] und mit dieser Hilfe die verschiedenen Trassenvarianten ausarbeiten. Trotzdem waren „wiederholte mühsame Begehungen der Gegend" erforderlich, da für Ghega „das Feld der Operationen [...] in seiner gesammten Beschaffenheit praktisch kennen zu lernen" die „erste nothwendige Aufgabe"[387] bedeutete.

Als für den Eisenbahnbau in der damaligen Zeit noch unbekannte Art der Trassierung gilt das durch Ghega initiierte[388] und beim Bau der Semmeringbahn erstmals angewandte Prinzip des Verlassens des Haupttales zum Zweck der künstlichen Streckenverlängerung, um an einer günstigen Terrainstelle schließlich die erforderliche Höhe zur Überwindung des Gebirges zu erreichen.

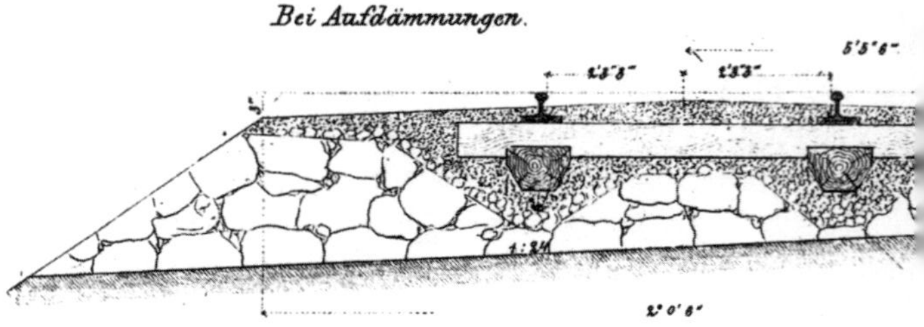

> Zum englischen und amerikanischen Trassierungssystem war in der Folge das österreichische hinzugetreten! Es hat die hochentwickelte Kunst des Alpenstraßenbaues mit dem kühnen Entschluß und geistvoller Anpassung auf das Eisenbahnwesen übertragen und ist im Gebirge bis auf den heutigen Tag führend geblieben.[389]

Jedoch erhielten nicht nur Trassierungsmethodik und Lokomotivbautechnik (siehe 5.) in Gebirge und Hochgebirge durch den Bau der Semmeringbahn wertvolle Anregungen. Infolge der Unzugänglichkeit vieler Stellen des Semmering-Gebietes mussten anstelle der zuvor üblichen Messungen vor Ort zur Absteckung der Trasse die neuesten Methoden und Instrumente eingesetzt werden. Die Techniker waren angehalten, für diese neuen Anforderungen innovative und äußerst präzise Messinstrumente zu entwerfen bzw. vorhandene zu optimieren, wie beispielsweise das in den 1830er-Jahren erfundene ‚Stampfer'sche Nivellier-, Höhen- und Längenmessinstrument' zur optischen Distanz- und Höhenmessung. Dieses Messinstrument erlebte beim Bau der Semmeringbahn seinen ersten großen Einsatz und konnte noch verbessert werden. In den folgenden Jahrzehnten avancierte es zu einem der bedeutendsten Hilfsmittel in der Geodäsie.[390]

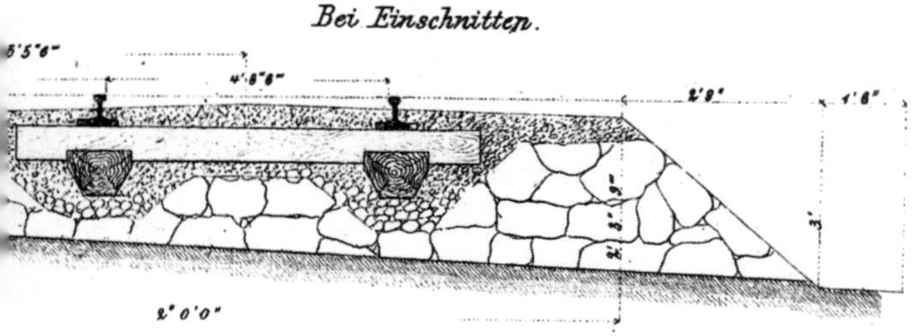

Abbildung 10: Querschnitt der Gleisbettung (nach Birk 1861)

4.6.5 Der Oberbau

Wie in anderen Bereichen galt auch der Oberbau der Semmeringbahn als richtungsweisend. Dabei muss berücksichtigt werden, dass sowohl bei der Anordnung der Schwellen (längs vs. quer; Holzschwellen vs. Steinauflagen) als auch bei der Ausführung der Weichen (Schleppweichen vs. Zungenweichen) bis in die 1850er-Jahre kein Konsens unter den Eisenbahningenieuren herrschte.[391] Der Oberbau der Semmeringbahn entsprach den damals neuesten Bauweisen, welcher zusätzlich noch an die örtlichen Bedingungen adaptiert und so mit zahlreichen Verbesserungen ausgestattet wurde.

Ghega beschreibt den Oberbau, den er als „einen der bemerkenswertesten Theile der Semmeringbahn“[392] bezeichnet, folgendermaßen:

> Eine Bettung von 6–9 Zoll grossen Steinen, welche mit einer ungefähr 3 Zoll hohen Schotterschichte bedeckt ist, bildet das eigentliche über die ganze Breite der Dammkrone reichende Unterlager; das Schotterlager ist gleichsam in zwei Rinnen des Steinlagers eingebettet und auf diesen liegen die 3 und 4 Klafter langen Längsschwellen, welche an den Enden nur stumpf aneinanderstossen; auf den Längenschwellen sind

> die Querschwellen von 3 zu 3 Fuß aufgekämmt und überdies jede Querschwelle mit den beiden Langschwellen durch 4 Winkeleisen verbunden, so dass jede Bewegung oder Verrückung sowohl in horizontaler als auch in verticaler Richtung verhütet ist. [...]
> Eine weitere Versicherung und Verstärkung ist bei allen Zusammenstössen der Schienen durch eine Kupplung mittelst zweier an den Seiten der Schienen angelegten Backenstücke (Verbindungslappen) erzielt, diese beiden Backenstücke haben an der einen Seite die gleiche Form mit den Schienen und schliessen genau an diese an, und durch 4 Schrauben, wovon immer zwei durch eine Schiene reichen, wird der Zusammenstoss gleichsam zu einem Ganzen gemacht. Diese Verbindung verhindert, dass die Enden der Schienen an den Zusammenstössen bei den Lokomotivfahrten sich nicht auf und ab bewegen, was so nachtheilig sowohl für die Leistung der Maschine, als für die Stabilität des Oberbaues selbst ist.[393]

Die „Kupplung“ der Schienen mittels Backenstücken war in dieser Zeit gerade erst im Aufkommen. Die Stuttgarter Eisenbahn-Zeitung schlägt Ende 1850 zur Verbindung der I-förmigen Schienen zwar schon Laschen vor, gibt letztlich aber dem einfacheren Festschrauben der Schienenenden an den Schwellen doch noch den Vorzug.[394] Davor versuchte man die wegen der schlecht zusammenpassenden Schienenstöße auftretenden Entgleisungen mit verschiedenen Bauweisen zu verhindern. Im Allgemeinen wurden die Schienenenden im rechten Winkel abgeschnitten, stumpf aneinandergelegt und an breiteren Schwellen festgeschraubt. Später versuchte man mit schräg abgeschnittenen Schienenenden ebenso wie mit gegenseitig ineinandergreifenden Längsteilungen dieses Problem zu bewältigen, letztendlich jedoch erfolglos.[395]

Ghega berichtete in seinem Buch aus dem Jahre 1844 über die Baltimore-Ohio-Eisenbahn, dass die Verbindung von Z-förmigen Schienen mit Hilfe von horizontal eingesetzten Bolzen und Schrauben ein gutes Festhalten der Schienen bewirkten.[396] Da diese starre Fixierung der Schienen untereinander jedoch keine Längenausdehnung durch Wärme ermöglichte – „ein Übelstand, welcher

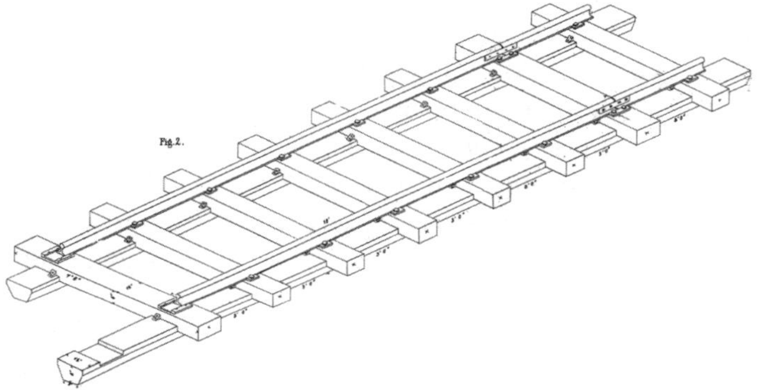

Abbildung 11: Ansicht des Gleises mit Schwellenrost (nach Birk 1861)

durch die doch eintretenden Veränderungen das schnellere Loswerden der Bolzen herbeiführt"[397] –, setzte sich diese Konstruktion letztlich nicht durch. Die damals erst seit kurzem verwendeten ⊥- und I-Schienen waren jedoch, wie schon erwähnt, zunächst rechtwinkelig abgeschnitten und auf die Schwellen niedergeschraubt.

> Es ist aber bei dem Legen der Schienen die Anordnung beobachtet, dass die Stossfugen der Schienen der Einen mit den Mitten der Schienen des gegenüberliegenden Stranges, [...], abwechseln, [...].[398]

Durch die Verbindungslaschen der Schienen, wie sie Ghega schließlich auf der Semmeringbahn in großem Maßstab anwendete, war eine für die damalige Zeit mustergültige Stoßverbindung geschaffen. Zeitgenössische Beobachter hoben in ihren Artikeln immer wieder hervor, dass diese Schienenverbindung besonders widerstandsfähig gegen das Ausweichen der Schienen aus der lotrechten und waagrechten Richtung war und damit der damals häufigsten Ursache von Entgleisungen vorbeugte.[399] Das Prinzip der Laschenverbindung hat sich von Beginn an zur vollsten Zufriedenheit bewährt und bildete bis Mitte des 20. Jahrhunderts, als man die Schienen zusammenzuschweißen begann, die Standard-Schienenverbindung.[400]

Die Querschwellen, auf denen die Schienen fixiert wurden, waren zusätzlich noch durch unter den Querschwellen liegende Langschwellen verbunden (vgl. auch Fußnote Nr. 393). Dieser Schwellenrost sollte die erwünschte Steifheit in den engen Kurven garantieren, wurde aber später aufgrund der arbeitsintensiven Wartung wieder ausgebaut.[401] Ghega selbst begründet im Jahr 1853 diese massive Schwellenkonstruktion folgendermaßen:

> Heutzutage ist die Ansicht allgemein, dass zur Unterstützung der Schienen ausschliesslich Holz verwendet werden soll und dass Querschwellen die unmittelbare Unterstützung bieten sollen. Besondere Terrainverhältnisse, schwierige Richtungsverhältnisse können in Berücksichtigung der Steigungs- und Krümmungsverhältnisse auch die Anwendung von Langhölzern, jedoch unterhalb der Querschwelle, rathsam erscheinen lassen. Die Schienen mit der umgekehrten T- Form, mit einem Schwamm und breiter Basis, mit einem Gewichte von 56–75 engl. Pfd. per Yard [...] haben im Vergleich mit anderen Formen am meisten Boden gewonnen.[402]

Außerdem erfolgte in den Krümmungen, neben der Erhöhung des bogenäußeren Gleises, auch eine geringe Spurerweiterung.[403] Am Ende des fünften Betriebsjahres mussten infolge von Schadhaftigkeit, mangelnder Qualität und Verschleiß jedoch schon mehr als ein Drittel aller verlegten Schienen, trotz sonst bester Bewährung des Oberbaues, ausgewechselt werden. Die Materialqualität der damals verwendeten Schienen war zunächst noch unbefriedigend und die Schienen hielten den Beanspruchungen nicht stand. Zunächst kamen gewalzte schmiedeeiserne Schienen zum Einsatz, und die Materialfehler hatten „einzig und allein in der Fabrikazion ihren Grund".[404] Die Beanspruchungen führten nicht nur zu Ein- und Plattdrücken, sondern sogar bis zum Abblättern des Schienenkopfes. Dies änderte sich ab dem Jahr 1857, als in England erstmalig die härteren Stahlschienen verwendet wurden, welche sich in der darauffolgenden Zeit weltweit durchsetzten.

Zunächst kamen Stahlkopfschienen sowie solche aus Puddelstahl zum Einsatz, bis im Jahr 1869 6,64 m lange Bessemerstahlschienen von 36,5 kg Metergewicht mit einer vorher nicht gekannten Haltbarkeit verlegt wurden.[405] Diese Schienen wurden vom eigenen Südbahn-Walzwerk in Graz bezogen. Ab 1929 erfolgte am Semmering der Einbau von Schienenmaterial mit 25 m Länge und 49 kg Metergewicht. Damit einhergehend konnten die zulässigen Achslasten schrittweise von 14,5 t auf 16 t (1929) und schließlich 17 t (1930) angehoben werden. Dabei wurde vom damaligen Baudirektor der österreichischen Bundesbahnen, Ing. Dr. Ferdinand Trnka, sogar die Anhebung der Achslast auf 25 t in Aussicht gestellt – was aber bis heute nicht erfolgte.[406]

Birk führte die Schadhaftigkeit neben der mangelhaften Materialqualität aber auch auf die noch nicht ausgereifte Querschnittsform des Schienenprofils zurück und schlug als Änderung eine Profilform vor, bei der

> der Übergang des Kopfes in die Rippe eine weniger jähe sein sollte und letztere, um die hiedurch entstehende Massenvergrößerung allenfalls auszugleichen, etwas dünner, auch der Fuß etwas schmäler gemacht werden könnte.[407]

Nach den ersten Betriebsjahren und den daraus gewonnenen Erfahrungen kamen die ursprünglich montierten Langschwellen nur mehr bei den schwierigeren Streckenabschnitten, und zwar bei den kleinsten Krümmungen und bei Neigungen über 1 : 60 (16,7 ‰), zum Einbau.[408]

Auch bei den Weichen (damals als „Wechsel“ bezeichnet) wurde am Semmering Pionierarbeit für Österreichs Eisenbahnen geleistet: Auf der Semmeringbahn kamen nahezu ausschließlich Weichen „nach dem Principe der Selbstwirkung“[409] zum Einsatz – mit Ausnahme von drei Stück (bei insgesamt 191 Weichen) in der Station Gloggnitz. Diese ‚selbstwirkenden‘ Weichen, auch Zungen-

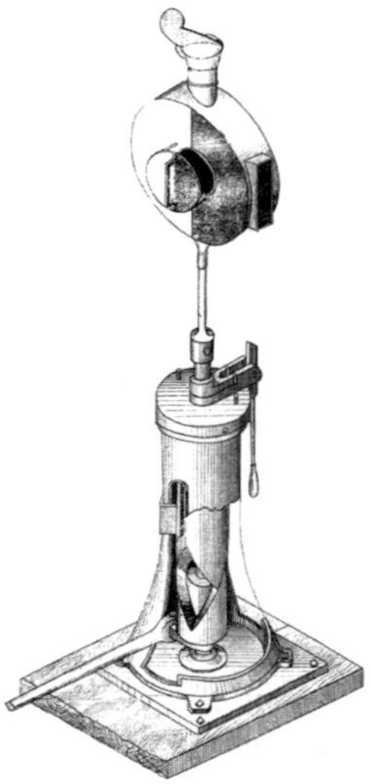

Abbildung 12: Weichenlaterne (nach Birk 1861)

weichen genannt, waren zu jener Zeit zweifellos eine Errungenschaft: bei den zuvor verwendeten Schleppweichen musste das gesamte Gleis auf das Abzweiggleis hin verschoben oder beim Hauptgleis belassen werden. Die Bauart der Schleppweichen verursachte konstruktionsbedingt öfters Entgleisungen, so beispielsweise, wenn die Weiche vom Abzweiggleis her befahren wurde und die Schienen auf das Hauptgleis gestellt waren. Hingegen konnte bei der selbstwirkenden Weichenart „ungeachtet einer unrichtigen Stellung derselben dennoch ein Entgleisen der Räder der darüber fahrenden Lokomotiven oder Wägen nicht stattfinden".[410] Diese Konstruktionsart war sehr erfolgreich und stellt im Großen und Ganzen auch heute noch die gängige Weichenbauart dar. Nachdem sie sich im täglichen Betrieb am Semmering bestens bewährte, wurden auch die noch vorhandenen alten Weichen auf den schon in Betrieb stehenden Strecken der Südbahn sukzessive ausgewechselt.[411]

4.7 ARCHITEKTUR AN DER BAHNSTRECKE

Das beginnende 19. Jahrhundert stand im Zeichen des Biedermeiers und damit im Spannungsfeld von unterdrückter Politisierung, Zensur und Hinwendung zur Häuslichkeit. Des Weiteren entwickelte sich rasch eine nie zuvor gekannte Begeisterung für die Gestaltung von Gebirgslandschaften. Fürst Johann von Liechtenstein formte beispielsweise ab 1808 seine weitläufigen Besitzungen bei Mödling durch vielfältige Eingriffe in begehbare ‚Veduten' um. Dabei entstanden Wegeanlagen mit versteckten Aussichten und Tiefblicken. Außerdem ließ er diese Blicke gezielt durch architektonische Bauwerke wie künstliche Ruinen oder Tempelchen rahmen.[412]

In den 1830er-Jahren erfolgte auf den liechtensteinschen Besitzungen in den Adlitzgräben – auf höchst romantische Art und nach dem Vorbild der englischen Parks – die Anlegung eines künstlichen Wasserfalls, eines künstlichen Teiches und eines Tempels als „Naturanlage".[413] Nachdem Fürst Liechtenstein 1836 gestorben war, bestand dieses malerische Anwesen noch bis in die 1840er-Jahre und diente als beliebtes Ausflugsziel. Seine Nachfolger ließen diesen ‚Landschaftsgarten' jedoch verkommen, und gegen Mitte des 19. Jahrhunderts wurde er schließlich durch den Eisenbahnbau weitgehend zerstört.

In der Architektur herrschten zu Beginn des 19. Jahrhunderts hauptsächlich zwei Strömungen, welche zueinander einerseits im Widerspruch standen, aber sich doch auch gegenseitig durchdrangen: Die Romantik seit etwa 1790 bis 1830, welche sich in der Baukunst als Neugotik manifestierte, und der Klassizismus zwischen 1770 bis 1830 als Gegenbewegung zu Barock und Rokoko.

Der Klassizismus wurzelt in den Forderungen nach der auf Maße und errechneten Proportionen gründenden Schönheit und Klarheit, kurzum, auf dem Zurückdrängen des Gefühls gegenüber dem messenden Verstand. Die Gedankenwelt des Klassizismus war von vernunftdiktierten Regeln beherrscht und die Phantasie hatte sich in den eng gesteckten Grenzen des Formenvokabulars aus der griechisch-römischen Antike zu bewegen.

Mit der Romantik hingegen wurde die individuelle Wahrheit auch auf Kosten der Ordnung, der affekt- und gemütsvolle Ausdruck auch auf Kosten des Maßes erweitert, die Freiheit der Inspiration hoch über allem Regelzwang verkündet. So wurde in der Romantik die Natur selbst als Kunstwerk empfunden, die Phantasie bewegte sich in einer irrationalen Traumwelt und in größter Freiheit wurden antike, historische (z. B. gotische), exotische und rustikale Formen miteinander verknüpft.[414]

Ghega führte die Bahn über den Semmering durch ein zerklüftetes, aber – auch schon zu jener Zeit – landschaftlich als malerisch empfundenes Gelände.[415] Die Idee der Überschienung des Semmerings als eine fundamentale Überwindung von bis dahin bestehenden Regeln der Eisenbahntrassierung kann zunächst als romantischer Charakterzug interpretiert werden. Da die von Ghega neuentwickelte Trassierungsmethode jedoch wissenschaftlich-rational begründet war, wandelte sich dieses romantische Wagnis des Bahnbaues zum klassizistisch motivierten und kalkulierten Experiment. Damit wird das Spannungsfeld zwischen Romantik und Klassizismus deutlich, in dem sich Ghega im zweiten Viertel des 19. Jahrhunderts bewegt.[416]

Die von Johann von Liechtenstein zu Beginn des 19. Jahrhunderts geformte und höchst romantisierend inszenierte Gebirgs*landschaft* auf seinen Besitzungen um Mödling musste sehr arbeitsaufwendig gestaltet werden. Bei der Semmeringbahn bot sich jedoch dieses hochgradig inszenierte Landschaftserleben durch die Transporttechnologie Eisenbahn wie „von selbst" an: Abwechslungsreiche Ausblicke auf das Hochgebirge (Schneeberg, Rax, Stuhleck), Tiefblicke in die Adlitzgräben, ungewöhnliche Nahsichten auf Felstürme und sogar eine Ruine waren von der Eisenbahn aus wahrzunehmen. Man konnte so während der Fahrt eine reizvolle Gebirgslandschaft durchfahren, wie sie jahrzehntelang den Idealvorstellungen romantischer Naturliebhaber vorschwebte. Ein gänzlich neues Element des Landschaftserlebens waren die nie zuvor gekannte Schnelligkeit der häufigen Richtungsänderungen und die rasch wechselnden Ausblicke, was damals in seiner theatralischen Wirkung als völlig neu empfunden wurde.[417] Gewissermaßen zur ‚Schulung' des Blickes auf *die Landschaft* bildeten Aussichtszüge über den Semmering jahrzehntelang eine Attraktion für das Publikum; lebhafte Beschreibungen, Ansichtskartenserien und Bildleporellos vermochten eine breite Masse dafür zu interessieren und sensibilisieren, „dieses völlig neue, lustbetonte Gefühl einer Eisenbahnfahrt kennenzulernen":[418] das in der Bewegung wurzelnde, moderne Landschaftserleben.

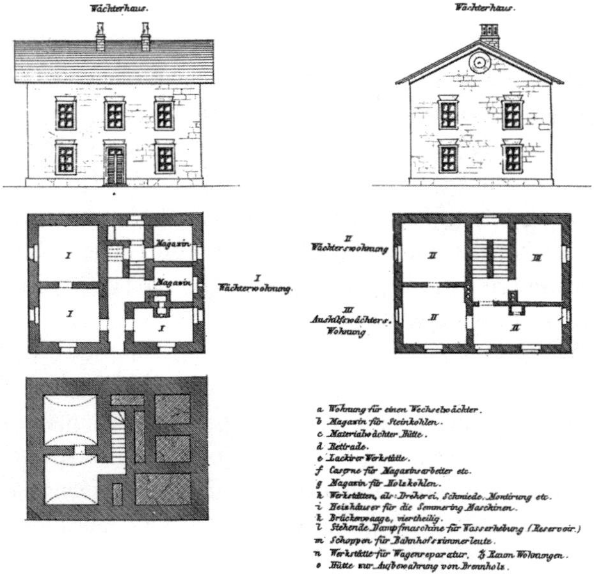

Abbildung 13: Bahnwächterhaus (nach Birk 1861)

Die Kunstbauten der Semmeringbahn sind nach Vorbildern der römischen Antike einheitlich im klassizistischen Stil errichtet. Die Viadukte auf der niederösterreichischen Seite des Semmering-Passes bestehen durchwegs aus Ziegeln,[419] auf der steirischen Seite des Passes ausschließlich aus Bruch- und Quadersteinen.[420] Die Gestaltung der Tunnelportale erfolgte bemerkenswerterweise nicht einheitlich, vielmehr wurden zehn Gestaltungsvarianten ausgeführt.[421]

Bei den Hochbauten kam großteils eine schlichte Bruchsteinbauweise zur Ausführung – „eine dem Charakter der hiesigen Gegend sehr entsprechende Form",[422] wie zeitgenössische Autoren anmerkten. Nur die Stationsgebäude der beiden ‚Endstationen' wiesen von Anfang an einen Verputz auf und hatten zur Verzierung Lisenen an den Gebäudekanten. Neben den sieben Stationsgebäuden (außer den schon bestehenden in Gloggnitz und Mürzzuschlag) und diversen Betriebsgebäuden entstanden die für die

Semmeringbahn besonders charakteristischen Wächterhäuser (ursprünglich 55 an der Zahl) zur lückenlosen Überwachung der Strecke. Diese zweigeschossigen Häuser boten den (verheirateten) Bahnwächtern samt Familie Platz und befanden sich, um die gesamte Strecke einsehen zu können, jeweils 650 m voneinander entfernt. Sie wurden im gegenseitigen Sichtabstand situiert, um die betriebliche Sicherheit der Zugfahrten zu gewährleisten. Bis heute bilden sie ein wesentliches Element der Eisenbahnarchitektur in der Landschaft des Semmerings – sie „rhythmisieren […] die Strecke und charakterisieren die Landschaft."[423]

Die Renovierungen und Verstärkungen der Viadukte sowie die Elektrifizierungen störten den Gesamteindruck der Bauten weit weniger als diverse Umbauten einiger Stationsgebäude (Semmering, Breitenstein, Spital am Semmering) und Viadukte (Abfaltersbachgraben- und Jauern-Viadukt in den 1950er-Jahren, Krauselklause 1999, Höllgraben 2001). Trotz einiger einschneidender Bausünden stellen die Bauwerke auch heute noch das nahezu ursprüngliche Ensemble dar.

Neuere Forschungen in den Archiven zeigen wertvolle Hinweise über den Bau der Semmeringbahn und deren architektonischer Gestaltung:

> Es ist bemerkenswert, dass die Ingenieurbauten, mit denen die Semmeringbahn ausgestattet wurde, durchwegs klassizistischen Stilcharakter besitzen: Die Galerien, Tunneleinfahrten und Viadukte folgen dem Vorbild antiker römischer Brücken, Kanäle und Wasserleitungen. […] Ghega hatte für die Wahl des klassizistischen Stils für die Kunstbauten der Semmeringbahn mancherlei Vorbilder […] Umso überraschender sind daher die Planfunde, die beweisen, dass noch bis kurz vor Baubeginn der Semmering-Viadukte die stilistische Gestaltung dieser Kunstbauwerke keineswegs festgestanden ist: Von 1849 stammen Entwurfszeichnungen „zur Ausführung der gewölbten Einschnitte und Façaden am Semmering-Haupt-Tunnel" in dreierlei Varianten: Die Tunnelportale sind wahlweise im „römischen Stile", im „gothischen Stile" oder im „egiptischen Stil" dargestellt. Alternative Baustile erwog

man auch bei der Projektierung des Talüberganges über die Kalte Rinne: Hier liegen neben der schließlich ausgeführten zweigeschoßigen klassizistischen Lösung auch Entwürfe ohne unterteiltes Zwischengeschoß vor, wobei die Brückenpfeiler von beträchtlicher Höhe in einen Fall durch gotisierende Spitzbogen überspannt erscheinen, in einer anderen Variante durch eine rein funktionelle eiserne Tragwerkskonstruktion verbunden sind. [...] in den dreißiger und vierziger Jahren des 19. Jahrhunderts war überdies in Österreich eine teilweise sehr emotionell geführte Auseinandersetzung unter Architekten im Gange, ob man weiterhin dem schon erstarrten, formelhaften Klassizismus anhängen solle, wie ihn das Hofbauamt für öffentliche Bauaufträge vorschrieb, oder ob den mittelalterlichen Stilvorbildern der Romantik der Vorzug zu geben sei, die dann vor allem unter dem Untertitel „altdeutscher" Baukunst zu den Themen national gesinnter bürgerlicher Revolutionäre von 1848 zählten.[424]
[...] Es kann wohl kein Zufall sein, dass aus den vorgelegten Alternativen die klassizistische Ausführung für die Kunstbauten der Semmeringbahn als Sieger hervorgegangen ist: Die Dialektik von Umwälzung und Ordnung im gesellschaftlichen Spannungsfeld zeigt sich im auffallenden Zwiespalt zwischen romantischen Grundgedanken und Effekten und klassizistischen Stilmitteln. Mochte die Bewältigung einer utopischen Idee Romantisches in sich tragen, so waren die Instrumente der Verwirklichung die der imperialen Ordnungsmacht: Dem seit 1848 plötzlich deutschnational belasteten neugotischen Stil mußte eine Absage erteilt werden; dagegen konnte die Wahl des klassischen Formenrepertoires von Ingenieurbauten der römischen Kaiserzeit zum Mittel einer erwünschten ideologischen Aussage gemacht werden: Nur die altverwurzelte, in ihrem Selbstverständnis allerdings dem „kulturell-polyglotten Humanismus der Aufklärung" verpflichtete imperiale Ordnung der Monarchie dürfte schließlich als „Sieger" über die bezwungenen Naturhindernisse in Erscheinung treten.[425]

Jedoch bleibt die Frage, warum die Pläne für neugotische Ausführungen erst nach der das imperiale Machtgefüge bestätigenden Gegenrevolution von 1848/49 datiert sind, zunächst unbeantwortet und sollte im Rahmen von weiterführenden Forschungen geklärt werden.

4.8 SCHWIERIGKEITEN BEIM BETRIEB DES SEMMERING-HAUPTTUNNELS

Die beim Bau des Haupttunnels aufgetretenen Schwierigkeiten setzten sich auch in den folgenden Jahrzehnten während des Betriebes fort. Um den erforderlichen Rauchabzug zu gewährleisten, wurden zunächst alle neun Bauschächte als Belüftungsschächte belassen, die so eine relativ rasche Luftzirkulation ermöglichten.[426] Im Winter begünstigte das kontinuierlich mit etwa 9 l/s in den Tunnel eindringende Bergwasser jedoch eine starke Eisbildung.[427] Deshalb wurden nach und nach die Schächte zugemauert: Bis ins Jahr 1865 wurden vier Schächte verschlossen, zwei im Jahr 1865 und zwei weitere in den darauffolgenden Jahren. Der letzte verbleibende Tunnelschacht bekam 1916 noch ein elektrisches Gebläse installiert, um die Luftzirkulation im Tunnel zu beschleunigen. Dieses wurde jedoch schon 1927 wegen unzureichender Leistung demontiert, worauf dieser letzte Schacht ebenfalls zugemauert wurde.

Starker Gebirgsdruck zerstörte schon im ersten Winter einen Teil der Ziegel des Gewölbes und der Widerlager im Haupttunnel. Aus diesem Grund musste bereits ein Jahr nach Betriebsbeginn etwa ein Drittel der Tunnellänge mit stabilen Quadersteinen neu verkleidet werden.[428] Um die Eisbildung zu verhindern, wurde ab dem Winter 1855/56 der Tunnel an den Enden mit Toren verschlossen, welche nur für die Zugfahrten geöffnet wurden. Mit dieser Maßnahme erzielte man aber nur geringe Erfolge, weshalb man im südlichen Tunnelabschnitt im Winter zwei bis vier Koksöfen als Heizung aufstellte, welche die Eisbildung zwar nicht verhinderten, aber doch stark verringerten.[429] In diesen Anfangsjahren wurde der Tunnel außerdem wegen der nicht vorhandenen Personenwagenbeleuchtung eigens mit Öllampen beleuchtet.[430] Ab Juli 1857 erfolgte die Beleuchtung durch Gaslampen, welche durch das auf dem Gelände des Bahnhofes Semmering eröffnete Gaswerk versorgt wurden. Neben der Beleuchtung des Tunnels (150 Flammen, wovon nur 40 Stück im Dauereinsatz waren) hätte die Gasbeleuchtung auch zur Beheizung dienen sollen. Die Eisbildung konnte jedoch auch durch diese Maßnahme nicht befriedigend verhindert werden. Außerdem kam der Betrieb des Gaswerkes teurer als die Verwendung der Öfen,[431] weshalb das Gaswerk schon 1860 wieder geschlossen wurde. Die Tore verblieben noch bis 1909 an den Tunnelenden und wurden aufgrund der erhöhten Zugfrequenz schließlich demontiert.[432] So musste das Eis weiterhin Winter für Winter händisch abgehackt und abtransportiert werden.[433]

Zwischen 1900 bis 1904 wurden sowohl im Haupttunnel als auch in den anderen Tunnels der Semmeringbahn umfangreiche Ausbesserungsarbeiten vorgenommen: Zunächst ersetzte man die Ziegel des Mauerwerks durch Betonformsteine. Da sich die Formsteine jedoch wegen der aggressiven Rauchabgase ausgesprochen schlecht bewährten, mussten diese schon ab 1908 neuerlich durch Klinkerziegel ersetzt werden.[434]

Die seit Betriebsbeginn Probleme bereitende Eisbildung konnte jedoch durch keine Maßnahme, welche seit 1855 (Holztüren, Koksöfen, Gasbeleuchtung) zur Anwendung kam, beseitigt werden.

Eine besonders starke Belastung der Bahn über den Semmering erfolgte ab 1940: Kohlentransporte von Schlesien über den Semmering nach Italien, dem Bündnispartner, sowie Militärmaterial-Transporte anlässlich des Balkanfeldzuges ab 1941 bedeuteten, dass im Frühjahr 1941 bis zu 75.000 t Zugsgewicht täglich nach Süden rollten.[435] Aufgrund dieses enormen Verkehrsanstiegs stand im Jahr 1942 der Bau eines Basistunnels zur Diskussion (unter dem Preiner Gscheid, ähnlich Variante Nr. 5 in 4.4., Fußnote Nr. 292). Durch den Zweiten Weltkrieg bedingt – finanzielle Mittel fehlten genauso wie Arbeiter – kam der Bau allerdings nicht zustande.[436]

4.9 DER BAU DES NEUEN HAUPTTUNNELS UND RENOVIERUNGSARBEITEN (1949–1959)

Nach dem Zweiten Weltkrieg zeigte sich die Semmeringstrecke in einem äußerst desolaten Zustand. Obwohl von Kriegshandlungen verschont geblieben, machten sich massive Verschleißerscheinungen durch die exzessive Nutzung in der Zeit der NS-Diktatur deutlich bemerkbar. Besonders stark betroffen davon war der Semmering-Haupttunnel: Nur mehr 5 % der Innenverkleidung war in einem einigermaßen guten Zustand, hingegen 28 % akut absturzgefährdet und die restlichen 67 % dringend erneuerungsbedürftig. Damals war auch das Projekt eines Basistunnels im Gespräch. Die Strecke sollte zunächst offen von Gloggnitz über Reichenau geführt werden und weiter mittels eines 5.600 m langen Basistunnels durch die Kampalpe nach Mürzzuschlag.[437] Aufgrund der damaligen finanziell schlechten Lage des neuen Staates musste das Projekt wiederum zurückgesetzt werden. Schließlich einigte man sich darauf, parallel zum Scheiteltunnel eine neue, eingleisige Tunnelröhre zu bauen und den alltäglichen Bahnbetrieb sodann durch diese zu führen, wodurch im alten Semmering-Haupttunnel die längst fälligen Abdichtungsmaßnahmen durchgeführt werden konnten. Anlässlich dieser Arbeiten wurde der alte Haupttunnel zu einem eingleisigen Tunnel umgebaut. Gleichzeitig bekam die mit Dampflokomotiven betriebene Semmeringstrecke eine besondere Stellung im Elektrifizierungsprogramm der Österreichischen Bundesbahnen. Dazu mussten aber zunächst die Bauwerke grundlegend renoviert werden.

Der Bau des neuen, 1.511,5 m langen Tunnels war von großen Schwierigkeiten begleitet: Wassereinbrüche und übermäßiger Gebirgsdruck (daraus resultierende Wandstärken des neuen Tunnel bis zu 2 m !) gehörten – wie hundert Jahre zuvor – zum Alltag an der Tunnelbaustelle. Jedoch:

> Die Schwierigkeiten waren um so größer, als sie zufolge einer Fehlinterpretation von Bohrergebnissen nicht in diesem Umfang vorausbedacht worden waren.[438]

Die verantwortlichen Stellen verwiesen hinsichtlich der Bauschwierigkeiten jedoch auf eine Unvorhersagbarkeit – und dies, obwohl elf Probebohrungen an der 1,5 km langen neuen Tunnelachse erfolgten:

> Während des Baues war es selbst auf die geringsten Distanzen unmöglich, vorauszusagen, was kommen wird.[439]

Das zu durchbohrende Gebirge zeigte sich – wie auch schon 100 Jahre zuvor – in einem äußerst zerrütteten Zustand. Die Gesteine waren durch die tektonischen Kräfte sehr fein zermahlen. Durch Wasserzudrang und den Sohlenauftrieb aufgrund des Gebirgsdrucks hatten die Tunnelbauer auch diesmal mit besonderen Schwierigkeiten zu kämpfen. Mit dem Anschlag des Sohlstollens am 3. (Nordseite) und 6. Oktober 1949 (Südseite) wurde der neue Semmering-Haupttunnel von zwei Seiten begonnen. Zunächst wurde ein Sohlstollen[440] vorgetrieben, darauf folgte ein Firstschlitz, welcher auf den oberen Tunnelquerschnitt (Kalottenausbruch, ab Anfang Februar 1950) erweitert und sofort betoniert wurde. Anschließend konnte der Vollausbruch erfolgen – ab Mai 1950 zunächst Widerlagerausbruch und Widerlagerbetonierung und ab Juni 1950 das Ausbrechen des Sohlgewölbes und dessen Betonierung.

Es erscheint beachtenswert, dass zunächst auf den Kalottenausbruch der beiden neuen Tunnelportale auf den ersten 60 m verzichtet wurde, da man eine Beschädigung des alten Semmering-Haupttunnels durch die Erschütterungen während der Bauarbeiten vermeiden wollte. Dass diese Befürchtungen nicht von ungefähr kamen, zeigten die drohenden Hangrutschungen und die Beschädigungen der Futtermauern des südlichen Portals des alten Semmering-Haupttunnels: Aufgrund dessen musste das neue südliche Portal schließlich um 24 m weiter nach vorne gerückt werden.[441] Weitere Schwierigkeiten zeigten sich zu Beginn des Jahres 1951: Bei km 104,29 wurde „die Firstschlitzverpfählung plötzlich durchgedrückt und die hereinbrechende Mure (200 m^3) zerschlug den Längsverband der Stahlrüstung, wodurch acht Bogen wie ein Kartenhaus umgelegt wurden".[442] Aber auch in anderen Bereichen waren verformte Lehrbögen sowie zerquetschte und geknickte Rundhölzer (40 bis 50 cm Durchmesser) an der Tagesordnung.

Anschließend wurde der Tunnel mit einer 2 mm starken säure- und alterungsbeständigen Kunststofffolie (Oppanol-BA-Folie der Badischen Anilin- u. Sodafabrik in Ludwigshafen/Deutschland) gegen die eindringenden Bergwässer isoliert sowie mit 25 cm dicken Granitsteinen ausgemauert. Durch unsachgemäße Handhabung beim Legen wurde die Abdichtfolie jedoch an vielen Stellen beschädigt. Schon vier Jahre nach Inbetriebnahme waren Wassereinbrüche wieder an der Tagesordnung – und der Tunnel reparaturbedürftig.[443] Erstmals in Österreich wurden im neuen Semmeringtunnel die Schienen auf 1.080 m Länge zusammengeschweißt, und nur bei den letzten 250 m vor den Tunnelenden wurden die üblichen, mit Laschen verschraubten Regelschienen verwendet. Nach Vollendung der Arbeiten konnte der neue Tunnel am 1. März 1952 dem Verkehr übergeben werden.

Darauf folgte der Umbau des alten zweigleisigen Semmering-Haupttunnels zu einer eingleisigen Tunnelröhre. In das vorhandene Tunnelprofil wurde ein 70 cm dicker Betonmantel unmittelbar an das alte Mauerwerk angeschlossen. Auf eine zusätzliche Abdichtung, wie sie im neuen Tunnel ausgeführt wurde, konnte wegen der besseren Zugänglichkeit und der gleichzeitigen Betonierung des vollen Tunnelprofils großteils verzichtet werden (lediglich die Stoßfugen der einzelnen Betonringe wurden abgedichtet). Obwohl – gemäß dem Verantwortlichen der ÖBB – bei den neuen Abmessungen des alten Semmering-Haupttunnels Rücksicht auf den später in Aussicht genommenen elektrischen Betrieb genommen wurde,[444] musste die elektrische Fahrleitung im Tunnelbereich dennoch deutlich abgesenkt werden.[445] Der reguläre Betrieb durch den umgebauten alten Semmering-Haupttunnel konnte schließlich am 20. Februar 1953 wieder aufgenommen werden.

In Anlehnung an den alten Semmering-Haupttunnel mit den Inschriften wurden am Nordportal bei der Station Semmering drei

Wappen angebracht: Das steiermärkische (über dem neuen Semmering-Haupttunnel), das österreichische (zwischen beiden Portalen) und das niederösterreichische (über dem alten, umgebauten Semmering-Haupttunnel).[446] Die beiden ursprünglichen Inschrift-Tafeln wurden nicht wieder angebracht.

Die Renovierungsarbeiten betrafen aber nicht nur den Haupttunnel, sondern es wurden auch die Viadukte renoviert[447] sowie der Oberbau erneuert.[448] Durch diese Maßnahmen konnte im Laufe der Jahre die maximale Achslast auf den heutigen Wert von 22,5 t angehoben werden. Zwischen 1953 und 1957 wurden der Eichberg-, Rumpler-, Gamperl-, Weinzettlwand-, Weinzettlfeld-, Polleros- und der Wolfsberg-Tunnel gegen eindringendes Bergwasser abgedichtet sowie das Mauerwerk saniert.[449] Damit dauerten die Renovierungsarbeiten (bei täglichem Zugsbetrieb) mit über 10 Jahren deutlich länger als die noch großteils in Handarbeit ausgeführten Bauarbeiten ein Jahrhundert zuvor.

1956 nahm die ÖBB in der Station Payerbach-Reichenau erstmalig auf der Semmeringstrecke ein Drucktastenstellwerk in Betrieb. Außerdem wurden die mechanisch betriebenen Formsignale an der Strecke durch elektrische Lichtsignale ersetzt.[450]

Die Jahre 1956–1959 waren von den Elektrifizierungsarbeiten gekennzeichnet.[451] Es erfolgten aber auch Umbauten an der Strecke: Durch die Elektrifizierung sei es nach Auffassung der ÖBB möglich geworden, „dass bisherige Überholmöglichkeiten ohne Bedenken aufgegeben werden konnten".[452] Deshalb wurden die Stationen Steinhaus und später auch Klamm-Schottwien zu Haltestellen mit Blockposten umgebaut. Etliche Gleisverbindungen in Bahnhöfen und auf freier Strecke, wie z. B. zwischen Gamperl-Tunnel und dem blauen Einschnitt, wurden abgebaut. Durch die relativ großzügige Ausführung der Tunnel konnte die elektrische Ausrüstung der Strecke ohne Profilerweiterung erfolgen, wodurch die Tunnelportale bis heute nahezu im Originalzustand erhalten blieben. In den meisten Fällen reichte eine Reduktion der Schotterbetthöhe aus, was zu einer Absenkung der Fahrbahn und der gewünschten größeren lichten Höhe führte. Durch die Verkleinerung des Tunnelquerschnittes beim Scheiteltunnel (Neu- bzw. Umbau) musste die Fahrleitung wesentlich niedriger als auf freier Strecke montiert werden und verhindert heute u. a. den *Huckepackverkehr* über den Semmering. In der Nähe des südlichen Tunnelportals wurde ein Bahnunterwerk zur elektrischen Versorgung der Südrampe errichtet, welches durch eine rund 40 km lange Starkstromleitung (110 kV) mit Wiener Neustadt verbunden ist. Als Zwischeneinspeisung auf der Nordrampe wurden in Küb die für den elektrischen Betrieb erforderlichen 15 kV direkt eingespeist.

Schon am 28. Juli 1957 konnte der elektrische Betrieb am ersten Teilstück der Semmeringbahn bis Payerbach-Reichenau eröffnet werden.[453] Der Lokomotivwechsel bei den Zügen über den Semmering erfolgte aber weiterhin in Gloggnitz.[454] Schließlich konnte am 29. Mai 1959 der elektrische Betrieb auf der gesamten Semmeringbahn feierlich eröffnet werden.[455] Die Kosten für die Elektrifizierung betrugen 90 Millionen Schilling (rd. 43,1 Mio. Euro),[456] während die Erneuerungsarbeiten an den Bauwerken vor der Elektrifizierung 35 Millionen Schilling (rd. 16,8 Mio. Euro)[457] erfordert hatten.[458]

5 Lokomotiventwicklungen für die Semmeringstrecke

5.1 DER LOKOMOTIVWETTBEWERB 1851

5.1.1 Die Ausschreibung

In der Mitte des 19. Jahrhunderts wurden im Bereich des Eisenbahnwesens zahlreiche Wettbewerbe zur Anregung neuer technischer Entwicklungen ausgeschrieben. Sie dienten auch als willkommene ‚Beweisführung' für die (technisch fundierte) Beherrschbarkeit von Natur und Umwelt.

Der wohl bekannteste Wettbewerb im Bereich des Eisenbahnwesens fand am 16. Oktober 1829 in Rainhill in England statt. Ursprünglich war geplant, den Betrieb auf der 60 Kilometer langen, 1830 eröffneten Liverpool-Manchester-Eisenbahn mit stehenden Dampfmaschinen und Seilwinden abzuwickeln. Der Wettbewerb auf einem Teilstück bei Rainhill sollte den Beweis für die Leistungsfähigkeit der ‚bewegten' Dampfmaschine bringen und war damit quasi eine Werbeveranstaltung für die Einführung der Dampflokomotive als *die* Züge bewegende Kraftmaschine auf ebenen Strecken. Nach den Erfolgen beim Wettbewerb wurde auf dieser Linie zum größten Teil der Lokomotivbetrieb eingeführt, mit Ausnahme von zwei steileren, als Seilebenen ausgeführten Abschnitten.[459] In Nordamerika waren zwei Jahre später die amerikanischen Lokomotivfabriken aufgefordert, im Namen des immer stärker propagierten Wunsches nach Unabhängigkeit von englischen Lokomotivimporten ihre Leistungsfähigkeit zu beweisen. Die Baltimore-Ohio-Eisenbahngesellschaft veranstaltete am 4. Jänner 1831 einen Wettbewerb, bei dem als Mindestanforderung mittels einer Dampflokomotive 15 t Anhängelast mit mindestens 15 mph (24 km/h) zu bewältigen waren. Dieser Wettbewerb bildete schließlich – wie beabsichtigt – den Auslöser einer äußerst intensiven Auseinandersetzung mit dem Bau von Lokomotiven in Nordamerika:[460] Sechs Jahre später, 1837, erfolgte die letzte Importlieferung englischer Lokomotiven in die Vereinigten Staaten von Amerika.[461]

Im Fall der Semmeringbahn mit ihren starken und vor allem langen Neigungsstrecken gab es in der damaligen Zeit nur wenige Erfahrungen bezüglich der Leistung und Wirtschaftlichkeit von Lokomotiven auf gebirgigen Strecken. Ausgehend von den kontroversiellen Debatten zu Baubeginn finden sich bis in die heutige Zeit in Publikationen und Stellungnahmen zur Semmeringbahn vereinfachende Aussagen wie jene, dass es damals keine Lokomotiven für die Semmeringbahn gegeben hätte.[462] Dieses Argument ist jedoch schon 1849 widerlegt worden[463] und verweist eher auf eine Fortschreibung von Mythen über den Bau der Semmeringbahn als auf sorgfältige und fundierte Recherchen.

Schon im Jahr 1839 demonstrierte Schönerer auf einer eigens dafür errichteten Rampe mit einer Neigung von etwa 1 : 30 (33 ‰), am Gelände des Südbahnhofes, dass die damaligen Dampflokomotiven derartige Neigungen bewältigen konnten.[464] Zehn Jahre später (1849) garantierte beispielsweise die Eßlinger Lokomotivfabrik, dass mit ihren Lokomotiven eine Last von 100 t auf der Neigung von 1 : 45 (22 ‰) ohne Anstand zu bewältigen wäre.[465]

Trotzdem wurden Ghega und die Staatsverwaltung durch die seit Baubeginn einsetzenden, massiven Anfeindungen verunsichert. Dem Vorschlag Ghegas gegenüber seinen Vorgesetzten in der Staatseisenbahn-Direktion, einen Lokomotivwettbewerb am Semmering abzuhalten, ging ein Artikel von Karl Etzel in der Stuttgarter Eisenbahnzeitung vom 7. Mai 1849 voraus. In diesem verteidigten die Autoren vehement Ghegas Entwurf, die Semmeringbahn ausschließlich mit Lokomotiven zu betreiben. Gleichzeitig erteilten sie der österreichischen Staatseisenbahnverwaltung den Rat, das Hauptaugenmerk auf die Anschaffung von Dampflokomotiven zu lenken, „welche den ungemein schwierigen Dienst auf der Semmeringbahn mit genügendem Nutzeffekt zu leisten imstande“[466] wären, und, „wo es den meisten Lokomotivfabriken an Bestellungen mangelt“,[467] einen Preis für die beste Konstruktion einer solchen Lokomotive auszuschreiben. Darauffolgend schrieb im März 1850 der zuständige Minister Freiherr von Bruck einen Lokomotivwettbewerb aus. Darin wurde der Ablieferungstermin zunächst mit dem 31. Mai 1851 festgesetzt, um daran anschließend die Preisfahrten noch während des Sommers durchführen zu können.[468] Ghega selbst beschrieb den Inhalt der Ausschreibung, welche in Deutsch, Englisch und Französisch abgefasst war, folgendermaßen:

> Um nun diese Verbesserungen der Lokomotive und die Erhöhung ihrer Leistungsfähigkeit zu fördern, hat der damalige Minister, Baron von Bruck, eine Preisausschreibung der kaiserlichen Sanktion vorgeschlagen, welche auch allerhöchst von Seiner Majestät Franz Joseph dem Ersten ertheilt wurde.
> [...] Der § 5 beschränkt die Belastung eines Lokomotivrades auf 125 Wiener Centner, 6,88 Tonnen, und bestimmt weiters, dass das Gewicht der Lokomotive mittelst Federn auf die Achsen der Räder übertragen sein muss, dass die Feuerstelle für Brennholz, da solches bei den Proben verwendet wird, einzurichten ist, [...].
> Gemäss § 10 musste jede Lokomotive durch weitere Fahrten mit der Minimal- Belastung von 2500 Wiener Centnern [140 t] auf dem Maximum der Steigung von 1 : 40 [25 ‰] mit einer Geschwindigkeit von nicht unter 1½ Meilen per Stunde [11 km/h] erprobt werden. [...] Jeder Lokomotive war zu diesem Endzwecke die Anzahl von 20 Fahrten gestattet, worunter 12 als gelungen sich herausstellen mussten. [...]
> Nach dem Wortlaute des § 12 musste die Aufschreibung des Brennstoffverbrauches geschehen, und es wurde der Preis von 20.000 Ducaten jener Lokomotive zuerkannt, welche auf die Einheit des verbrauchten Brennstoffes im Vergleich mit den anderen Lokomotiven die grösste Leistung vollbrachte; diese Leistung erhielt man durch die mittlere Ziffer, aus dem einfachen Produkte der Geschwindigkeit mit der Last,

> welche bei den durch den § 10 der vorgeschriebenen Fahrten beobachtet wurden. [...]
> Zur Vornahme dieser Probefahrten wurde die Strecke von Payerbach bis zum Eichberg gewählt, weil diese die schwierigsten Bahnverhältnisse in Beziehung auf Steigungen und Krümmungen in der Länge von 3250 Wiener Klftr., 0,8125 deutsche, 3,85 engl. Meilen [6,20 km] in sich vereinigt.[469]

Dieser Zusammenfassung der Ausschreibung ist noch folgendes anzufügen: Zwar wurde besonders auf die kleinsten Halbmesser von 100 Klafter (189,7 m) hingewiesen, jedoch sofort ergänzt, dass in der maximalen Neigung von 1 : 40 der Halbmesser das Maß von 150 Klafter (284,5 m) nicht unterschreite.[470] Für die Lokomotiven ließ man als größten Dampfdruck 102 Pfund pro Quadratzoll (8,5 atü) zu, während die Abmessungen mit maximal 15 Fuß (4.740 mm) größte Höhe und 9 Fuß (2.844 mm) größte Breite begrenzt wurden. Auch schrieb man an den Wettbewerbslokomotiven eine Bremseinrichtung verpflichtend vor, welche im Gefälle aus 30 km/h ein Anhalten innerhalb 80 Wiener Klafter (151,7 m) ermöglichen sollte.[471]

5.1.2 Probefahrten mit normalen Dampflokomotiven der südlichen Staatsbahn

Ghega war trotz der Anfeindungen der Überzeugung, dass auch normale Lokomotiven die lang anhaltenden Neigungen und starken Krümmungen der Semmeringbahn mit genügendem Nutzeffekt meistern konnten. Deshalb führte er noch vor den Wettbewerbsfahrten Probefahrten mit normalen Dampflokomotiven der südlichen Staatsbahn durch. In seiner Rückschau auf diese verfasste er folgende Zeilen:

> Zuerst wurde die Strecke mit gewöhnlichen Lokomotiven befahren, um die Bahn überhaupt zu erproben, um den Oberbau zu befestigen, zugleich auch, um die Leistungsfähigkeit der gewöhnlichen Lokomotiven nachzuweisen.

> Die Save, eine Lokomotive der südlichen Staatsbahn, wurde zu diesem Ende des Semmerings transportiert und auf der Bahn in Gloggnitz aufgestellt. Mit der Save wurden die Probefahrten auf der Strecke von Gloggnitz bis Payerbach, welche keine grössere Steigung als 1 : 100 hat, schon am 26. Juni und 6. Juli, auf der Bergstrecke über das grosse Viadukt bei Payerbach auf der Steigung von 1 : 40 hinauf aber am 12. Juli begonnen. Ich werde weiter unten auf die Probefahrten der Save zurückkommen und die Ergebnisse derselben, dann die der Lokomotive Quarnero – ebenfalls eine gewöhnliche Lokomotive der südlichen Staatsbahn – nachweisen.[472]

Der als Oberingenieur im österreichischen Staatseisenbahndienst angestellte Franz Fischer von Röslerstamm (1819–1907) wurde als Protokollführer bei den Preisfahrten im Jahr 1850 herangezogen.[473] Er war auch schon bei den ersten Probefahrten anwesend, über die er in seinem Tagebuch vermerkte:

> Ghega teilte mir vor Antritt der Fahrt [mit der Save bei 1000 Zentner = 56 t Gesamtlast; G. D.] mit, dass sowohl der Minister als [auch] hervorragende Eisenbahntechniker dem Gelingen der Semmering-Übersetzung mit Adhäsion kein Vertrauen schenkten; er sei daher über meinen Mut, der „Save" 1000 Zentner anhängen zu wollen, sehr erfreut. [...] Die „Save" ging festen Schrittes über die Steigung von 1 : 40, ohne dass ein einziges Mal Sand gegeben werden mußte. [...] Ghega war überglücklich. Lange schüttelte er mir die Hand und rief laut: „Ich schreibe sofort an den Minister. – Gott sei Dank, es ist gelungen! [...]"[474]

Dieser erwähnte Brief erreichte am 8. Juli 1851 Minister Baumgartner[475] und sollte nun endgültig alle Zweifler von der technischen Durchführbarkeit überzeugen:

> Als Euer Excellenz im Jahre 1848 die Gnade hatten, das Projekt der Bahn über den Semmering und die damit beantragte Betriebsweise mit Lokomotiven zu genehmigen, taten es Hochdiesselben gewiß mit der sichersten Überzeugung eines guten Erfolges. Nun glaube ich behaup-

> ten zu dürfen, dass schon die oben angezeigten Ergebnisse der ersten Probefahrten die Überzeugung Euer Excellenz im vollen Maße zu bestätigen geeignet sind, denn ich hege die Hoffnung, dass die achträdrige Lokomotive „Save", wiewohl sie nicht unter die stärksten der Staatsbahnen zu zählen ist, auf dem Maximum der Steigung die gesamte Bruttolast von 1500 Zentnern [84 t] ohne Anstand ziehen wird; ein Versuch, den ich bis nächsten Samstag, den 12., wo die Probefahrten um eine weitere Strecke von etwa 600 Klaftern [1,14 km], d.i. bis Pettenbach verlängert wird, vorzunehmen beabsichtige.[476]

Die beiden genannten Lokomotiven, *Save* und *Quarnero,* waren nach amerikanischem System gebaute Lokomotiven mit vier Achsen: die zwei gekuppelten, starr im Rahmen liegenden Treibachsen wurden über die Kuppelstangen von zwei außenliegenden Zylindern angetrieben, während die zwei Vorlaufachsen in einem beweglichen Untergestell angebracht waren.[477]

Die *Save* wog 18 t, wovon 12,5 t für die Reibung zum Tragen kamen, und konnte einen Dampfdruck von maximal 5 Atmosphären erzeugen. Die Probefahrten mit dieser Maschine, so Ghega, fanden vom 12. Juli bis 29. Juli 1851 zwischen Payerbach und Küb (zwischen Station Nr. 81 und 109) statt. Die Länge der befahrenen Probestrecke betrug 2.660 m, wobei mehrere Fahrten ohne und mit steigender Last durchgeführt wurden. Die maximale Anhängelast bei den Probefahrten mit dieser Maschine betrug 1.109 Zentner (brutto; 62 t) bzw. unter Abzug des Tendergewichtes 939 Zentner bei einer Geschwindigkeit von 3 ½ Meilen pro Stunde (26 km/h).[478]

Die *Quarnero* war etwas größer ausgeführt, wog 26 t (20 t für die Reibung) und wurde ebenfalls mit 5 Atmosphären Dampfdruck betrieben. Die Probefahrten mit dieser Maschine konnten erst nach den Wettbewerbsfahrten im September erfolgen, dafür aber auf der gesamten ‚Preisstrecke' von Payerbach bis Eichberg: Am 16. September fand eine und am 17. September 1851 fanden vier weitere Probefahrten statt. Als maximale Leistung – ohne das Gewicht des Tenders – konnte mit dieser Maschine eine Anhängelast von 1.208 Zentnern (68 t) bei 2,48 Meilen pro Stunde (19 km/h) erzielt werden.[479]

Ghega resümierte schließlich nach den Preis- und Probefahrten über die Leistungen der Wettbewerbs- und Probelokomotiven:

> Eine Vergleichung der Leistungen dieser Lokomotive mit jenen der Bavaria und der Wiener Neustadt zeigt, dass die Gewichte der Maschinen wie 1 : 1,85 und 1 : 2,35, die mechanischen Momente ihrer Leistungen aber wie 1 : 2,73 und 1 : 2 sich verhalten. Wird aber erwogen, dass bei beiden Preislokomotiven das Gewicht des Tenders für die Adhäsion nutzbar gemacht ist, und die Dampfspannung um wenigstens 2 Atmosphären höher angenommen werden muss, als bei der Lokomotive Quarnero der Fall ist, so dürfte man leicht zum Resultate gelangen, dass die Leistungsmomente bei den berichteten Fällen ungefähr wie die absoluten Gewichte der Lokomotive sich verhalten. [...] Bei dem Verbrauche an Brennstoff stehen nämlich die Preislokomotiven gegen die Quarnero verhältnismässig im Vortheile, und man kann annehmen, dass mit Rücksicht auf den Brennmaterial-Verbrauch eine den Preislokomotiven ähnlich gebaute Maschine zweimal so schwer ist, mehr aber als zweimal soviel leistet, als bei einer gewöhnlichen Lokomotive der Fall ist.[480]

5.1.3 Die Wettbewerbs-Lokomotiven

Nach Veröffentlichung der Wettbewerbsausschreibung meldeten sich bis Jänner 1851 insgesamt sechs Lokomotivfabriken an: es waren dies die Firmen J. v. Maffei aus München (Deutschland), A. Crestadorn aus Salford (England), die Maschinenfabrik der Wien-Gloggnitzer Bahn in Wien (Österreich), die Société J. Cockerill aus Seraing (Belgien), weiters E. Kessler aus Eßlingen bei Karlsruhe (Deutschland), W. Günther aus Wiener Neustadt (Österreich) und Gilimour & Guide aus London (England).[481] Während schon im Oktober 1850 auf Ansuchen der teilnehmenden Fabriken der Ablieferungstermin von Ende Mai 1851 auf Mitte Juli 1851 verschoben wurde,[482] sollte es jedoch noch bis zum 31. Juli 1851 dauern, bis tatsächlich vier verschiedene Lokomotiven in Payer-

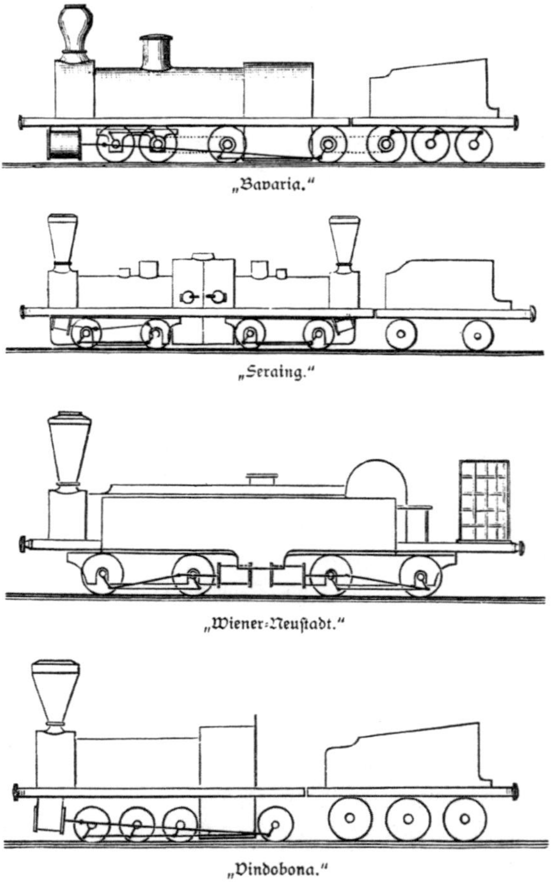

Abbildung 14: Schematische Zeichnungen der Wettbewerbslokomotiven (nach Schweiger-Lerchenfeld 1884)

bach zum Wettbewerb eintrafen: Dies waren die *Bavaria* der Maschinenfabrik Maffei in München, die *Wiener Neustadt* der Maschinenfabrik Günther in Wiener Neustadt, die *Seraing* der belgischen Fabrik Cockerill und die *Vindobona* der Lokomotivfabrik der Wien-Gloggnitzer Bahn. Nach dem Überprüfen der Teilnahmebedingungen (wie maximale Abmessungen, zulässiges Gewicht etc.) begannen die Probe- und anschließenden Preisfahrten im August 1851.

5.1.3.1 Bavaria

Die *Bavaria* von der Fabrik J. v. Maffei in München war eine achträdrige Maschine mit zwei Zylindern, wobei die vorderen vier Räder an einem beweglichen Untergestell und die hinteren vier fest im Rahmen angeordnet waren. Diese Anordnung und Konstruktionsart ähnelte der amerikanischen Bauart, welche auf der südlichen Staatsbahn in Österreich schon seit deren Eröffnung erfolgreich eingesetzt wurde. Nach Ghega war das ungewöhnlich Neue an dieser Lokomotive die

> Kuppelung der Achsen der Lokomotive mit jenen des Tenders [und des beweglichen vorderen Untergestells], und ganz neu ist dieses Kuppelsystem in so ferne, als dadurch ausser den eigentlichen 4 Triebrädern noch 10 Räder für die Adhäsion thätig gemacht sind.[483]

Diese Verbindung der insgesamt 14 Räder erfolgte auf eine besonders innovative Art: Die eigentlichen 4 Treibräder (zwei Kuppelachsen) wurden mittels Kuppelstangen direkt von den Zylindern angetrieben. Die vier vorderen, aber auch die sechs hinteren Räder (d. h. die 3 Achsen des Tenders) waren untereinander ebenfalls mittels Kuppelstangen zusammengekoppelt. Zur Übertragung der Dampfkraft auf die untereinander gekoppelten Räder wurden diese mit den eigentlichen Treibrädern durch „Ketten ohne Ende“[484] verbunden. Damit konnte das Gesamtgewicht der *Bavaria* (Lokomotive mit Tender und Holz als Brennstoff) von 73 Tonnen vollständig für die Adhäsion der 14 angetriebenen Räder (8 an der Lokomotive, 6 am Tender) nutzbar gemacht werden. Als Dampfdruck konnten maximal 8 ½ Atmosphären erreicht werden.

5.1.3.2 Wiener Neustadt

Ghega schreibt im Jahr 1853 über die Lokomotive *Wiener Neustadt*:

> Weit mehr eigenthümlich ist die Lokomotive Wiener Neustadt. Unter den neuen Vorrichtungen, die bei dieser Maschine in Ausführung kamen, sind die zwei beweglichen Untergestelle mit je 4 gekuppelten Rädern und je 2 Cylindern; die Form und Konstruktion des Kessels – bisher bei Lokomotiven der längste – indem die Siederöhren 20½ Fuß zur Länge haben; der Wasser- und Holzvorrath-Tender, auf der Maschine selbst angebracht, und die Art der Zuleitung des Dampfes aus dem Dampfraume des Kessels in die Cylinder, nämlich dass aus dem Kessel nur ein Dampfausströmungsrohr ausgeht, aus welchem erst durch 4 Röhren die Zuleitung des Dampfes in die Cylinder statt findet, hervorzuheben.[485]

Diese Lokomotive mit vier Zylindern wurde von der Fabrik Günther in Wiener Neustadt gebaut. Das Gesamtgewicht (mit Wasser) von 64,2 t verteilte sich auf acht Räder – das entsprach einer Achslast von 16 t –, und die Zylinder wurden mit 8 ½ Atmosphären Dampfdruck beaufschlagt.[486]

Über die Neuerungen und die Vorreiterrolle der *Wiener Neustadt* schreibt auch Karl Gölsdorf, ein in der Zeit um die Jahrhundertwende wirkender, altösterreichischer Lokomotivkonstrukteur:

> Dem Prinzip nach aber nicht verfehlt, bildete die „Wiener Neustadt" das Vorbild, nach welchem Ende der sechziger Jahre [des 19. Jahrhunderts, G. D.] die Doppel-Lokomotiven, System Mayer, erbaut wurden. Die auf vielen französischen, deutschen und schweizerischen Bahnen konstruierten Lokomotiven, Bauart Mallet, mit vier Dampfzylindern sind ihrer Konzeption nach auf die „Wiener Neustadt" und die „Seraing" zurückzuführen. Die „Wiener Neustadt" ist noch dadurch bemerkenswert, dass sie die erste in Österreich gebaute Tenderlokomotive war.[487]

Diese Vorreiterrolle bedeutete zu jener Zeit jedoch den größten Nachteil für die Maschine: Die gelenkigen Verbindungen der

Dampfleitungen zu den Zylindern konnten damals nicht dicht gehalten werden und machten einen täglichen, reibungslosen Betrieb unmöglich. Etwa zwei Jahrzehnte später wurde das Problem der Undichtigkeiten bei gelenkigen Verbindungen mittels verbesserter Materialien und Detailkonstruktionen gelöst, und das bei der *Wiener Neustadt* erstmalig angewandte Grundprinzip der Gelenk-Lokomotive konnte weltweit erfolgreich durch die Maschinen nach dem System „Mayer“ und „Mallet“ verbreitet werden.[488]

5.1.3.3 Seraing

Die *Seraing* entstammt der belgischen Fabrik Cockerill in Seraing. Das Gesamtgewicht von 56 t wurde ebenfalls auf zwei vierrädrig, gelenkig gelagerte und von vier Zylinder angetriebene Untergestelle verteilt.[489] Im Gegensatz zur *Wiener Neustadt* wagte man nicht, einen Kessel mit langen SMederöhren zu bauen: die Feuerstelle lag in der Mitte der Maschine und so mussten zwei Langkessel mit Siederöhren, Dampfdomen und Rauchfängen gebaut werden. Ihr Dampfdruck, und das unterschied sie von den anderen Wettbewerbsmaschinen, betrug zwar nur 7,2 Atmosphären, war damit jedoch höher als bei den damals üblichen Dampflokomotiven (vgl. *Save, Quarnero*: jeweils 5 Atmosphären). Nach der Konzeption der beiden Kessel entspricht die *Seraing* der 1832 gebauten Doppellokomotive der South-Carolina-Eisenbahn in Nordamerika, welche jedoch mit starrem Rahmen nicht die gewünschte Kurvengängigkeit aufweisen konnte.[490] Wie bei der *Wiener Neustadt* traten große Schwierigkeiten bei der Abdichtung der Dampfleitungen zu den Zylindern auf. Nach dem Urteil Gölsdorfs war die *Seraing* insbesondere in ihrer Kesselanlage jedoch misslungen, weil im Dauerbetrieb die Entnahme von trockenem Dampf nicht ausreichend möglich war; weiters kritisierte Gölsdorf:

> Die Anordnung größerer Dampfdome hätte diesen Übelstand behoben. Die Beweglichkeit der Untergestelle bedingte Gelenke in den Dampfleitungen, welche auf Dauer nicht dichtzuhalten waren. Durch

die Lage der Dampfzylinder innerhalb der Rahmen war die Zugänglichkeit des Triebwerks sehr erschwert. Alle diese Mängel wären zu beseitigen gewesen, das Prinzip der Type war lebensfähig: Es feierte auch wieder seine Auferstehung im Jahre 1869 mit den Lokomotiven System Fairlie, die, abgesehen von einigen Detailkonstruktionen, getreue Nachbildungen der „Seraing" waren. In vielen Exemplaren wurden diese Fairlie-Lokomotiven für süd- und nordamerikanische Bahnen, für Rußland, Finnland, Schweden, Norwegen und verschiedene andere Staaten gebaut.[491]

5.1.3.4 Vindobona

Die Maschinenfabrik der Wien-Gloggnitzer Bahn in Wien brachte die zunächst dreifach gekuppelte und zweizylindrige *Vindobona* zum Start des Wettbewerbes. Ghega berichtete:

> Diese Maschine unterscheidet sich von den gewöhnlichen Lokomotiven nur durch stärkere Dimensionen und ein grösseres Gewicht. Sie war ursprünglich für 6 Räder erbaut, kam auch wirklich mit 6 Rädern nach Payerbach; als es sich aber bei der Abwaage zeigte, dass die vordersten Räder eine das Normale überschreitende Belastung hatten, wurde vom Constructeur zwischen den vordersten und den mittleren Rädern noch ein Räderpaar eingezogen und dadurch aus der sechsräderigen eine achträderige Maschine gemacht. [...] Um jedoch den Gang der Maschine in den Bahnkrümmungen einigermassen zu erleichtern, war bei den Probefahrten das vorderste Räderpaar nicht mitgekuppelt, [...].[492]

Nach dem Umbau betrug das Gesamtgewicht der *Vindobona* schließlich 47,15 t. Als Dampfdruck erzielte die Maschine maximal 8,5 Atmosphären.[493]

Gölsdorf schreibt über die Neuerungen, welche erstmals bei der *Vindobona* zur Anwendung kamen:

Die „Vindobona" war mit einer Einrichtung versehen, welche ein Bremsen ohne Anwendung von Bremsklötzen ermöglichte. Beim Leerlauf der Lokomotive wurde bei Stellung der Steuerung auf die der Fahrt entgegengesetzte Richtung Luft angesaugt und komprimiert. Dieser Vorgang war bei der „Vindobona" als Bremse benützt; um die Luft nicht durch die Rauchkammergase verunreinigt in die Zylinder gelangen zu lassen, wurde dieselbe nach Schluß des Blasrohres durch eine besondere Klappe, welche mit der freien Atmosphäre in Verbindung stand, angesaugt, und einem Ventil zugeführt, welches diese Luft unter regulierbarer Pressung wieder entweichen ließ. In Einzelheiten verbessert, ist die später bekanntgewordene Riggenbachsche Gegendampf- (Repressions-) Bremse, welche bei allen Zahnradlokomotiven Deutschlands Anwendung findet, nichts anderes als eine in Vergessenheit geratene Erfindung Haswells [Konstrukteur der Vindobona, G. D.].
Die „Vindobona" war die erste Lokomotive, bei welcher die zur Versteifung der inneren Feuerbüchsdecke angewandten Barrenanker durch Schrauben ersetzt waren, welche die innere Feuerbüchsdecke mit der flachen äußeren Decke versteiften. Geringes Gewicht, leichte Zugänglichkeit und die Möglichkeit, die Feuerbüchsdecke vom Kesselstein zu reinigen, bildeten die Vorzüge dieser Konstruktion, welche später unter dem Namen Belpairsche Feuerbüchse auf sämtlichen Bahnen Eingang fand. [...]
Haswell setzte auf die Feuerbüchse und auf den Langkessel hinter dem Rauchfang noch zwei Dome auf, welche mit dem bestehenden Dom durch ein weiteres Rohr verbunden waren.
Durch diese Anordnung der Dome wurde der Dampfraum wesentlich vergrößert, überdies aber noch der Vorteil erreicht, dass der Dampf, um zum Regulator zu gelangen, nicht den Wasserspiegel bestreichen mußte; die Möglichkeit, auf diesem Weg Wasser an sich zu reißen, war ihm somit benommen. Heute (1898) werden fast alle neueren Lokomotiven Österreichs mit dieser Anordnung der Dome ausgeführt.[494]

5.1.4 Probe- und Wettbewerbsfahrten mit den Wettbewerbs-Lokomotiven

Am 31. Juli 1851 waren schließlich alle Wettbewerbslokomotiven in Payerbach eingetroffen und betriebsfertig gemacht. Noch vor den eigentlichen Wettbewerbsfahrten erfolgten zunächst die Abwaage und die Probefahrten zur Überprüfung der Teilnahmebedingungen. Das Preisrichterkollegium zur Beurteilung der Lokomotiven setzte sich aus zehn Personen zusammen: A. Ritter von Burg (Direktor des Polytechnischen Instituts in Wien), H. Kirchweger (königlich-Hannoveraner Maschinendirektor), C. Exter (königlich-bayerischer Obermaschinenmeister), T. Felsenstein (Maschinendirektor der Kaiser-Ferdinands-Nordbahn) und F. Wurm (Ingenieur und Mechaniker in Wien), weiters von staatlicher Seite C. Ghega, Ph. Bolze, A. Schmidt und W. Engerth sowie als Protokollführer Fischer v. Röslerstamm (Oberingenieur im Staatsbahndienst).

Schon bei der Abwaage stellte sich heraus, dass das vordere Räderpaar der *Vindobona* eine das „Normale überschreitende Belastung hatte".[495] Daraufhin wurde die Lokomotive vom Konstrukteur Haswell kurzfristig in eine achträdrige umgebaut. Auch bei den anderen Preislokomotiven stellte die Jury beträchtliche Überschreitungen des vorgeschriebenen maximalen Raddruckes fest. Um die teilnehmenden Fabriken nicht allzu sehr zu verärgern, änderten die Preisrichter daraufhin das Wort „Raddruck" in der Auslegung noch dahingehend, dass „darunter nur jenes Gewicht zu verstehen sei, mit dem ein Rad durch die Federn belastet wird".[496] Die Probefahrten sowie die daran anschließenden Preisfahrten erfolgten auf der damals schon fertiggestellten Strecke zwischen Payerbach und Eichberg, welche als der neigungs- und krümmungsmäßig schwierigste Abschnitt der gesamten Semmeringbahn galt. Doch zunächst zu den Probefahrten zur Bestimmung der Wettbewerbsfähigkeit der Maschinen:

Am 13. August 1851 lief die *Bavaria* in einer Neigung von 1 : 40 und Kurven mit 100 Klafter mit 5 Meilen pro Stunde (38 km/h)

„ohne allen Anstand", und bremste, „ohne weiter als 18 Klafter [34 m] nach dem Bremsen auf dem Gefälle fortzugleiten. Das Programm erlaubte bei einer Schnelligkeit von 4 Meilen pro Stunde [30 km/h] 80 Klafter W.M. [152 m]".[497]

Der 14. August 1851 war der *Seraing* vorbehalten: Diese Maschine „lief auf demselben Gefälle mit 5½ Meilen Geschwindigkeit per Stunde [42 km/h] und bremste vollkommen auf einer Länge von 40 Klafter [76 m]".[498] Selbst enge Krümmungen passierte die Maschine mit einer Geschwindigkeit von über 5 Meilen pro Stunde (38 km/h) und sorgte damit für Bewunderung bei den Ingenieuren.

Die *Wiener Neustadt* wurde am 15. August auf Probefahrt geschickt: Dabei notierte man eine Geschwindigkeit von maximal 5 Meilen pro Stunde (38 km/h) und eine Bremsweglänge von 30 Klaftern (57 m). Die Probefahrt durch die Krümmungen fiel nach zeitgenössischen Aussagen befriedigend aus.

Den Abschluss machte die *Vindobona* am 17. August. Die schon erwähnten Umbauarbeiten waren noch nicht abgeschlossen, sodass bei den Probefahrten die vorderen zwei Räder noch nicht mitgekuppelt waren. Dennoch erreichte sie 4 Meilen pro Stunde (30 km/h) auch in den engen Krümmungen und benötigte ganze 70 Klafter Länge (139 m), um zum Stillstand zu kommen.[499]

Als zweite Vorprobe war vorgesehen, dass die Lokomotiven nun bei einer Last von 2.500 Zentnern (140 t) die Neigung von 1 : 40 zu meistern hatten, und die Geschwindigkeit durfte gemäß § 10 der Ausschreibung nicht unter 1½ Meilen per Stunde (11 km/h) liegen. Diese Probe wurde ebenfalls von allen Maschinen ohne Schwierigkeiten bestanden: Die *Bavaria* erreichte 2.640 Zentner bei 2,44 Meilen per Stunde (148 t bei 18 km/h) und die *Seraing* 2.523 Zentner bei 1,88 Meilen per Stunde (141 t bei 14 km/h). Sowohl die *Vindobona* als auch die *Wiener Neustadt* erzielten die Mindestanforderungen von 2.500 Zentnern bei 1½ Meilen per Stunde (140 t bei 11 km/h). Im Allgemeinen verliefen die Probefahrten ohne größere Probleme. Lediglich die *Vindobona* verursachte durch ihre steife Bauweise als Vierkuppler in den Bahnkrümmungen eine nicht zu vernachlässigende Erweiterung des Gleises.[500]

Nach diesen Probefahrten fanden die eigentlichen Wettbewerbsfahrten statt, welche die Ermittlung von Durchschnittsgeschwindigkeit, Belastung und Brennmaterial-Verbrauch umfassten: Gemäß der Ausschreibung mussten von den vorgesehenen maximal 20 Fahrten mindestens 12 Fahrten erfolgreich absolviert werden (vgl. § 12 der Ausschreibung).

Als erste Maschine absolvierte die *Bavaria* die Preisfahrten, welche am 20. und 21. August 1851 stattfanden. Am ersten Tag wurden sechs erfolgreiche Fahrten mit 3.060 bis 3.094 Zentnern Last absolviert. Am zweiten Tag folgten sieben weitere mit 3.392 bis 3.402 Zentnern Last, wovon eine wegen Undichtigkeiten der Stopfbüchsen im Schieberkasten misslang.[501]

Bei der *Seraing* fanden die Preisfahrten am 23., 26. und 27. August 1851 statt. Zwei erfolgreiche Fahrten wurden am 23. (mit 2.545 Zentnern Last), sechs am 26. (2.509 bis 2.718,6 Zentner Last) und vier am 27. August (2.507 bis 2.538 Zentner Last) absolviert. Schon am 23. August verhinderten Undichtigkeiten an den Siederöhren weitere Fahrten an diesem und den folgenden zwei Tagen. Dabei wurde beobachtet, dass bei allen Fahrten verhältnismäßig viel Wasser aus dem hinteren Kamin ausgeworfen wurde. Letztlich drückte sich dies im wesentlich höheren Brennstoffverbrauch als bei der *Bavaria* aus, obwohl die Anhängelasten der *Seraing* geringer als bei der *Bavaria* ausfielen.[502]

Am 25. und 28. August sowie am 2., 3. und 4. September erfolgten die Wettbewerbsfahrten mit der *Wiener Neustadt*. Am 25. August absolvierte man drei Fahrten mit 2.740 Zentnern Last und am 28. August musste schon nach der ersten mit 2.500 Zentnern Anhängelast abgebrochen werden, da sich ein starkes Schleifen der Räder einstellte. Ab 2. September konnten die Preisfahrten mit fünf Fahrten (2.523 bis 2.540 Zentner Last) fortgesetzt werden. Am 3. September fanden wegen der schlechten Witterung lediglich zwei Fahrten (2.533 und 2.536 Zentner Last) statt. Am 4. September 1851 folgten schlussendlich mit der *Wiener Neustadt* noch die restlichen drei Fahrten (2.545 bis 2.552 Zentner Last).[503] Am 5., 6., 10. und 11. September absolvierten diese drei Maschinen noch weitere Probefahrten, wobei weder schlechtes Wetter noch „mit Schnee vermischte[r], feine[r] Staubregen und heftige[r] Seitenwind“[504] diese Versuchsfahrten misslingen ließen.

Nach den Umbaumaßnahmen aufgrund der zu hohen Radlast begannen am 11. September 1851 endlich die Wettbewerbsfahrten mit der nun vierfach gekuppelten Lokomotive *Vindobona.* Als gültige Preisfahrten wurden am 11. September eine, am 12. zwei (eine davon ungültig), am 14. vier, am 15. drei (eine davon ungültig) und am 16. sechs (ebenfalls eine ungültig) Fahrten unternommen. Die Anhängelasten lagen zwischen 2.573 und 2.586 Zentnern.[505]

Am 21. September schloss das Preisrichterkollegium seine Tätigkeit ab und fuhr nach Wien zurück, um die Beurteilung in Form eines Protokolls zu erstellen. Darin wurden die Messwerte aller Fahrten tabellarisch festgehalten sowie die Vor- und Nachteile jeder der vier Lokomotiven bis ins kleinste Detail aufgelistet.[506] Auf der Basis dieses Berichtes wurde die *Bavaria* zum Sieger erklärt und erhielt den Preis von 20.000 Dukaten zugesprochen, die *Wiener Neustadt* an zweiter Stelle erhielt 10.000 Dukaten, die *Seraing* an dritter Stelle 9.000 Dukaten und die *Vindobona* 8.000 Dukaten – trotz der kurzfristig vorgenommenen Umbauten – für ihren vierten Platz. Nach dem Wettbewerb gingen alle vier Lokomotiven gemäß den Bedingungen der Ausschreibung in das Eigentum des Staates über.[507]

Resümierend läßt sich feststellen, dass die besondere Errungenschaft des Wettbewerbes die Steigerung der Leistungsfähigkeit bzw. der Wirtschaftlichkeit war. Dies zeigt sich besonders deutlich in der für die Bewertungen der Wettbewerbsleistungen herangezogenen Vergleichszahl: der geleisteten Zugkraft pro Meile Geschwindigkeit und Zentner Brennholzverbrauch.[508] Diese für die Bewertung herangezogene Vergleichszahl konnte im Vergleich zu den damals üblichen Lokomotiven (hier am Beispiel der *Quarnero)* bei der Wettbewerbslokomotive *Bavaria* um durchschnittlich 35 % vergrößert werden: Das bedeutete bei gleicher Anhängelast und gleicher Geschwindigkeit einen um mehr als ein Drittel geringeren Brennstoffverbrauch, wodurch die *Bavaria* einen wesentlich sparsameren und wirtschaftlicheren Betrieb ermöglichte. Gleichzeitig konnte die Brutto-Anhängelast sprunghaft um etwa das 2,5-fache erhöht werden.[509] Den anderen Wettbewerbs-Lokomotiven war kein derart ‚messbarer' Erfolg beschieden, lagen doch deren Vergleichswerte der Zugkraft pro Meile Geschwindigkeit und Zentner Brennholzverbrauch in etwa derselben Größenordnung wie bei der *Quarnero*![510] Auch durch diesen Vergleich wird deutlich, dass in der damaligen Zeit sehr wohl Dampflokomotiven für die Neigungen und Krümmungen der Semmeringbahn existierten, welche auch nennenswerte Lasten zu ziehen vermochten. Überzeugt, dass er mit der Projektierung der Semmeringbahn für ausschließlichen Lokomotivbetrieb einen richtungsweisenden Schritt getan hat, aber auch skeptisch in Bezug auf die Größe und Gewichte der neuen Maschinen, beurteilte Ghega die von der *Bavaria* dominierten Ergebnisse der Wettbewerbsfahrten:

> Man sieht, dass der Erfolg die Erwartungen oder eigentlich die Forderungen um das Anderthalb- bis Zweifache übersteigt. Wir haben daher in den Preislokomotiven Maschinen, welche stärker sind, als wir wirklich brauchen. Die Preisbewerber haben sich dadurch zwar in der Konkurrenz die Ehrenposten sichergestellt, aber sie zugleich in die Nothwendigkeit versetzt, kolossale Maschinen zu liefern, die denn doch in mancher Beziehung jene äusserste Grenze erreicht zu haben scheinen, bei welcher der anstandslos pünktliche Gebrauch auf die Länge problematisch wird, ohne absolut nothwendig zu sein.
> Ich glaube nämlich, dass im Allgemeinen eine Lokomotive, welche das Adhäsionsgewicht von 1000 Zentnern [56 t] und darüber hat, sich für den alltäglichen praktischen und geregelten Dienst nicht eignet, weil die Führung und materielle Behandlung der Maschine jedenfalls schwer ist und die Einwirkung auf die Bahn verhältnismässig schädlicher, als bei minder schweren Lokomotiven.[511]

5.2 AUSWIRKUNGEN AUF DEN BAU DER SEMMERING-LOKOMOTIVEN

Da die Staatseisenbahn-Verwaltung in keiner der vier Preislokomotiven eine serienreife Konstruktion sah, beauftragte sie Wilhelm Engerth[512] (1814–1884) sowie Fischer von Röslerstamm (1819–1907) zur Entwicklung der ersten Bauserie von Semmering-Lokomotiven.

Die bei der *Bavaria* eingesetzte Kettenverbindung zwischen Lokomotive und Tender sah insbesondere Engerth als die wesentliche Verbesserung an. Deshalb wurde zwischen 15. Jänner und 28. April 1852 diese Lokomotive im täglichen Betrieb durch zahlreiche Versuchsfahrten praktisch erprobt.[513] In Zusammenarbeit mit Cockerill entstanden die nur nach Engerth benannten Dampflokomotiven.[514] Diese besaßen drei gekuppelte Achsen unter dem Langkessel sowie ein zweiachsiges Tendergestell, auf das mittels Konsolen ein Teil des Gewichtes der Feuerbüchse übertragen wurde (Stütztender). Zur Erhöhung der Adhäsion wurde die Idee der Kraftübertragung auf die Tenderachsen der *Bavaria* aufgegriffen: Engerth versuchte – schlussendlich jedoch vergeblich – mittels Zahnrädern eine Kupplung zu den zwei Achsen des Stütztendergestelles herzustellen.[515]

Aufgrund der vollen Auslastung österreichischer Lokomotivfabriken wurden die Engerth-Maschinen im Jahr 1852 bei Kessler in Eßlingen[516] und bei Cockerill in Seraing[517] bestellt. Die ersten Lokomotiven dieser 26 Stück beinhaltenden Serie trafen am 7. November 1853 in Payerbach ein und trugen die Namen *Kapellen* (Kessler) und *Grünschacher* (Cockerill). Sie wurden somit 16 Tage nach der ersten Probefahrt über die gesamte Semmeringstrecke mit einer gewöhnlichen Lokomotive und 15 Tage nach der ‚inoffiziellen Eröffnung' durch Minister Baumgartner geliefert.[518]

Es sollte aber noch bis 18. November 1853 dauern, bis die ersten Probefahrten erfolgen konnten. Am 30. November 1853 fand die erste Belastungsprobefahrt mit einer Engerth'schen Maschine von Payerbach nach Mürzzuschlag statt: Dabei wurde eine Gesamt-

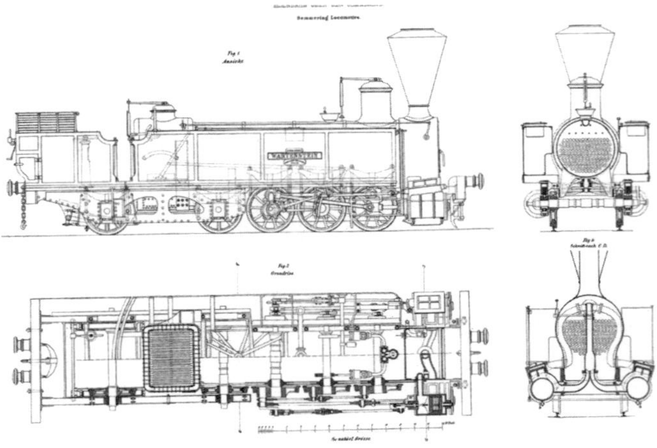

Abbildung 15: Semmering-Lokomotive nach dem System Engerth (nach Birk 1861)

last von 136 t bei einer Durchschnittsgeschwindigkeit von 14 km/h und einem Holzverbrauch von 7 m^3 bewältigt.[519] Bei weiteren Belastungsprobefahrten wurde eine maximale Anhängelast von 224 t erreicht. Trotzdem wurde die Regelbelastung auf der Nordrampe mit maximal 157 t, auf der Südrampe mit 168 t festgesetzt.[520] Im Laufe des Winters 1853/54 wurden die restlichen Lokomotiven nach dem System Engerth geliefert, sodass Mitte 1854 die vollständige Serie von 26 Stück zur Verfügung stand.[521]

> [N]ach vielen mißlungenen Versuchen wurde die Absicht aufgegeben, die Achsen des Hauptrahmens mit jenen des Tendergestells durch Zahnräder zu kuppeln. Die Adhäsion der drei gekuppelten Achsen des Hauptrahmens war aber, nachdem sie wegen Aufbrauch des Wasservorrats am Ende der Fahrt von 720 Zentner auf 660 Zentner sank, allein nicht mehr hinreichend, um unter ungünstigen Witterungsverhältnissen die für die Beförderung von 2500 Zentner nötige Zugkraft zu geben. Die für den Semmering gebauten Engerth-Lokomotiven entsprachen überdies nicht den aufgestellten Bedingungen über zulässigen Achs-

> druck; die rückwärtige Tenderachse war derart überlastet, dass sie mit 18 bis 19 t auf die Schienen drückte und bald schädliche Einflüsse auf den Oberbau äußerte. [...]
> Da griff Haswell im Jahre 1855 auf die „Vindobona" zurück und modifizierte ihre Achsenanordnung derart, dass sämtliche vier Achsen unter dem Langkessel vor der Feuerbüchse gelagert waren; um in scharfen Krümmungen die nötige Gelenkigkeit zu geben, erhielt die vor dem Feuerkasten liegende Kuppelachse, auf eine von Ghega im Jahre 1851 gemachte Anregung hin, eine seitliche Verschiebbarkeit in den Lagern und dasselbe Spiel in den Kuppelzapfen. Diese Gruppierung der Räder ist bis in die Gegenwart beibehalten worden; nach diesem Vorbild, dem ersten Vierkuppler des Kontinents, der Lokomotive „Wien-Raab", wurden die Gebirgslokomotiven fast sämtlicher Staaten Europas entworfen.[522]

Aufgrund der von Gölsdorf angesprochenen Probleme erfolgte schon zwischen 1861 und 1865 der Umbau der Engerth-Lokomotiven in vierfachgekuppelte Maschinen mit Schlepptender, welche schließlich bis über die Jahrhundertwende im Einsatz standen. Der Umbau erfolgte nach den Erfolgen der von Haswell 1855 gebauten und am Semmering getesteten Lokomotive *Wien-Raab,* welche die Bauprinzipien der *Vindobona* mit einer deutlich verbesserten Kurvengängigkeit durch seitenverschiebbare Achsen verband. Im Regelbetrieb vermochten die derart umgebauten Engerth-Lokomotiven bis zu 180 t auf der Semmering-Nordrampe ziehen.[523] Nach der Phase der Suche einer optimalen Gebirgslokomotive gelang schließlich mit diesem Umbau der endgültige Durchbruch dieser Bauart. Über fünfzig Jahre hindurch hat sich dieser technisch einfache Vierkuppler als die beste Güterzugslokomotive für Hügelland und Gebirge bewährt, bis sie in Altösterreich durch die von Gölsdorf konstruierten, fünffach gekuppelten Maschinen (ab 1900) vom Bergdienst ins Tal verdrängt wurden.[524]

Nicht nur die eigens für den Semmering entworfenen und gebauten Engerth-Lokomotiven konnten nur wenige Jahre im ‚Originalzustand' zufriedenstellend betrieben werden: Auch keiner der vier

Wettbewerbslokomotiven war eine längere Betriebsdauer am Semmering vergönnt. Der Verbleib der Preislokomotiven ist schnell beschrieben: Die *Wiener Neustadt* und die *Seraing* wurden wegen den Undichtigkeiten im Betrieb sofort abgestellt und schon anfangs der 1860er-Jahre zerlegt. Die *Bavaria* wurde ebenfalls bald zerlegt, jedoch diente ihr Kessel noch längere Zeit als Betriebskessel in der Grazer Staatsbahn-Werkstätte. Am längsten war bezeichnenderweise die viertplazierte *Vindobona* in Betrieb. Zunächst beförderte sie noch Bauzüge auf der Semmeringstrecke und wurde anschließend für Aushilfsdienste eingesetzt. Danach fand der Kessel als Betriebskessel in der Werkstätte Laibach/Ljubljana seine letzte Verwendung.[525]

Die Ausmusterung der Engerth-Lokomotiven begann ab 1897 wegen der schon ausreichenden Zahl an neueren und leistungsfähigeren Maschinen. Die letzte Engerth-Lokomotive war noch bis 1929 im Einsatz.[526]

Die technikhistorische Bedeutung des Lokomotivwettbewerbs am Semmering liegt einerseits in der Beweisführung der Leistungsfähigkeit gegenüber dem umständlichen Seilebenen-Betrieb und andererseits in der international weitreichenden Wirkung in der Geschichte der Dampflokomotiv-Konstruktionen. Der Wettbewerb markiert international gesehen auch jenen Wendepunkt in der Geschichte der Eisenbahnen, ab dem *ausschließlich* mit Lokomotiven betriebene Haupteisenbahnlinien errichtet wurden. Dies ging damals sogar so weit, dass eine für Seilebenenbetrieb errichtete Eisenbahnstrecke – trotz der stärkeren Neigungen – dann doch mit ausschließlichem Lokomotivbetrieb eröffnet wurde (vgl. 6.1.: Giovi-Linie bei Genua).

Auf Altösterreich bezogen sollte der Wettbewerb die anhaltenden kontroversiellen Diskussionen über die Unmöglichkeit eines Lokomotivbetriebes über den Semmering ein für alle Mal zum Verstummen bringen. Dennoch lebt auch in der heutigen Diskussion der Mythos von den für die Bahn bis 1851 noch fehlenden Lokomotiv-Konstruktionen fort. Er soll wohl die besondere Rolle der Semmeringbahn und des Wettbewerbes für den sprunghaften Fortschritt im Lokomotivbau unterstreichen.

Mit dem Blick in die Vergangenheit beurteilten Kos (1992) und Örley (1929) den Wettbewerb in folgenden Worten:

> In gewisser Weise war das Lokomotivrennen äußerer Beweis für die Richtigkeit der Planungen für den Semmering und damit eine erfolgreiche PR-Aktion,[527] und der Wettbewerb erlangte für den Bau von Gebirgslokomotiven die gleiche grundlegende Bedeutung wie 22 Jahre früher der Lokomotivwettkampf von Rainhill auf der Liverpool-Manchester-Bahn für die Entwicklung der Lokomotive überhaupt.[528]

5.3 DIE SEMMERING-EISENBAHN ALS TESTSTRECKE (NACH 1945)

Die Semmeringstrecke war und ist eine beliebte Probestrecke für neue Lokomotivkonstruktionen. Dies begann mit dem Semmering-Lokomotivwettbewerb im Jahr 1851 und dauert bis zum heutigen Tag an. Im Folgenden ist eine kurze Übersicht von Probefahrten in den letzten Jahrzehnten zusammengestellt, wobei diese Auswahl keinen Anspruch auf Vollständigkeit erhebt. Dabei zeigt sich auch das internationale Interesse an der Semmeringbahn als Teststrecke. Insgesamt sind nur wenige Jahre vergangen, in denen keine Versuchsfahrten stattfanden.

1957 besuchte die Krauss-Maffei-Diesellokomotive ML 2200 CC (spätere DB Reihe 220) aus Anlass von Testfahrten den Semmering[529] und 1958 die Krauss-Maffei ML 3000 CC.[530] Im Juli 1961 wurde die stärkste Version dieser Serie, die Krauss-Maffei ML 4000 CC, am Semmering getestet. Diese hatte eine Achslast von 23 t (zugelassen am Semmering heute max. 22,5 t) und die ÖBB war als einzige Bahnverwaltung bereit, die Probefahrten auf der Semmeringstrecke mit derart schweren Lokomotiven im täglichen Betrieb zu genehmigen, während andere europäische Bahnen dieses Risiko für ihre Gebirgsstrecken nicht einzugehen wagten. Die Zugsgewichte betrugen bei den Anfahrtproben 867 t (in 25 ‰ und in Kurven) bzw. 972 t (in 24 ‰ und in einer von einer weiten Kurve unterbrochenen Geraden).[531] Auch nach der Elektrifizierung war die Beliebtheit der Semmeringstrecke als Teststrecke ungebrochen: 1964 besuchte die sechsachsige SBB-Lokomotive „Vevey“ (Ae 6/6) anlässlich Probefahrten die Semmeringstrecke,[532] 1965 die Ae 4/4 Nr. 261 der BLS [533], 1966 die Rc 1 1014 der SJ[534], 1970 der DB-Nahverkehrstriebwagen der Reihe 420 [535], die DB-Diesellokomotive V 210 [536] und die Rc 2 der SJ[537], 1979 die vierachsige Industrieelektrolokomotive E006 der RAG[538] und 1994 der Triebwagenschnellzug „Pendolino“ der FS[539]. Bis heute werden neue Fahrzeugkonstruktionen am Semmering auf Herz und Nieren geprüft, denn nur hier finden sich die eisenbahntechnisch schwierigsten Kombinationen von sehr engen Bögen und Steigungen auf einer hochrangigen Hauptstrecke. So kamen beispielsweise von der Deutschen Bahn im Jahr 2006 der ICE T 411 und zuletzt der ICE 4 9004 im Jahr 2017 zu Testzwecke auf den Semmering.

Auch österreichische Entwicklungen wurden am Semmering getestet, wie beispielsweise die SGP LDH 2200 im Jahr 1960[540], die Elektro-Bremse der ÖBB 1020.19 im Jahr 1968[541], 1975 die Reihe 1044, im Jahr 1993 die Reihen 1014, 2068 und 1822, 1995 die Reihen 1114 und 1163 und die Reihe 1012 im Jahr 1997 sowie die Reihe 1016 (auch unter dem Reihennamen TAURUS bekannt) im Jahr 2001.[542]

6 Gebirgsbahnen weltweit (bis in die 1860er-Jahre)

In der ersten Hälfte des 19. Jahrhunderts wurden innerhalb kurzer Zeit mit Eisenbahnen die bis dahin abweisenden, gefährlichen und schwierig zu passierenden Gebirgsgegenden erreicht. Damit einhergehend versuchte man mit verschiedenen Methoden, diesen unzugänglichen Gegenden eine sichere Trasse für die neue Transporttechnologie abzuringen. Die Frühzeit des Eisenbahnbaus war in Kontinentaleuropa wesentlich vom englischen Trassierungssystem beeinflusst, welches durch die Anwendung von Geraden und geringen Neigungen charakterisiert werden kann. Zur Überwindung von Höhenunterschieden wurden Seilebenen errichtet (vgl. 2.). Eisenbahnen mit kurzen, die (englischen) Trassierungsrichtlinien überschreitenden Neigungsverhältnissen wurden damals schon als Gebirgsbahnen bezeichnet. Beispielsweise sprach man zu Beginn der 1840er-Jahre vom Bau einer Gebirgsbahn an den Hängen des Wienerwaldes zwischen Wien und Bad Vöslau und meinte dabei die Wien-Gloggnitzer Eisenbahn.[543] Noch größere Hindernisse, wie sie die schroffen und hohen Gebirgszüge der Alpen in Europa darstellen, konnten mit dem englischen Trassierungssystem letztlich nicht erfolgversprechend überwunden werden, insbesondere weil die Seilebenen als betrieblich aufwendig galten.

Die ersten Versuche, in hügeligem Gelände Eisenbahnen effizient anzulegen, fanden in Nordamerika statt. Auf Kosten der Geradlinigkeit und zu deutlich niedrigeren Baukosten folgte der Schienenstrang den gekrümmten Flusstälern. Auch hinsichtlich der maximalen Neigungsverhältnisse verwarfen amerikanische Eisenbahnbauer die zu Beginn der VierzigerJahre des 19. Jahrhunderts von englischen Ingenieuren empfohlene maximale Neigung für einen Lokomotivbetrieb von 1 : 200 (5 ‰). Im alltäglichen Zugbetrieb wurden in Nordamerika zu jener Zeit schon Neigungen bis zu 1 : 63 (16 ‰) befahren. Jedoch waren die Längen all dieser Neigungsstrecken kurz und die zu überwindenden Höhenunterschiede und die erreichten Seehöhen gering: Maximal erreichten Neigungsstrecken damals eine Länge von 6,5 engl. Meilen (10,5 km). In England wurden 1840 rund 200 m über dem Meer erreicht, in Nordamerika[544] gelangte der Schienenstrang um 1845 etwa auf 660 m über Meeresniveau und auf dem europäischen Kontinent konnte 1848 die bayrisch-sächsische Eisenbahn ebenfalls eine Seehöhe von etwas über 600 m erreichen.

Die ausgeführte Länge der Semmeringstrecke (1854) beträgt zwischen Gloggnitz und Mürzzuschlag hingegen 41 km und ist damit etwa viermal so lange wie die hinsichtlich der Neigungsverhältnisse damals vergleichbaren Strecken. Mit dem Kulminationspunkt im Semmering-Haupttunnel in 898 m wurde die zu jener Zeit von Eisenbahnen erreichte Seehöhe um etwa 50 % überschritten.

Für die Zeit bis 1851 listet Ghega in seinem Werk „Uebersicht der Hauptfortschritte des Eisenbahnwesens in dem Jahrzehende 1840–1850" alle ihm bekannten Gebirgsbahnen (d. h. bei der Semmeringbahn der einstweilige Stand von 1851) mit detaillierten Angaben auf.

Tabelle 1: Gebirgsbahnen bis 1851 nach Ghega[545]

Jahr der Eröffnung des Lokomotivbetriebes	Benennung der Bahn	Land	Neigungs-Verhältnis	Länge in engl. Meilen	Krümmungs-Halbmesser in engl. Fuß
1840	Baltimore-Ohio	Nordamerika	1 : 64	4,75	1000
1840	Baltimore-York	Nordamerika	1 : 63	3,50	660
1840	Birmingham-Gloucester	Großbritannien	1 : 37,5	2,25	1000
1841	West Stockbridge-Greenbuch	Nordamerika	1 : 60	4,00	478
1842	Springfield-West Stockbridge	Nordamerika	1 : 66	6,50	480
1843	Hazleton in Pennsylvanien	Nordamerika	1 : 37,5	2,00	–
1844	Braunschweig-Harzburg	Deutschland	1 : 46	–	–
1845	Sächsisch-Schlesische	Deutschland	1 : 55	1,25	–
1846	Baltimore-Ohio Zweigbahn	Nordamerika	1 : 40	5,00	550
1846	Andrezieux-Roanne	Frankreich	1 : 34,5	–	–
1847	London-Croydon	Großbritannien	1 : 50	5,00	–
1848	Bayerisch-Sächsische	Deutschland	1 : 40	3,75	1500
1850	Württembergische	Deutschland	1 : 45	3,2	893
1851	Semmering-Eisenbahn	Österreich	1 : 40	3,00	933

Tabelle 2: Gebirgsbahnen in Europa bis 1860[546]

Eröffnung	Name der Linie	Land	Länge	max. Neigung (auf Länge)	minimaler Radius	Scheitelpunkt	längster Tunnel	Spurzahl
			km	‰ (km)	m	m ü.M.	m	
3.9.1841	Erkrath–Hochdahl–Seilrampe: Düssel-dorf–Elber-feld	Deutsch-land	27	34 ‰ (2,8 km)	k.A.	171,80	k.A.	3
22.12.1845	Pennine: Manches-ter–Shef-field	Großbri-tannien	67	13 ‰ (k.A.)	k.A.	292,43	4848,1	2
29.6.1850	Geislinger Steige: Geislingen (Steige)–Ulm	Deutsch-land	33	23 ‰ (5,6 km)	280	595	k.A.	2
20.2.1854 [547]	Giovi: Genua–Arquata Scrivia	Italien	42	35 ‰ (10 km)	180	360	3258,8	2
1.3.1854	Allgäuer Hauptbahn: Lindau–Kaufbeuern	Deutsch-land	133	10 ‰ (k.A.)	292	817	124	2

15.5.1854[548]	Semmering: Gloggnitz–Mürzzuschlag	Österreich	41	25 ‰ (25 km)	190	898	1433,9	2
31.10.1858	alter Hauenstein: Olten–Sissach	Schweiz	19	26 ‰ (k.A.)	k.A.	562	2495	2
15.7.1860	Neuenburger Juralinie: Neuchâtel–Le Locle	Schweiz	38	27 ‰ (k.A.)	146	1048,2	3259,2	1
25.7.1860	Franco-Suisse: Neuchâtel–Les Verrières	Schweiz	39	21 ‰ (k.A.)	280	935,50	545	1

Anm.: Werte der Tunnellänge, Spurzahl etc. beziehen sich auf die Eröffnung

Aus Tabelle 2 ist ersichtlich, dass zur Zeit der Inbetriebnahme der Semmeringbahn noch zwei weitere, längere Strecken in gebirgigem Gelände eröffnet wurden: Die Giovi-Linie in Italien von Genua nach Arquata Scrivia (und weiter nach Turin/Mailand) sowie die Allgäuer Hauptbahn in Deutschland von Lindau nach Kaufbeuern.

Der Giovi-Linie bei Genua kommt, wie der Semmeringbahn, als Haupteisenbahnlinie eine besondere Bedeutung im europäischen Eisenbahnverkehr zu. Jedoch weder bei der Streckenlänge in der maximalen Neigung noch bei der erreichten Seehöhe ist sie mit der Semmeringbahn zu vergleichen. In jüngster Zeit wurde auch schon die Frage aufgeworfen, „ob sie überhaupt unter die ‚Gebirgsbahnen' eingereiht werden kann".[549] Allerdings darf dabei nicht übersehen werden, dass die Kriterien von Gebirgsbahnen im Lauf der Zeit – wie schon erwähnt – einem Begriffswandel unterlagen und die Giovi-Linie ebenfalls in das Standardwerk zu europäischen Gebirgsbahnen von Schneider aufgenommen wurde. Am Beispiel dieser Linie kann der grundlegende Wandel im Eisenbahnwesen besonders anschaulich dargestellt werden, weshalb ihre Geschichte im folgenden Kapitel (6.1.) beschrieben wird.

Die Allgäuer Hauptbahn in Deutschland als zweite bedeutendere Gebirgsbahn aus jener Zeit führt von Lindau durch das Allgäuer Alpenvorland über Immenstadt und Kempten nach Kaufbeuern und weiter nach Augsburg–Nürnberg. Lediglich die Strecke von Lindau nach Kaufbeuern weist stellenweise Gebirgsbahncharakter auf und wurde abschnittsweise zwischen 1. April 1852 und 12. Oktober 1853 eröffnet. Der erste fahrplanmäßige Zug erreichte den Lindauer Hauptbahnhof am 1. März 1854. Bei dieser Strecke kamen als größte Neigung 10 ‰ und als kleinster Krümmungshalbmesser 292 m zur Ausführung. Schon diese Werte zeigen, dass die Richtlinien des englischen Trassierungssystems noch eingehalten werden konnten, was aufgrund der hügeligen Landschaft des Alpenvorlandes auch möglich war. Herausfordernd für jene Zeit war jedoch die Scheitelhöhe der Strecke: Sie erreichte bei der Station Oberstauffen immerhin 817 m über Meeresspiegel, eine Höhe, die auf Schienen zuvor noch nicht erreicht wurde.[550]

Nach der Betriebsaufnahme der Semmeringbahn mit der erreichten maximalen Höhe 898 m über dem Meeresspiegel sollte es noch 6 Jahre dauern, bis diese Kulminationshöhe wiederum überschritten wurde: Die eingleisige, mit Spitzkehren angelegte und 1860 eröffnete Neuenburger Juralinie erreichte eine Höhe von 1048 m über dem Meeresspiegel. 1863 konnte als erste Hauptstrecke, welche die Seehöhe der Semmeringbahn übertraf, die Linie von Madrid nach Ávila in Spanien mit einer maximal erreichten Seehöhe von 1.359 m eröffnet werden. Die zweite alpenquerende Eisenbahnlinie, die Brennerbahn, wurde im Jahr 1867 mit der Kulminationshöhe von 1.371 m in Betrieb genommen.[551]

Aufgrund der technischen Entwicklungen im Tunnelbau konnte bei allen nach 1860 als Haupteisenbahnen mit internationaler Bedeutung eröffneten Hochgebirgsbahnen auf maschinelle Unterstützung im Tunnelbau und auf leistungsfähigere Sprengstoffe zurückgegriffen werden. Dies führte zu immer längeren Tunnelbauten. Im Bereich der Trassierung der großen alpenquerenden Tunnel-Zufahrtsstrecken erfolgte die Orientierung im Allgemeinen über lange Zeit hinweg am Vorbild der Semmeringbahn:[552] In Österreich waren dies die Brennerbahn (24.8.1867, 37 km, 25 ‰, 285 m), die Arlbergbahn (20.9.1884, 158 km, 31 ‰, 250 m), die Karawankenbahn (1.10.1906, 37 km, 26 ‰, 250 m) und die Tauernbahn (5.7.1909, 120 km, 27 ‰, 250 m), in der Schweiz die Gotthardbahn (1.6.1882, 226 km, 26 ‰, 280 m), die Simplonbahn (1.6.1906, 42 km, 25 ‰, 300 m) und die Lötschbergbahn (15.7.1913, 74 km, 27 ‰, 300 m) sowie zwischen Italien und Frankreich die Mont-Cenis-Bahn (Italien/Frankreich: 17.9.1871 / 16.10.1871, 61 / 135 km, 30 ‰, 345 m / 350 m).

Bei der vor 1860 eröffneten Gebirgsbahn über den Giovi-Pass (Italien) und über den Hauenstein (Schweiz) wurde die ursprüngliche Bergstrecke inzwischen durch lange Basistunnel (am Giovi 1889, am Hauenstein 1916 eröffnet) ersetzt, weshalb die ursprünglichen Strecken stark an Bedeutung verloren und heutzutage, außer in Ausnahmefällen, nicht mehr für den internationalen Verkehr genutzt werden. Des Weiteren wurden und werden bei den alpenquerenden Hauptstrecken die Trassenführungen (z. B. Tauernbahn, Mont-Cenis-Bahn) sowie die ursprünglichen Brückenbauwerke (Arlbergbahn, Tauernbahn, Gotthardbahn, Lötschbergbahn) einschneidend verändert, sodass auch das ursprüngliche Erscheinungsbild immer weniger gegeben ist.[553] Damit verbleibt die Semmeringbahn als einzige alpenquerende Hauptstrecke mit internationaler Bedeutung, deren ursprünglicher Ensemblecharakter bis heute im Großen und Ganzen erhalten geblieben ist und somit ein hervorragendes Zeugnis früher Eisenbahnbauweise abgibt.

6.1 GIOVI-LINIE BEI GENUA

In die Zeit des Semmeringbahn-Baus fiel auch der Bau einer weiteren bedeutenden Gebirgsbahn in Europa: Die Giovi-Linie von

Genua über den ligurischen Apennin nach Turin bzw. Mailand. Der Erlass zum Bau eines Schienenweges von Genua nach Turin/ Mailand und weiter zum Lago Maggiore erfolgte von Seiten des Königreiches Sardinien am 13. Februar 1845. Schon damals war beabsichtigt, diese Eisenbahnlinie weiter über die Alpen zu bauen. Neben zwei Vorschlägen für alpenquerende Eisenbahnen im Bereich des Mont Cenis und des Semmerings wurde als dritte Alpenüberquerung jene nahe Disentis/Schweiz, weiter zum Bodensee und schließlich über Bayern/Württemberg (Allgäuer Hauptbahn) nach Oostende/Antwerpen[554] in Betracht gezogen. Durch den Bau dieses Eisenbahnhandelsweges sollte der Hafen von Genua zum Mittelpunkt „französischer, toscanischer, neapolitanischer und sardinischer Dampfschiffahrt im Mittelmeere“[555] werden. Aufgrund der politischen Situation wurde jedoch in den folgenden Jahrzehnten die Alpenüberquerung im Bereich des Mont Cenis favorisiert.

Bevor man sich an die Alpenüberquerung heranwagen konnte, musste jedoch die Strecke von Genua nach Turin bzw. Mailand errichtet werden. Während das 8 km lange Teilstück von Turin nach Moncalieri schon am 24. September 1848 eröffnet werden konnte,[556] hatte man in der Nähe von Genua mit erheblichen Schwierigkeiten zu kämpfen: Die Ausläufer des Apennins am 472 m hohen Giovi-Pass bedeuteten für die Ingenieure damals eine große Herausforderung. Für die Strecke über den Pass von Genua nach Arquata Scrivia versuchte das Königreich Sardinien zunächst den englischen Eisenbahningenieur Isambard Brunel zu gewinnen, welcher jedoch den Auftrag ablehnte. Schließlich konnte der belgische Ingenieur Maus, der als „der hervorragendste Vertreter des Seilbahnbetriebes in jener Zeit“[557] galt, für dieses Projekt gewonnen werden. Die Giovi-Strecke wurde unter seiner Leitung in Zusammenarbeit mit Luigi Ronco und den später mit dem Mont Cenis-Tunnelbau bekannt gewordenen Ingenieuren Servino Grattoni, Germaneo Sommeiler und Sebastiano Grandis ab 1844 entworfen und von diesen Herren auch ihr Bau beaufsichtigt.[558]

Aber auch Ghegas Name ist mit dieser Strecke verbunden. Er empfahl,

> obwohl er das Know-how des glücklichen Semmering-Durchstichs damals noch nicht besaß, eine Reibungsbahn und einen Großtunnel. Insgesamt wurden schließlich zehn Tunnel unterschiedlicher Größe erforderlich, deren Haupttunnel unter dem Giovipaß gleich „eine Nummer größer“ als der Semmering war, nämlich 3.275 m.[559]

Während die Nordrampe eisenbahntechnisch leichter zu bewältigen war, sah das schließlich ausgeführte Projekt zwischen Busolla (Scheitelpunkt der Eisenbahnlinie mit 360 m über Meeresspiegel) und Genua Pontèdecimo (90 m über Meeresspiegel) eine zweigleisige Hauptbahn in Form einer in zwei Abschnitte aufgeteilten Seilebene vor,[560] kombiniert mit dem 3.275 m langen Tunnel am „Giovi-Hügel“.[561] Als maximale Neigung kamen deshalb im Bereich der projektierten Seilebenen 35 ‰ (bzw. max. 30 ‰ im Haupttunnel) und als kleinster Krümmungsradius 180 m zur Ausführung.[562] Die beiden ca. 4 und 6 km langen Seilebenen waren für damalige Verhältnisse außerordentlich lang. Im Jahr 1850 befand sich Robert Stephenson kurz in Genua und wurde um Rat bezüglich der geplanten Giovi-Linie gefragt. Er gab nur kurz angebunden kund, dass er für den Betrieb dieser Strecke nicht verantwortlich sein möchte.[563] Von Genua Pontèdecimo bis zur etwa 12 km entfernten Endstation Genua Piazza Principe (16 m über Meeresspiegel) folgt die Bahn dem Polcevera-Tal und fällt dabei mit einer Neigung von nur maximal 10,5 ‰.[564]

Im Vergleich zur Semmeringbahn fallen insbesondere zwei Unterschiede auf: Die maximale Neigung von 35 ‰ wird nur auf einer Länge von 10 km erreicht,[565] ansonsten ist die maximale Neigung der 42 km langen Strecke mit 6 ‰[566] verhältnismäßig gering. Bei der Semmeringbahn hingegen liegen 25 km in einer maximalen Neigung zwischen 20 ‰ und 25 ‰. Des Weiteren ist der höchste Punkt der Giovi-Linie mit 360 m über Meeresspiegel wesentlich niedriger als bei der Semmeringbahn mit 898 m; und die zu überwindende Höhendifferenz ist am Semmering (459 m) etwa um ein Drittel größer als am Giovi mit 344 m Höhendifferenz.

Die Bauarbeiten an der Giovi-Strecke begannen im Herbst 1846[567] und wurden auch während des Krieges zwischen Österreich und Sardinien in den Jahren 1848 und 1849 fortgesetzt. Die Fortschritte im Lokomotivbau – vor allem der wegweisende Lokomotivwettbewerb am Semmering im Jahr 1851 – brachten den Verzicht auf Seilebenen mit sich und die Strecke wurde von Beginn an ausschließlich mit Lokomotiven betrieben. Die erste (provisorische) Fahrt mit Premierminister Camillo di Cavour und weiteren Regierungsmitgliedern fand am 6. Dezember 1853 von Turin nach Genua Pontèdecimo mit einer normalen Lokomotive statt. Am 18. Dezember 1853 konnte die gesamte Strecke bis Genua Piazza Principe fertiggestellt werden. König Vittorio Emmanuele II. eröffnete die Strecke schließlich am 20. Februar 1854.[568] Für den schwierigen Betrieb auf dieser Bergstrecke wurden zwei Lokomotiven auf der Führerstandseite fest zusammengekuppelt, sodass eine Art Doppellokomotive entstand. Als Lokomotiven kamen dafür in den ersten Betriebsjahren 12 Maschinen nach amerikanischer Bauart[569] und 20 zweifach gekuppelte Dampflokomotiven zum Einsatz, wodurch 6 bzw. 10 Doppellokomotiven entstanden.[570] Einer der beiden Lieferanten der ersten Lokomotivlieferung von 1853, Robert Stephenson, betonte jedoch, dass er keine Garantie für das Funktionieren der zusammengekuppelten Lokomotiven geben könne. Bezeichnenderweise war die andere Lieferfirma für die 1853 und 1860 gelieferten Doppellokomotiven die belgische Firma Cockerill, welche durch die Teilnahme am Semmering-Lokomotivwettbewerb von 1851 schon einschlägige Erfahrungen im Bau von Gebirgslokomotiven nachweisen konnte.

Die beiden zusammengekuppelten Lokomotiven wurden ein voller Erfolg, da bauartsbedingt keine gelenkigen Dampfleitungen erforderlich waren wie bei der von Cockerill 1851 gebauten Semmering-Wettbewerbslokomotive *Seraing* (vgl. 5.1.3.3.). Diese ‚Doppellokomotiven' waren etwa 20 Jahre lang im Einsatz und wurden zunächst von zwei zusammengekoppelten, jeweils dreifach gekuppelten Dampflokomotiven sowie ab 1873 von Vierkupplern der österreichischen Fabrik G. Sigl ersetzt.[571]

Am Beispiel dieser Strecke zeigen sich die raschen Entwicklungen der Eisenbahntechnologie und auch die in den folgenden Jahrzehnten auftretenden Schwierigkeiten besonders deutlich. Die am

Giovi gebaute Strecke erlag nahezu demselben Schicksal wie einige andere mit Seilebenen errichteten Eisenbahnlinien jener Zeit. Sie wurde zunächst nach den Prinzipien der Seilebenen – also mit relativ großer Neigung – projektiert und gebaut, aber seit der Eröffnung ausschließlich mit Dampflokomotiven im Adhäsionsbetrieb betrieben. Besonders augenscheinlich wird dieser scheinbar unerwartete Umschwung, wenn man bedenkt, dass während der Bauzeit (1846–1853) der Lokomotiv-Wettbewerb am Semmering stattfand, durch den das Seilebenen-Prinzip eine eindeutige Absage zugunsten des Lokomotivbetriebes erhielt (vgl. 5).

Auf der Giovi-Linie mit ihren starken Neigungen konnte trotz des doppelspurigen Ausbaues der ab Ende der 1870er-Jahre stark ansteigende Verkehr von und nach Genua nicht mehr bewältigt werden. Dieser Verkehrsanstieg war Resultat der im Jahre 1871 eröffneten Mont-Cenis-Linie nach Frankreich und der 1882 eröffneten Gotthardbahn in Richtung Schweiz/Deutschland.

Man beschloss daher am 29. Juli 1879 von Arquata Scrivia bis Genua Sampierdarena eine neue, doppelspurige Entlastungslinie (genannt „Succursale" = Hilfslinie) zu bauen, welche am 15. April 1889 dem fahrplanmäßigen Betrieb übergeben werden konnte. Als maximale Neigung kamen nun 16 ‰ und als minimaler Krümmungshalbmesser 500 m zur Ausführung.[572]

Noch bevor diese neue Linie fertiggestellt war, wurde am 21. Juni 1888 der Bau der Turchino-Linie beschlossen, welche als dritte Strecke von Genua nach Norden, rund 20 km westlich der Giovi-Linien verlaufen sollte. Ausgeführt wurde diese eingleisige Strecke mit einer maximalen Neigung von 16 ‰ und einem minimalen Krümmungshalbmesser von 450 m, wobei der 6.447,6 m lange Scheitel-Tunnel doppelspurig angelegt wurde. Diese Strecke konnte am 18. Juni 1894 eröffnet werden. Trotz der drei Eisenbahnverbindungen von Genua nach Norden projektierte man schon zu Beginn des 20. Jahrhunderts abermals zwei neue, direkte Basislinien (genannt „Direttissime"), wovon man eine zur Entlastung der bestehenden alten Giovi-Linie zu bauen gedachte. Beide Projekte wurden jedoch nur in Teilstücken verwirklicht, weil die Elektrifizierung und die sicherungstechnische Unterteilung der damals schon bestehenden Giovi-Linien in Blockabschnitte eine derartige Zunahme der Verkehrsleistungen zuließen, sodass beide „Direttissime" zurückgestellt werden konnten.[573]

Eine geringere maximale Neigung der Giovi-Linie hätte schon von Beginn an gewählt werden können, wenn die verantwortlichen Ingenieure nicht allzu sehr im Banne des Seilebenenaxioms gestanden wären. Hingegen ist die

> von Ghega aus ahnungsvoller innerer Erkenntnis, lebendiger Erfahrung und praktischem Gefühl heraus mit 25 ‰ bemessene Steigung der Semmeringbahn [...] bis auf den heutigen Tag für Hauptbahnen im Gebirge geradezu Norm geblieben. Brenner-, Mont Cenis-, Gotthard- und Arlberg-Bahn, Tauern-, Karawanken- und Wocheiner-Bahn, Simplon- und Lötschberg-Bahn, sie alle sind nahezu genau mit der Steigung der Semmeringbahn erbaut worden, und überall da, wo man bei Hauptbahnen diese Steigung nennenswert überschritten hat, da hat man es nachträglich stets bereut.[574]

Somit kommt der Giovi-Linie, parallel zur Semmeringbahn, ebenfalls eine bedeutende Rolle in der Geschichte der Gebirgsbahnen zu. Während mit der 1850 eröffneten „Geislinger Steige" in Deutschland begonnen wurde, mit einer kurzen und tunnellosen Strecke in gebirgigen Regionen eine Eisenbahn anzulegen, ist die Giovi-Linie dagegen „das erste europäische Beispiel einer doppelspurigen, kunstbautenreichen Gebirgslinie mit starken Steigungen. Das geplante Drahtseil-System war, nicht zuletzt auf das Bestreben des Semmering-Pioniers Ghega, zugunsten des Adhäsionsbetriebes aufgegeben worden [...]."[575]

6.2 MONT CENIS

Steht der Semmering für die grundsätzliche *Überschienung* der Alpen, so gilt der Mont Cenis für die *Untertunnelung* derselben.

Der Eisenbahnbau am Mont Cenis markiert *den* Umschwung im Tunnelbau: Während in der Zeit davor die Tunnel in Handarbeit und mittels Qanat-Bauweise errichtet werden mussten, kam beim Mont-Cenis-Tunnel erstmals die (druckluftbetriebene) Tunnelbohrmaschine zum Einsatz. Im Folgenden soll der Vollständigkeit halber kurz auf diesen weiteren Meilenstein in der Eisenbahngeschichte eingegangen werden.[576]

> Während in Österreich Schönerer und Ghega – offenbar ohne genaue Kenntnis der Vorgänge in den centralen und westlichen Alpen, die Ueberschienung der Ostalpen, speziell des Semmering planten,[577]

gehen die ersten Projekte eines großen Tunnels beim Mont Cenis bis in das Jahr 1832 zurück. In diesem Jahr hat Guiseppe Médail König Carl Albert[578] erste Pläne eines Durchstiches der Alpen am Mont Cenis zwischen den Orten Bardonnèche (Savoyen) und Modane (Piemont) vorgelegt. Im Jahre 1845 wurde dieses Projekt durch die Piemontische Regierung des Königreiches Sardinien erneut aufgegriffen. Sie ließ es überarbeiten und den 12.290 m langen Tunnelbau vorbereiten. Die Vorbereitungsarbeiten wurden von jener Ingenieursgruppe ausgeführt, die beim Bau der Giovi-Linie Erfahrungen im Gebirgsbahnbau sammeln konnte: Servino Grattoni, Germaneo Sommeiler, Sebastiano Grandis und auch der belgische Ingenieur Maus. Vor allem Letzterer hielt, wie beim Bau der Giovi-Linie, eisern am Seilebenensystem fest und projektierte bei den Zufahrtslinien zum großen Tunnel acht Seilebenen zu je 5 km. Grattoni, Sommeiler und Grandis distanzierten sich aber nach Eröffnung der ausschließlich mit Lokomotiven betriebenen Giovi-Linie von dieser Betriebsart. Das Königreich Sardinien hatte neben der Absicht, durch diesen Bau einen europäischen Handelsweg auf die von den Alpen gewissermaßen abgeschnittenen Apenninhalbinsel zu errichten, außerdem die Motivation, die nördlich der Alpen liegende Provinz Savoyen besser an ihre damalige Hauptstadt Turin anzubinden. Der Krieg von 1848 zwischen Piemont und Österreich unterbrach die Verwirklichung dieses waghalsigen Projektes für geraume Zeit.[579]

Die Erbauer des Cenis-Tunnels.

Abbildung 16: Die leitenden Ingenieure beim Bau des Mont-Cenis-Tunnel: Grandis, Sommeiler, Grattoni (nach Schweiger-Lerchenfeld 1884)

Jedoch waren die Fortschritte der maschinellen Technolgien zu dieser Zeit unübersehbar: Maus experimentierte mit einer von Wasserkraft angetriebenen Gesteinsbohrmaschine und 1855 trat der englische Ingenieur Thomas Barlett mit einer dampfbetriebenen Gesteinsbohrmaschine an die Öffentlichkeit. Beide Systeme hatten den Nachteil, dass bei langen Tunnelbauwerken die Belüftung nicht ausreichend gewährleistet werden konnte. Ebenfalls 1855 hatte der Genfer Professor Daniel Colladon die Idee, für den Antrieb der Bohrer komprimierte Luft zu verwenden. Schon 1856 wurde auf Drängen des Grafen Camillo di Cavour das für den Mont-Cenis-Tunnelbau anzuwendende Bohrsystem dem piemontischen Parlament vorgelegt und um rasche Genehmigung desselben gebeten. Im April 1857 erfolgten schließlich die ersten Bohrversuche mit druckluftbetriebenen Bohrmaschinen, welche eigens aus Belgien importiert wurden. Die Versuche verliefen sehr zufriedenstellend, sodass schon im August desselben Jahres die parlamentarische Genehmigung für den Mont-Cenis-Tunnel erteilt wurde.

Daraufhin begannen die Bauarbeiten am 31. August 1857 durch die Sprengung der ersten Mine auf der Seite Modane (Piemont) im Beisein von König Vittorio Emanuele II.[580] Als Bauzeit wurden zunächst 25 Jahre veranschlagt, welche schließlich durch den Einsatz der Bohrmaschinen auf 14 Jahre verkürzt werden konnte.[581] Zunächst arbeitete man noch im händischen Vortrieb, obwohl mit den ersten druckluftbetriebenen Tunnelbohrmaschinen im April 1857 in der Nähe von Genua schon Versuche stattgefunden hatten. Diese Maschinen wurden noch verbessert und kamen schließlich ab 12. Jänner 1861 auch beim Tunnelbau am Mont Cenis zum Einsatz. Bis zu diesem Zeitpunkt war der händische Vortrieb mehr schlecht als recht: Lediglich 75 cm pro Tag konnten als Vortriebsleistung verzeichnet werden, während mit den Bohrmaschinen der Vortrieb auf durchschnittlich 1,5 bis 2 m pro Tag erhöht werden konnte.[582]

> Da der Felsen verhältnismäßig weich war (Rutschboden, Tonschiefer, quarziger Sandstein, Kalkschiefer, Quarzite, Anhydrit, Talkschiefer), erfolgte meist Vollausbruch und alsbald Mauerung der Widerlager und Gewölbe, um den Gebirgsdruck (größte Gebirgsüberlagerung, in Tunnelmitte, 1.620 m) begegnen zu können.
> Glücklicherweise und im Gegensatz zu den üblichen Erfahrungen bei Tunnelbauten begegnete man weder Wasser- noch Gaseinbrüchen. Einziges Hindernis von Bedeutung war die außerordentlich harte Quarzit-Schicht im Nordstollen, 50 m dick; man brauchte 27 Monate, um sie zu bezwingen![583]

Während der Bauzeit überstürzten sich jedoch die politischen Ereignisse: 1859 fand der sardinisch-französische Krieg gegen Österreich statt, durch den als Nachwirkungen im Jahr 1860 Savoyen (und Nizza) vom Königreich Sardinien in französisches Territorium übergingen. Damit wurde der Mont-Cenis-Tunnel zu einem länderübergreifenden Bauprojekt. Schließlich verpflichtete sich Frankreich im Jahr 1862, die Hälfte der Kosten am Mont-Cenis-Durchstich zu übernehmen.[584]

Parallel dazu wurde auf der zu Beginn des 19. Jahrhunderts auf Anweisung Napoleons I. gebauten Passstraße in den Jahren 1868–1871 eine Schmalspurbahn (nach dem Prinzip *Fell*) angelegt. Diese beförderte schon während der Bauzeit des Tunnels den ansteigenden Verkehr (unter anderem auch die „Indian Mail" von und nach England). Nach Eröffnung des Tunnels wurde sie schließlich wieder eingestellt und demontiert.[585]

Durch den Einsatz der Bohrmaschinen konnte die Bauzeit derart verkürzt werden, dass am 26. Dezember 1870 um 5 Uhr 20 Minuten am Morgen, also nach 13 Jahren Bauzeit, mit der letzten Mine der Durchbruch des 12.233,6 m langen Mont-Cenis-Tunnels gelang. Die Tunnelbohrungen verliefen ausgesprochen genau, denn die Abweichungen betrugen in der Horizontalen nur 40 cm und in der Vertikalen 60 cm.[586] Aus messtechnischen Gründen wurde der Tunnel zunächst in der Geraden errichtet, jedoch wurden für den Eisenbahnbetrieb an beiden Tunnelenden die Tunnelstrecke noch Krümmungen liegend gegraben. Deshalb weist der Eisenbahntunnel nun eine Länge von 12.849,9 m auf.

Die Eröffnung erfolgte schließlich am 17. September 1871.[587] An diesem Tag wurde auch die 41 km lange, mit 30 ‰ und kleinsten Kurvenhalbmesser von 345 m errichtete, zunächst einspurige Südrampe von Bussoleno (441 m über dem Meeresspiegel) nach Bardoneccia (1.258 m über dem Meeresspiegel) eingeweiht. Bei der nördlichen Zufahrtsstrecke wurde das letzte Teilstück von Saint Michel de Maurienne (711 m über dem Meeresspiegel) über Modane (1.057 m über dem Meeresspiegel) bis zum Tunnelportal am 16. Oktober 1871 feierlich in Betrieb genommen. Als maximale Neigung kamen hier ebenfalls 30 ‰ und als kleinster Krümmungshalbmesser 350 m zur Anwendung.[588]

7 Schutzstatus der Semmeringeisenbahn

7.1 DENKMALSCHUTZ UND LANDSCHAFTSSCHUTZ

Wegen des Prototypcharakters der Semmeringbahn als erster Hochgebirgseisenbahn der Welt stellte sich schon frühzeitig die Frage nach der Bedeutung dieses Gesamtbauwerks. In der Phase des Aufbaues der Ersten österreichischen Republik wurde 1923 das Österreichische Denkmalschutzgesetz (BGBl.Nr. 533/23) beschlossen.[589] Gemäß § 1 und § 2 fielen darunter alle im alleinigen oder überwiegenden Teil des Staates befindlichen Bauten. Die Semmeringbahn wurde in jener Zeit durch die staatliche Bundesbahn betrieben und befand sich noch bis 1964 im Eigentum der Südbahn-Gesellschaft bzw. der Donau-Save-Adria-Eisenbahngesellschaft (DOSAG), welche nach der Aufteilung der Südbahn-Gesellschaft in die Nachfolgestaaten des Habsburgerreiches als Rechtsnachfolgerin in Österreich fungierte.[590]

Zunächst erfolgte die Erstellung des Denkmalschutz-Status kraft gesetzlicher Vermutung, d. h. ohne bescheidmäßige Feststellung. § 4 und § 5 des Österreichischen Denkmalschutzgesetzes beziehen sich auf (bauliche) Veränderungen eines geschützten Bauwerkes und besagten, dass jede Modifikation einer Zustimmung des österreichischen Bundesdenkmalamtes (ÖBDA) bedarf. Ursprünglich waren davon Verbesserungsmaßnahmen zur Erhöhung der Effizienz und Lebensdauer eines Denkmales jedoch ausgenommen.

Landschaftlich gesehen ist die von der Semmeringbahn durchquerte Region wegen des Hochgebirgscharakters und der engen Verzahnung von (hoch-)alpinen mit pannonischen Florenelementen von außerordentlicher Bedeutung. Auch dient der nordwestliche Bereich der Region als Einzugsgebiet der 1. Wiener Hochquellenwasserleitung. Am 8. November 1955 ging ein Teil der von der Semmeringbahn durchfahrenen Region in dem insgesamt 71.500 Hektar großen Landschaftsschutzgebiet „Rax-Schneeberg“ auf.

Am 17. März 1997 erfolgte durch den Bescheid des ÖBDA betreffend die Semmeringbahn nach über 70 Jahren auch die formale Bestätigung des Schutzstatus der Strecke von Gloggnitz nach Mürzzuschlag, wobei diese beiden Stationen explizit ausgenommen wurden. Die im Bescheid gegebene Begründung fiel zwar umfangreich aus, ist jedoch schlecht recherchiert und teilweise sogar falsch (die im folgenden genannten Punkte beziehen sich auf den Bescheid ÖBDA GZ 16.605/1/97): Weder fehlten zum Zeitpunkt der Errichtung geeignete Lokomotivkonstruktionen (Bescheid Pkt. 1 und 4), noch stand von Anfang an fest, den Semmeringpass für die Eisenbahnstrecke zu wählen (Bescheid Pkt. 2). 4–5 km lange Tunnel waren bei weitem nicht „technisch ihrer Zeit voraus“ (Bescheid Pkt. 3), wie die bis zu 4,5 km langen Tunnelbauten in Frankreich und England bewiesen haben (vgl. 2.4.). Die im Bescheid Pkt. 4 dokumentierte Behauptung, Negrelli habe 1842 eine Spitzkehren-Bahn für den Semmering projektiert, entbehrt jeder Grundlage: Negrellis Veröffentlichung erschien zwar 1842, jedoch findet sich darin kein Wort bezüglich der Semmeringbahn. Negrelli projektierte eine Gebirgsbahn zwischen zwei fiktiven Orten und erwähnte außerdem, dass diese Idee erstmals Francesconi im Jahr 1839 angesprochen hatte. Eine atmosphärisch oder mit Pferden betriebenen Eisenbahn wurden im Gegensatz zum Pkt. 4 des Bescheides nicht nur von Gegnern des Lokomotivbetriebes gefordert, sondern zunächst auch von Ghega vorgeschlagen.

Die Aussage im Bescheid Pkt. 6, dass die Stationsgebäude „nur mehr zu einem geringen Teil das ursprüngliche Erscheinungsbild widerspiegeln“, mag insbesondere für jenes der Station Semmering zutreffen, als kollektive Aussage erscheint dies jedoch nicht zutreffend (vgl. 8). Bezüglich des Erscheinungsbildes der Viadukte werden im Bescheid interessanterweise keinerlei derartige Veränderungen konstatiert, obwohl in den 1950er-Jahren durch Maueranker, zugemauerte Wasserabläufe (im Volksmund damals ‚Ochsenaugen' genannt) und Verputz sowie in den 1990er-Jahren durch Demontage der originalen Brüstungen (insbes. Schwarza- und Krauselklause-Viadukt, bei Ersterem wurde sogar der Zahnfries im Gesims unwiederbringlich zerstört) optisch gravierende Änderungen vorgenommen wurden. Auch die teilweise wesentlich veränderten bzw. zerstörten Tunnelportale (bergseitiges Tunnelportal beim Klamm-Tunnel, Semmering-Haupttunnel) sind im Bescheid keiner Erwähnung wert gefunden worden. Wenn man bedenkt, wie im Bereich Spital am Semmering und Steinhaus durch den äußerst nahen Bau einer Schnellstraße das Streckenbild und insbesondere die nähere Umgebung (sog. ‚Pufferzone' gemäß UNESCO-Welterbestätten-Terminologie) verändert wurde und wird, so unterstützt dies die Vermutung, dass weder ein denkmal-integrierendes Bewusstsein vorhanden ist, noch bei aktuellen verkehrspolitischen Entscheidungen betreffend den Ausbau des Schienen- als auch Straßenverkehrsnetzes dem Denkmalschutzgesetz ebenso wie dem UNESCO-Welterbe-Status in den Jahren um die Jahrtausendwende eine sonderlich große Bedeutung beigemessen wurde.

Um auch im Bahnhofsareal Mürzzuschlag nicht mehr verwendete Werkstättengebäude einem der Bedeutung der Bahn angemessenen Schutz zukommen zu lassen, erfolgte im Jahr 2006 seitens ÖBDA die Unterschutzstellung des Gebäudes der ‚Neuen Montierung' sowie des Rundlokschuppens in Mürzzuschlag mitsamt der jeweils davorliegenden Schiebebühne bzw. Drehscheibe (ÖBDA GZ 45.926/2/2006). Zehn Jahre später wurden schließlich das Aufnahmegebäude des Bahnhofes Gloggnitz sowie im Bereich des Bahnhofes Mürzzuschlag das Aufnahmegebäude, das Postgebäude sowie das Dienstgebäude (zwischen ‚Neuer Montierung' und Rundlokschuppen) vom ÖBDA unter nationalem Denkmalschutz gestellt (Gloggnitz: GZ BDA-58075.obj/0001-RECHT/2016; Mürzzuschlag: GZ BDA-57984.obj/0002-STMK/2016).

7.2 UNESCO-WELTERBESTÄTTE

Im November 1972 beschloss die Generalkonferenz der UNESCO (United Nations Educational, Scientific and Cultural Organisation; http://www.unesco.org) das „Übereinkommen zum Schutz des Kultur- und Naturerbes der Welt" (Welterbe- Konvention; http://www.unesco.org/whc). Mittels dieses Übereinkommens sollen Landschaften besonderer Schönheit und natürlicher Vielfalt,[591] aber auch Zeugnisse vergangener und bestehender Kulturen[592] vor Zerstörung bzw. Verfall geschützt und für kommende Generationen erhalten werden.

Am 18. Dezember 1992 unterzeichnete die Republik Österreich nach Interventionen der „Österreichischen Gesellschaft für Kulturgüterschutz" und der ALLIANCE FOR NATURE® die Ratifizierungsurkunde und hinterlegte diese bei der UNESCO. Damit trat am 18. März 1993 das UNESCO-„Übereinkommen zum Schutz des Kultur- und Naturerbes der Welt" für die Republik Österreich in Kraft.[593]

Schon am 7. Jänner 1993 schlug die ALLIANCE FOR NATURE® dem Land Niederösterreich die Nominierung der Semmeringbahn als Kulturerbestätte nach der Welterbe-Konvention vor, am 14. Jänner 1993 dem Land Steiermark und am 22. Jänner 1993 auch dem damals auf Bundesebene zuständigen österreichischen Bundesministerium für Unterricht und kulturelle Angelegenheiten. Am 14. September 1993 erfolgte die schriftliche Mitteilung des Landes Niederösterreich an die ALLIANCE FOR NATURE®, dass die Semmeringbahn zur Nominierung als Welterbestätte vom Land Niederösterreich dem Bund vorgeschlagen wurde und am 19. November 1993 folgte der gleiche Schritt durch das Land Steiermark. Damit bildete die Semmeringbahn die erste österreichische Nominierung einer potentiellen Welterbestätte, welche bundesländerübergreifend aufgestellt wurde. Schließlich konnte am 20. April 1994 bei einer Konferenz von Vertretern des Bundes und der Länder die Aufnahme der Semmeringbahn in die vorläufige österreichische Liste beschlossen werden.[594] Im März 1995 entschied das österreichische Bundesministerium für Unterricht und kulturelle Angelegenheiten, neben der Semmeringbahn auch die Altstadt von Salzburg sowie das Schloss und den Park von Schönbrunn als erste potentielle Welterbestätten Österreichs einzureichen.

Daraufhin beschloss das UNESCO-Welterbezentrum bezüglich der Semmeringbahn, zunächst eine Vergleichsstudie mit anderen weltweit bedeutsamen Eisenbahnlinien zu erstellen. Denn bis zu diesem Zeitpunkt war in die Welterbeliste noch keine Eisenbahnstrecke aufgenommen worden, und erst im Jahr 1996 wurde ein Verkehrsweg, der 360 Kilometer lange Inlands-Kanal ‚Canal du Midi' im Südwesten Frankreichs, in die UNESCO-Welterbeliste aufgenommen. Deshalb forderte das UNESCO-Welterbezentrum bei der beratenden Organisation ICOMOS eine Studie zu Eisenbahnen als UNESCO-Welterbstätten an, welche vom Institute of Railway Studies (IRS; http://www.york.ac.uk/inst/irs) in York/England duchgeführt wurde. Diese Untersuchung wurde in den Jahren 1997 bis 1998 von Anthony Coulls erstellt und führte zur „1st World Heritage Railway Conference", bei der die Richtlinien für Eisenbahn-Welterbestätten vorgestellt und diskutiert wurden. Die Vergleichsstudie konnte noch im Herbst 1998 abgeschlossen werden.

Schließlich erfolgte die Aufnahme der Semmeringbahn in die UNESCO-Welterbeliste am 2. Dezember 1998 im Rahmen der 22. Sitzung des Welterbekomitees in Kyoto, Japan. Der weltweit außergewöhnliche Wert (‚outstanding universal value'), welcher das zentrale Kriterium von UNESCO-Welterbestätten darstellt, wurde für die Semmeringeisenbahn wie folgt artikuliert:

> Kriterium ii: Die Semmeringbahn stellt eine herausragende technische Lösung eines großen physischen Problems bei dem Bau von frühen Eisenbahnen dar.
> Kriterium iv: Mit dem Bau der Semmeringbahn wurden landschaftlich reizvolle Gebiete einfach erreichbar, welche in weiterer Folge durch Villen- und Hotelbauten als Erholungsgebiet entwickelt wurden sowie eine neue Art von Kulturlandschaft bewirkten.[595]

Bei der Einreichunterlage der Republik Österreich lautete der Titel ‚Semmering railway (cultural site) – Semmeringbahn (Kulturlandschaft)', was von verschiedenen Akteuren als ‚Semmeringbahn mit umgebender Landschaft' interpretiert wurde bzw. wird; hingegen folgte das UNESCO-Welterbekomitee bei der Entscheidung zur Aufnahme der Argumentation von ICOMOS, welche den Unterschied zwischen ‚Stätte' (‚site') und ‚Kulturlandschaft' (‚cultural landscape') sehr wohl erkannte – und auch benannte. Im Gutachten wurde zwar auf eine gewisse Gleichwertigkeit hingewiesen, jedoch hervorgestrichen, dass der weltweit außergewöhnliche Wert (‚outstanding universal value') letztlich durch die Eisenbahnstrecke gebildet wird. Die umgebende Erholungslandschaft mit den Villen- und Hotelbauten unterstreicht die Bedeutung dieser Bahnstrecke in gesellschaftlicher und kultureller Hinsicht. In diesem Sinn erfolgte die Zuteilung der Semmeringbahn als ‚Stätte' (‚site') und nicht als ‚Kulturlandschaft' (‚cultural landscape').

Im darauffolgenden Frühjahr, am Abend des 15. Mai 1999, fand schließlich unter reger Teilnahme der Bevölkerung am Fuße der Polleroswand ein von der ALLIANCE FOR NATURE® organisiertes großes Welterbe-Fest statt. Tags darauf erfolgte in kleinem Rahmen mit dem damaligen UNESCO-Welterbe-Direktor Bernd von Droste zu Hülshoff, Bundesministerin Elisabeth Gehrer, dem niederösterreichischen Landeshauptmann Erwin Pröll und zahlreichen regionalpolitisch wichtigen Persönlichkeiten die offizielle Übergabe des Welterbe-Diploms vor dem Ghega-Denkmal in der Station Semmering.

Seit Frühjahr 2001 wurde die Bezeichnung „Weltkulturerbe Semmeringbahn®" markenrechtlich von der ALLIANCE FOR NATURE® geschützt. Aufgrund der Verwendung von allgemeinen Begriffen wurde dieser Schutz 2010 durch der Republik Österreich, vertreten durch die Finanzprokuratur, mittels Markenlöschung aufgehoben.

Auf Anforderung des UNESCO-Welterbezentrums erfolgte im Jahr 2008 eine exakte, parzellengenaue Bestimmung der Welterbestätte in Form eines Zonenplanes. Dabei fand die Festlegung des

Abbildung 17: Welterbefest der ALLIANCE FOR NATURE* am Fuß der Polleroswand 1999 (Foto: Dinhobl)

,Welterbe-Gutes' (ehemalige Bezeichnung: ,Kernzone') in Form des unter nationalem Denkmalschutz stehenden Eisenbahn-Korridors statt, welche von der sogenannten ,Pufferzone' als die umgebende Landschaft umschlossen wird.

Der im Welterbe-Zonenplan ausgewiesene Bereich umfasst eine Fläche von 8.737 Hektar in den Bundesländern Niederösterreich und Steiermark und setzt sich aus dem Welterbe-Gut und den Pufferzonen zusammen. Das Welterbe-Gut selbst umfasst eine Fläche von 156 ha und besteht aus der im Eigentum der ÖBB-Infrastruktur AG und unter nationalem Denkmalschutz stehenden Bahnstrecke zwischen den Bahnhöfen Gloggnitz und Mürzzuschlag von Bahn-km 75,65 bis Bahn-km 115,4 mitsamt den darauf befindlichen Hoch- und Ingenieurbauwerken (Bescheid: Bundesdenkmalamt GZ 16.605/1/1997 vom 17. März 1997). Ebenfalls als Welterbe-Gut ausgewiesen ist eine Fläche um die im Bahnhof Mürzzuschlag befindlichen, unter nationalem Denkmalschutz stehenden Gebäude der ‚Neuen Montierung' sowie der Rundlokschuppen mitsamt der davor situierten Drehscheibe und der Schiebebühne (Bescheid Bundesdenkmalamt GZ 45.926/2/2006).

Die in vier Kategorien gegliederten Pufferzonen werden durch die umgebende (Kultur-)Landschaft gebildet, welche insgesamt eine Größe von 8.581 ha aufweisen. Dabei werden die Talregionen des Schwarzatales zwischen Gloggnitz und Reichenau, das Auetal und die Adlitzgräben bis zur Semmeringer Passhöhe (Bundesland Niederösterreich) sowie das von der Passhöhe bis Mürzzuschlag reichende Fröschnitztal (Bundesland Steiermark) umfasst. Die Einteilung der Pufferzone erfolgt in Nahbereich historisch-touristische Siedlungslandschaft, touristischer Ergänzungsraum und ergänzende Siedlungslandschaft. Die historisch-touristische Siedlungslandschaft umfasst sieben Bereiche, und zwar in Spital am Semmering; Semmering; Breitenstein; Klamm, Küb; Payerbach; Reichenau.

Die Akzeptanz dieses Zonenplanes fand im Rahmen des Treffens des UNESCO-Welterbekomitees in Sevilla Ende Juni 2009 (Ref.: UNESCO WHC/74/1825/AT/AB/KM per 1.9.2009) statt.

In den Jahren 2008 bis 2010 erfolgte im Auftrag des Vereins der Freunde der Semmeringbahn die Erstellung des UNESCO-Welterbe-Mangementplanes. Dieser beschreibt in den ersten Abschnitten die rechtlichen Absicherungen des Welterbes, wie beispielsweise mittels Denkmalschutz oder Natur- und Landschaftsschutz. Die weiteren Kapitel widmen sich den Strukturen für die Umsetzung des Welterbes auf nationaler und regionaler Ebene, den Zielen für Schutz und Entwicklung der Welterbestätte sowie dem Aktionsplan für die Umsetzung der Maßnahmen. Sie stellen so etwas wie eine freiwillige Deklaration der Region zum Welterbe dar.

> Die Zielsetzung des Managementplans ist es, alle Werte, welche die Grundlage für die Eintragung auf der Welterbeliste bilden, zu bewahren, zu erforschen und in Entwicklungszielen zusammenzufassen, sowie die institutionellen Grundlagen für das Management des Welterbegebietes zu schaffen und zu steuern. [...][596]

Darauf aufbauend ist in den letzten Jahren ein verstärkt aufkommendes Bewusstsein in der Region hinsichtlich UNESCO-Welterbe entstanden, wie beispielsweise die Publikationen „Panorama Welterbe Semmeringbahn. Stand der Dinge“ (2010) und „Panorama Welterbe Semmeringeisenbahn – Visionen 2029“ (2015) des Südbahnmuseums Mürzzuschlag und TICCIH Austria zeigen.[597] Im Rahmen der Erarbeitung der ‚Visionen 2029‘ trat am 9.4.2012 der ‚Visionsbeirat‘ zur Bewertung der von vier Teams ausgearbeiteten Vorschlägen und Ideen zusammen und beschloss die folgende „Semmeringer Deklaration ‚Welterbe Semmeringbahn. Vision 2029‘“:[598]

Der Visionsbeirat

1. begrüßt die Initiative des Südbahnmuseums und TICCIH Austria der Thematisierung ‚Welterbe Semmeringbahn. Vision 2029‘.
2. bewertet die vorgeschlagenen Visionen 2029 der Teams Standler, Tusch, Terzic und Zobl/Schneider grundsätzlich als innovativ und zukunftsträchtig.
3. erkennt keine grundlegenden Widersprüche der vorgeschlagenen Visionen 2029 mit den Vorgaben des 2008 erstellten Managementplan der UNESCO Welterbestätte Semmeringbahn.
4. empfiehlt die Prüfung von allfälligen Kombinationen der vorgeschlagenen Maßnahmen hinsichtlich deren Position in der Gesamtstrategie zur Erhaltung und Entwicklung des Welterbes.
5. befürwortet eine einheitliche Umsetzung in Niederösterreich und der Steiermark bei gleichzeitiger Setzung von Schwerpunkten, insbesondere in den Bereichen Architektur – Landschaft – Kunst.
6. erachtet es als notwendig, den Faktor Mensch stärker mit zu berücksichtigen, insbesondere die Menschen in der Region.
7. empfiehlt, die Bauphase des Basistunnels als Chance zu nutzen, um Nachhaltigkeit für die Phase nach dem Bau sicherzustellen.
8. regt an, sich der Entwicklung eines CI, eines ‚Semmering-Designs‘ anzunehmen und zu entwickeln.
9. erachtet als zentrale Leitthemenbereiche für die Weiterentwicklung des Welterbes Semmeringbahn die Strecke und Landschafts-

blicke, wobei – nicht gleichmäßig – herausragende Highlights betont werden sollen.

10. empfiehlt den Rückgriff auf hervorragende Persönlichkeiten zur Schaffung einer ‚Ausstrahlung in die Welt'.
11. erkennt, dass die Portalorte zum Welterbe im Rahmen der Vision 2029 nicht angemessen berücksichtigt wurden.
12. regt an, sich um die die Bereiche Mürzzuschlag–Semmering und Gloggnitz–Payerbach besonders anzunehmen, welche so etwas wie ein fade in/fade out repräsentieren.
13. empfiehlt wegen den ästhetische Anforderungen an die Maßnahmen der Weiterentwicklung des Welterbes die Einrichtung einer international besetzten, beratenden Begleitgruppe (‚Visionsbeirat'), welche als fachliches Gremium anerkannt sein muss, unabhängig sein und sich durch Interdisziplinarität auszeichnen muss. Ziel der Begleitgruppe ist die Sicherstellung und Weiterentwicklung des Welterbegedankens bei der Welterbestätte Semmeringbahn, insbesondere für die Mitglieder des Vereins Freunde der Semmeringbahn bei Planung und Umsetzung von Vorhaben im Welterbegebiet.
14. nimmt zur Kenntnis, dass die Stadt Mürzzuschlag mit dem Südbahnmuseum sich anbietet, diese Arbeit federführend zu koordinieren und in enger Abstimmung mit dem Verein Freunde der Semmeringbahn und damit der gesamten Region der Welterbstätte Semmeringbahn durchzuführen

Der Visionsbeirat (alphabetisch):

Flatscher, Claudia: Tourismusverband Hochsteiermark

Hanus, Christian: Donau-Universität Krems, Dept. für Bauen und Umwelt/Zentrum für Baukulturelles Erbe

Köll, Joachim: Gemeinde Payerbach

Kos, Wolfgang: Wien Museum

Mair, Brigitte: Mürzzuschlag Agentur

Maldoner, Bruno: Bundesministerium für Unterricht, Kunst und Kultur

Nagelschmied, Alfred: Amt der Steiermärkischen Landesregierung, Verkehrsabteilung

Novak, Günter: ÖBB-Infrastruktur AG
Schiller, Ursula: Österreich Werbung
Schröttner, Horst: Verein Freunde der Semmeringbahn/Bgm. Gemeinde Semmering
Walli, Gerda: Wiener Alpen in Niederösterreich Tourismus GmbH
Weidenhoffer, Hansjörg: Bundesdenkmalamt
Weiß, Andreas: Regionalmanagement NÖ: Büro Industrieviertel
Werderitsch, Jochen: Regionalmanagement Obersteiermark Ost GmbH.
Zibuschka, Friedrich: Amt der NÖ Landesregierung, Gruppe Raum Umwelt

Welterbe Semmeringbahn. Vison 2029 – die Initiatoren (alphabetisch):

Dinhobl, Günter: TICCIH Austria
Haehnel, Birgit: SÜDBAHN Museum Mürzzuschlag
Ogris, Kerstin: SÜDBAHN Museum Mürzzuschlag

Abbildung 18: Briefmarke Weltkulturerbe UNESCO Semmeringbahn, 2001 (Sammlung Dinhobl)

8 Streckenbeschreibung der Semmering-Eisenbahn

Die Streckenbeschreibung in diesem Kapitel folgt der Strecke von Gloggnitz nach Mürzzuschlag. Dabei beziehen sich die Kilometer-Angaben auf den Beginn des Bauwerkes (Tunnel, Viadukt) von Wien-Südbahnhof aus gesehen und bei den Stationen auf das Stationsgebäude. Die Neigungsangaben entsprechen den Angaben von Ghega gemäß der ursprünglich gebauten Trasse. Aufgrund der oftmaligen Umbauarbeiten des Oberbaues sowie den Änderungen der Gleislage in den Stationen sind geringfügige Abweichungen in den Neigungsverhältnissen durchaus möglich. Die Viaduktnamen entsprechen der Veröffentlichung von Birk und Aichinger aus dem Jahr 1861, wobei Namensänderungen oder andere Namensgebungen angemerkt werden. Aus der gleichen Veröffentlichung stammen die Neigungsprofile und Grundrisse; die Angaben der Höhen, Längen und Krümmungsradien erfolgen nach Birk und Aichinger in Fuß.

Die Betreiber der Semmeringbahn wechselten mehrmals: 1854–1859 die (südliche) Staatseisenbahn, 1859–1918/21 die private Südbahn-Gesellschaft (SB), 1921–1938 die österreichischen Bundesbahnen (BBÖ), 1938–1945 die Deutsche Reichsbahn (DRB) und ab 1945 die Österreichischen Bundesbahnen (ÖBB).

8.1 STATION GLOGGNITZ (439 M SEEHÖHE, KM 75,0)

Die Station Gloggnitz wurde 1841–1842 von der privaten Wien-Gloggnitzer Bahn errichtet und bildete zunächst eine Endstation. An der Gleisseite des Stationsgebäudes schloss zu jener Zeit eine offene, zweigleisige Stationshalle aus Ziegelmauerwerk mit hölzernem Dachstuhl und Metalleindeckung an. Diese hatte

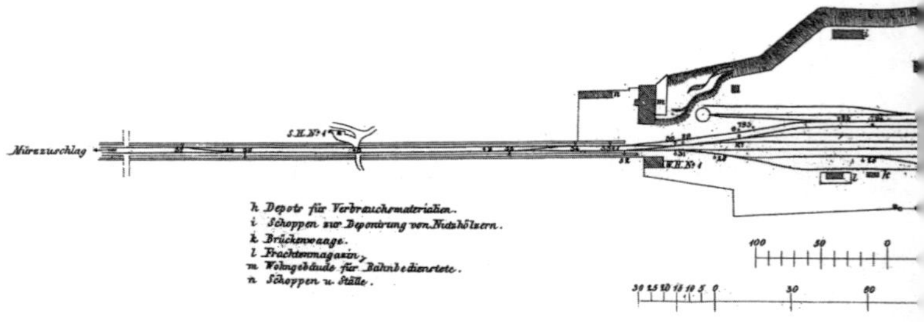

Abbildung 19: Plan der Station Gloggnitz (nach Birk 1861)

noch bis in die ersten Betriebsjahre der Semmeringbahn bestanden.[599] Bereits vor Inbetriebnahme der Semmeringbahn bestanden neben Hallen und Werkstattgebäuden für die Wartung der Lokomotiven auch ausgedehnte Magazinbauten; diese hatten jene Güter aufzunehmen, die auf Fuhrwerken von und nach Mürzzuschlag gebracht wurden.

Im Laufe der Zeit wurde diese Station oft umgebaut, wobei sich sechs größere Umbauten feststellen lassen. Der erste Umbau fand um 1848 statt, als der Bau der Semmeringbahn begonnen wurde: Es entstand aus dem ursprünglichen Kopfbahnhof eine Durchgangsstation, und zwar die nördliche der Semmering-Bergstrecke. Anlässlich dieses Umbaus wurden die alten Gütermagazine verkleinert bzw. verlegt. Des Weiteren mussten die Bahnbetriebsgebäude – wie Lokomotivremise und Wohntrakte für die Bahnbediensteten – erheblich erweitert werden, da in Gloggnitz ein Lokomotivwechsel bei allen Zügen stattfand und dafür entsprechendes Personal erforderlich war.[600]

Weitere Umbauten, wie Vergrößerungen der Gleisanlagen und der Bahnbauten (Stationsgebäude, Stellwerke, Bahnbetriebsgebäude), erfolgten 1870 sowie zwischen 1900 und 1909 im Rahmen des stetig wachsenden Verkehrsaufkommens. 1905 errichtete die Süd-

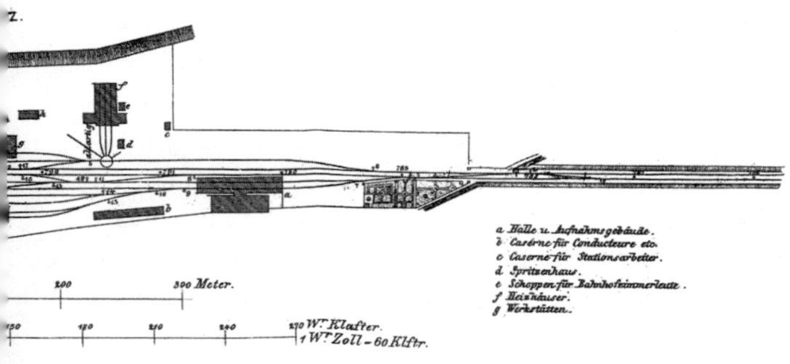

bahn-Gesellschaft neben dem Stationsgebäude ein einstöckiges, als ‚Weichenturm' bezeichnetes Stellwerk, welches jedoch heute nicht mehr besteht. Im Jahr 1909 wurde das Stationsgebäude verlängert, und zwar um je drei Fensterachsen pro Stockwerk an beiden Seiten des ursprünglich fünffensterachsigen Bauwerkes.[601]

Die nächsten umfangreichen Umbauten der Station Gloggnitz erfolgten in den Jahren 1939–1940 durch die DRB: Vor allem die Nutzlängen der Gleise wurden vergrößert, um den steigenden Zuglängen gerecht zu werden (z. B. für die in den folgenden Jahren eingesetzten Kohlezüge zum Verbündeten Italien). Im Zuge dieser Umstellung wurde der beschrankte Übergang von der Adlergasse zur Rosengasse verlegt. Anstelle des schienengleichen Übergangs in der Adlergasse wurde der noch bestehende eiserne Fußgängerübergang errichtet. Dieser musste – aufgrund der erforderlichen Sicht der Lokomotivführer auf die Ausfahrtssignale – relativ hoch (14 m) gebaut werden. So konnte der Übergang im Rahmen der Streckenelektrifizierung in den späten 1950er-Jahren ohne größere Umbaumaßnahmen bestehen bleiben. Im Bereich des Heizhauses wurde Anfang 1940 die bestehende zweite Drehscheibe durch eine größere ersetzt.

Der fünfte Umbau fand ab 1959 im Rahmen der Elektrifizierungsarbeiten statt: Infolgedessen wurde von den ÖBB das Heizhaus Gloggnitz aufgelöst und die dafür notwendig gewesenen Gleisanlagen etappenweise um- bzw. abgebaut. Nach und nach wurden bis ins Jahr 1972 die zahlreichen Werkstätten- und Betriebsgebäude abgerissen. Als größeres Bauwerk aus vergangenen Zeiten – neben dem Stationsgebäude – besteht das Bahnpersonal-Wohnhaus auf der gegenüberliegenden Gleisseite bis zum heutigen Tag.

Seit dieser Zeit erfolgten neben kleineren Umbauten und Ergänzungen in den Sicherungs- und Gleisanlagen auch Sanierungsarbeiten am Stationsgebäude (1991–1992), anlässlich derer die Lisenen aus Quadersteinen an den Gebäudeecken wieder angebracht wurden, ebenso bahnsteigseitig die ehemaligen Bahnsteiggitter.[602]

Der sechste Umbau der Station fand in den Jahren kurz vor der Jahrtausendwende statt: Die bis dahin mechanisch (!) betriebenen Stellwerke an beiden Stationsenden wurden durch ein elektronisch betriebenes Zentralstellwerk ersetzt. Auch wurden die beiden nivaugleichen Bahnübergänge an den beiden Stationsenden zu Unterführungen umgebaut und die Bahnsteige nach den aktuellen Richtlinien der ÖBB modernisiert (Personenunterführung; Anpassung der Bahnsteighöhe auf Doppelstockwagen-Einstiegshöhe).

8.2 STRECKE GLOGGNITZ–SCHLÖGLMÜHL–PAYERBACH-REICHENAU

Auf der Fahrt von Gloggnitz auf den Semmering erkannte man bis vor kurzem schon vor der ersten Kurve *den* architektonischen „Begleiter", der auf der gesamten Strecke immer wieder auftreten wird: das typische zweigeschossige Wächterhaus. Aufgrund des Baues des Semmering-Basistunnels musste das Wächterhaus Nummer 123 jedoch im Jahr 2013 abgerissen werden, und so sind die Wächterhäuser 124 und 125 ein paar hundert Meter weiter im zweiten bzw. dritten Bogen nach der Station Gloggnitz jeweils an der Bogenaußenseite, die ersten bei der Bergfahrt sichtbaren Gebäude dieses Typs: in schlichter Bruchsteinbauweise errichtet, standen ursprünglich 55 derartige Häuser[603] neben der Strecke (durchschnittlich etwa alle 650 m). Diese Bauten enthielten zwei Woh-

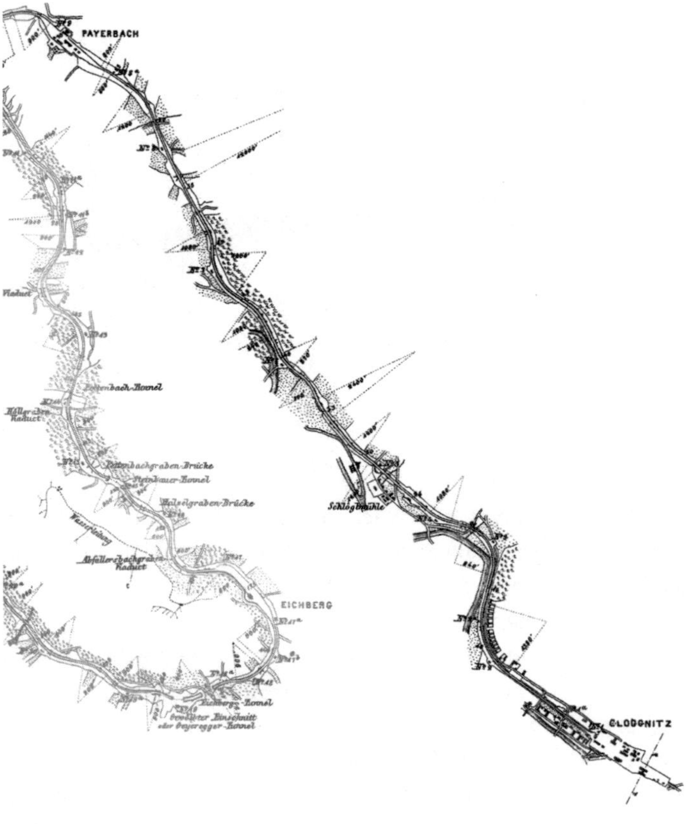

Abbildung 20: Streckenplan Gloggnitz–Payerbach (nach Birk 1861)

nungen, waren sowohl der äußeren Form als auch der inneren Einteilung nach nahezu identisch aufgebaut und dienten den verheirateten Bahnwächtern als Dienstraum und Wohnung. Im Lauf der Jahre hat sich die ursprüngliche Funktion der Bahnwächterhäuser gewandelt: Heutzutage dienen die Gebäude vornehmlich als Wohngebäude oder Wochenendhäuser. Die meisten Wächterhäuser bestehen noch heute,[604] wenn auch teilweise leicht verändert (ursprünglich sechsteilige Doppelfenster und rundes Giebelfenster, kein Ver-

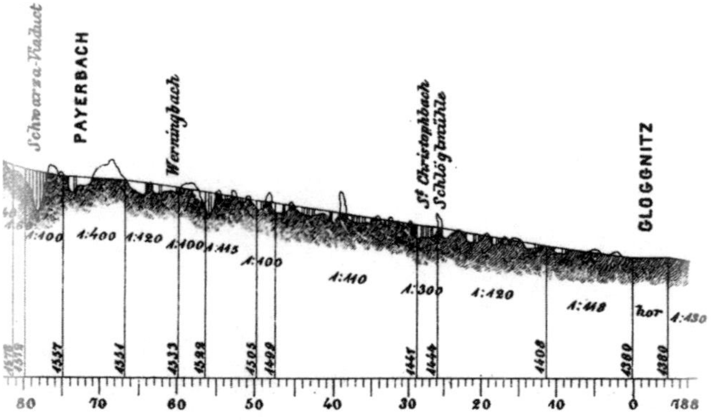

Abbildung 21: Neigungsplan der Strecke Gloggnitz–Payerbach (nach Birk 1861)

putz – abgesehen von den Wächterhäusern 167 bis 174). Alles in allem bildet dieses Bauwerk ein wesentliches Charakteristikum der Semmeringbahn und unterstreicht den Ensemblecharakter der Architektur an der Bahn.

Zunächst windet sich die Strecke im Schwarza-Tal dicht an den bewaldeten Abhängen des 716 m hohen Silbersberges in Richtung Reichenau. Bis zur Haltestelle Schlöglmühl (463 m, km 77,7) befinden sich keine größeren Kunstbauten: Lediglich ein Weg wird mittels einer der insgesamt 119 kleinen Brücke der Semmeringbahn passiert.[605] Die Neigung beträgt in diesem Abschnitt 1 : 120 (8,3 ‰) und wird im Haltestellenbereich auf 1 : 200 (5 ‰) gesenkt.

Seit Beginn des 19. Jahrhunderts war in Schlöglmühl eine Blaufarbenfabrik[606] in Betrieb, welche gegen Mitte des 19. Jahrhunderts schließlich in eine Papierfabrik umgebaut wurde. In dieser wurden bis zum Ende der Österreichisch-Ungarischen Monarchie 1918 die Banknotenpapiere für die Österreichisch-Ungarische Bank hergestellt. Wegen der großen Bedeutung dieses Industriebetriebes errichtete man im Jahr 1876 ein rd. 900 m langes Anschlussgleis zur Fabrik. Die Wagen wurden anfänglich noch mit Pferdekraft verschoben. Auch bestand zunächst eine Gleisverbindung zwischen den beiden Streckengleisen, um die Bedienungsfahrten (von Gloggnitz aus) zur Papierfabrik zu vereinfachen. 1927 wurde diese Gleisverbindung von der BBÖ wieder abgebaut, und in den folgenden Jahren mussten die Güterwagen-Zustellfahrten von Gloggnitz nach Schlöglmühl und anschließend weiter nach Payerbach-Reichenau erfolgen, um von dort am „richtigen" Gleis (nämlich dem in Fahrtrichtung links liegenden) wieder nach Gloggnitz zurück zu gelangen. Diese umständliche Betriebsart wurde etwa seit dem Zweiten Weltkrieg aufgegeben, und die Rückfahrt von Schlöglmühl nach Gloggnitz erfolgte deshalb auf dem „falschen" Gleis. Mit der Schließung der Papierfabrik in den 1980er-Jahren ist dieses Anschlussgleis inzwischen auch entbehrlich geworden und die Gleisverbindung zur Semmeringbahn nun schon seit Jahren außer Betrieb. 1986 wurde in Schlöglmühl zur Einspeisung der Stromversorgung ein Unterwerk errichtet, welches die seit der Elektrifizierung bestandene Einspeisstelle Küb ablöste.

Kurz nach der Haltestelle Schlöglmühl wird zweimal die Straße nach St. Christof überbrückt. Die dafür erforderlichen, noch kleinen Kunstbauten sind aus Steinmauerwerk errichtet und wurden nachträglich durch Stahlbänder mit schrägstehenden Kopfbändern, welche die querwirkenden Schubkräfte aufnehmen, verstärkt. Bei der jüngsten Sanierung im Jahr 2013 wurde Betontragplatte eingebaut, welche die erforderlichen Randwege seitlich der Gleise aufnimmt. Bis vor Payerbach schlängelt sich die Trasse nun in 1 : 110 (9 ‰) an den Lehnen des Kohl- und Grillenberges entlang. Um kontinuierlich an Höhe gewinnen zu können, wurde die Bahn hier direkt mittels Futtermauern an den Hängen angelegt, während die Straße rund 10 m tiefer liegt.[607]

Vor der Station Payerbach-Reichenau wird der Talboden breiter, und die Ortschaft Werning wird passiert (dabei auch einer der wenigen bis heute verbliebenen schienengleichen Übergänge der Semmeringbahn).

Schließlich wird bei km 82,0 die Station Payerbach-Reichenau erreicht.

8.3 STATION PAYERBACH-REICHENAU (494 M SEEHÖHE, KM 82,0)

Die Station Payerbach-Reichenau hatte zunächst als Wasser- und Lokomotivstation vor allem für den Bahnbetrieb große Bedeutung. In den ersten Betriebsjahren war die Station neben einem kleinen, als „Wartsal“[608] bezeichneten Stationsgebäude auch mit einer Personenhalle ausgestattet. Im Gegensatz zu jenen in Gloggnitz und Mürzzuschlag bestand die Payerbacher Stationshalle aber gänzlich aus Holz.[609] Als größere Hochbauten dominierte zunächst ein zweigleisiges, 35 m langes Heizhaus (seit 1868 nur mehr eingleisig verwendet) mit angeschlossenem Pumpenhaus und zwei Gebäudeflügeln für Eisenbahnerwohnungen. Dieses stattliche Heizhaus wurde 1927 abgerissen, während das Pumpenhaus mit den beiden Wohntrakten renoviert wurde und bis heute als Wohnhaus dient. Der Abriss und die Umbauten waren notwendig geworden, da die seit 1918 bestehende elektrische Schmalspurbahn Payerbach–Hirschwang[610] bis zum Stationsgebäude verlängert wurde und das Heizhaus im Weg stand. Diese am 2. Oktober 1927 in Betrieb genommene Verlängerung hatte ihren Grund in der Eröffnung der ersten Seilschwebebahn Österreichs auf die Rax im Jahre 1926 und der deswegen stark angestiegenen Anzahl der beförderten Fahrgäste. Im Rahmen dieser Umbauten wurden auch die Normalspur-Gleisanlagen erheblich erweitert, während anläßlich der Elektrifizierungsarbeiten gegen Ende der 1950er-Jahre keine wesentlichen Gleisänderungen mehr vorgenommen wurden.

Das zunächst kleine Stationsgebäude wurde 1875 in der Zeit des steigenden Fremdenverkehrs von den Architekten Flattich und Wilhelm zu einem großen Zentralbau aus behauenen Quadersteinen vergrößert, welcher bis auf kleine Veränderungen (Fenster) bis heute besteht.

Nach der Jahrhundertwende wurde auf der Semmeringer Seite des Stationsgebäudes ein großer, zweigeschossiger Trakt für Restaurant und Personal errichtet. Inzwischen ist dieses Gebäude wieder verschwunden. An dessen Stelle wurden verschiedene Denkmalfahrzeuge (Dampflokomotive 95.112 der Semmeringbahn, Elektrolokomotive der Lokalbahn Payerbach–Hirschwang, Steyr-Postautobus, Gondel der Kabinenseilbahn auf die Rax) sowie ein Ausschnitt der ehemaligen Brüstung des Schwarza-Viaduktes mit dem Zahnfries aufgestellt – sowie ein großer Parkplatz angelegt.

Erwähnenswert erscheint für die Station Payerbach-Reichenau noch der 1912 errichtete „Weichenturm" für ein 42-teiliges Stellwerk, welcher auf der Gloggnitzer Seite des ehemaligen Heizhauses stand.[611] In der Station Payerbach-Reichenau befindet sich auch ein Güterschuppen aus den 1880er-Jahren, welcher das größte noch erhalten gebliebene derartige Bauwerk der Semmeringbahn ist und im damals typischen Stil als Holzriegelkonstruktion ausgeführt wurde.

In der Station Payerbach-Reichenau kam 1956 erstmals auf der Semmeringstrecke ein Drucktastenstellwerk zur Anwendung. Dieser Stellwerkstyp wurde in den folgenden Jahren in allen Stationen der Semmeringbahn eingebaut (ausgenommen Gloggnitz). Ebenfalls ab diesem Zeitpunkt begann die Auswechslung der mechanischen Formsignale durch Lichtsignale.[612] Der letzte Umbau fand zwischen 2006 und 2008 statt, wo die Bahnsteige erneuert und ein Personentunnel unter den Gleisen westlich des Aufnahmegebäudes zum gegenüberliegenden Bahnsteig errichtet wurde. Ebenfalls erfolgte die Erneuerung der Gleisanlage inklusive der Umsetzung der eisenbahnbetrieblichen Fernsteuerung des Bahnhofes Payerbach.

8.4 STRECKE PAYERBACH-REICHENAU–KÜB–EICHBERG

Von der Station Payerbach-Reichenau kann schon das erste große Bauwerk der Semmeringbahn ausgemacht werden: Auf dem in einer Krümmung von 285 m liegenden Schwarza-Viadukt (ab km 82,8) wendet sich die Eisenbahnstrecke an das andere Schwarza-Ufer und führt wieder talauswärts, um den Anstieg in Richtung Eichberg zu beginnen. Während die Neigung am Viadukt erst 1 : 100 (10 ‰) beträgt, steigt sie sofort nach dem Viadukt auf die von Ghega gewählte maximale Neigung von 1 : 40 (25 ‰).

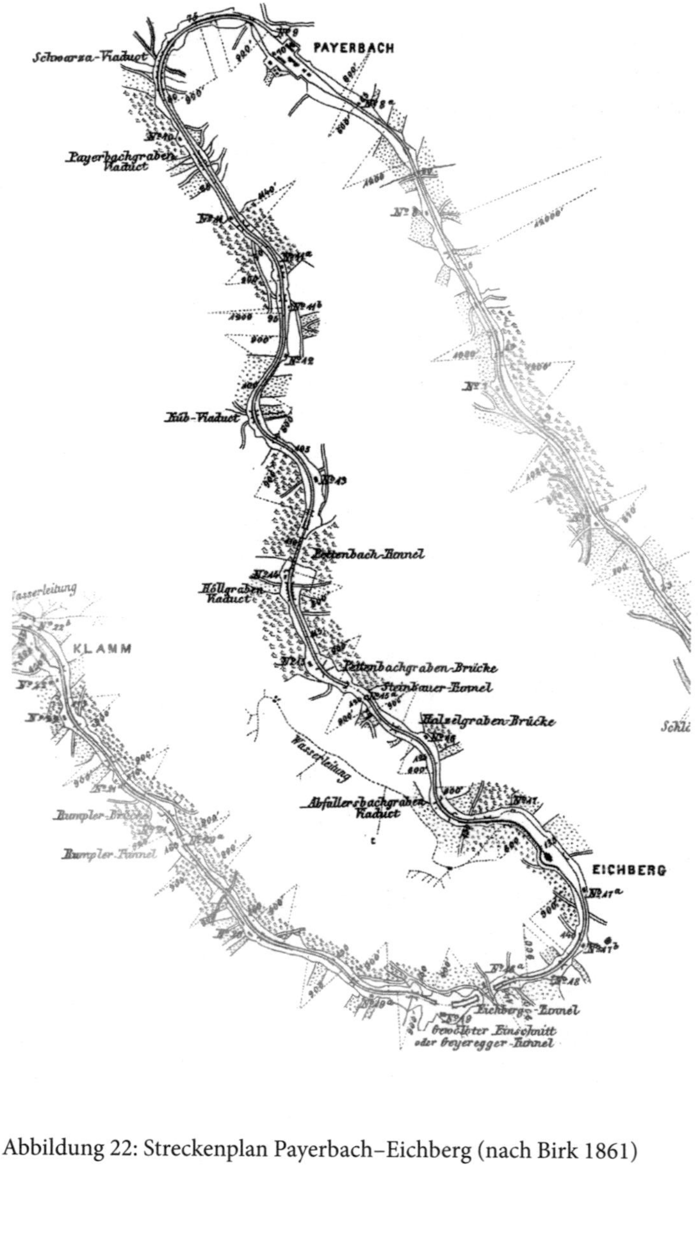

Abbildung 22: Streckenplan Payerbach–Eichberg (nach Birk 1861)

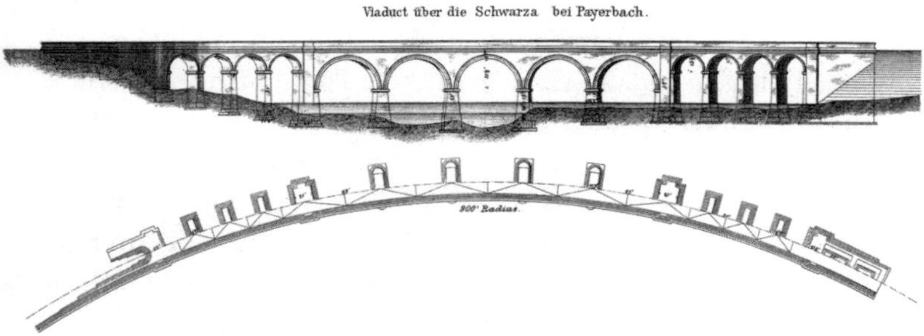

Abbildung 23: Plan des Schwarza-Viaduktes (nach Birk 1861)

Der Viadukt bildet mit seiner Länge von 227,6 m und 24,7 m Höhe das längste Bauwerk seiner Art auf der Semmeringstrecke. Die fünf mittleren Bögen (je 19,9 m Spannweite) stellen mit dem zentralen Bogen des Höllgraben-Viaduktes die größten der gesamten Semmeringbahn dar.[613] Außerdem war er der einzige mit einem Zahnfries im Gesims, der sich unter der typischen, aus Stein gehauenen Brüstung befindet. Die gesamte Fundamentierung erfolgte an den drei großen, damals von der noch unregulierten Schwarza umflossenen Mittelpfeilern durch einen Schwellrost aus lärchernen Pfosten. Die übrigen Pfeiler ruhen auf einer doppelten Pfostenlage, welche die gängige Fundamentierungsart der Semmering-Viadukte darstellte. Das Grundmauerwerk der Pfeiler, so wie alle Viadukte der Nordrampe, bestehen aus behauenem Naturstein. Allerdings wurden die Pfeiler vom Sockel bis zum Kämpfer aus Ziegeln (die Pfeilerkerne teilweise auch mit Bruchsteinen gemischt) aufgemauert und anschließend mit Bruchsteinen verkleidet.[614] Die Ausführung der Gewölbe erfolgte in der gesamten Gewölbedicke mittels mehrerer Ziegellagen. Diese Konstruktionsart wurde wegen der untereinander jedoch nicht verbundenen Ziegellagen schon in den 1860er-Jahren für künftige Viaduktbauten nicht mehr empfohlen.[615]

Im Rahmen der Elektrifizierung in den Jahren vor 1960 wurden die Leitungsmasten architektonisch in das Bauwerk integriert, indem sie genau in der Verlängerung der Pfeiler angebracht wurden. Etwa zwanzig Jahre später erfolgte anlässlich einer Generalsanierung der Abbruch der massiven Steinbrüstung und deren Ersetzung durch ein einfaches Metallgeländer. Im Rahmen dieser Bauarbeiten entfernte man – ohne auf Widerspruch des österreichischen Denkmalamtes zu stoßen – den einzigartigen Zahnfries im Gesims. In der Region wurde diese Umbauaktion heftig kritisiert, jedoch nicht wegen des veränderten optischen Eindrucks, sondern wegen der nun auftretenden Lärmbelästigung. Zunächst versuchten die Österreichischen Bundesbahnen, an den Metallgeländern Welleternit als Schallisolierung anzubringen, was jedoch nicht den erwünschten Erfolg brachte. Im Jahr 1989 wurde dieses Provisorium schließlich entfernt, und das Viadukt erhielt erneut eine „gemauerte“ Brüstung, jedoch diesmal aus einfachen Betonformsteinen.[616]

Nach dem Viadukt wird die Ortschaft Payerbach südlich umfahren, und die Strecke steigt an den Hängen von Kreuz- und Eichberg mit der Maximalneigung von 25 ‰ an. Zunächst wird bei km 83,3 der Payerbachgraben mittels eines kleineren, fünfbögigen Viaduktes übersetzt. Dieser Viadukt ist der einzige der gesamten Semmeringbahn, welcher in der maximalen Neigung von 1 : 40 (25 ‰) liegt. Bei allen anderen Viadukten wurde die Neigung auf 1 : 45 (20 ‰) bis 1 : 200 (5 ‰) vermindert. Im Zuge der Streckensanierung zwischen Payerbach und Eichberg im Jahr 2006 erhielt dieser Viadukt eine lastverteilende Betonplatte, welche auch das Bauwerk von oben abdichtet. Die damals vorhandenen Brüstungsmauern stammten aus den 1930er-Jahren und wurden durch außen profilierte Brüstungsmauerelemente ersetzt; die Befestigung der Fahrleitungsmaste erfolgte nicht mehr seitlich am Viadukt, sondern auf der neuen Betonplatte, und führte dem gesamten Erscheinungsbild nicht besonders zuträgliche, da weit ausladende ‚Balkone‘. Eine derartige Befestigungsart für die Fahrleitungsmasten an Viadukten wird heute aus Denkmalschutzgründen nicht mehr praktiziert.

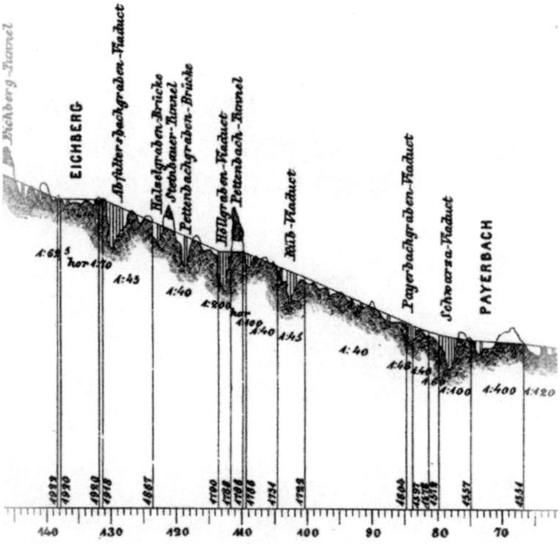

Abbildung 24: Neigungsplan der Strecke Payerbach–Eichberg (nach Birk 1861)

Nach diesem Viadukt führt die Bahntrasse nun weiter an Wiesen vorbei sowie durch Laubwälder und erreicht bei km 84,8 die Haltestelle Küb (543 m). Diese besteht seit dem 30. Juli 1899 und wurde nach Vergrößerung der Ortschaft eingerichtet.[617] Deshalb beträgt die Neigung auch im Haltestellenbereich 25 ‰. Seit der Jahrhundertwende befand sich an jedem Stationsende ein beschrankter, schienengleicher Übergang. Während der talseitige Übergang heute völlig abgebaut ist, bestand der bergseitige noch als Fußgängerübergang mit Drehkreuzen bis in das Jahr 2014.

In unmittelbarer Nähe der Haltestelle Küb schließt bei km 85,1 der Küber-Viadukt an.[618] Dieser ist 41,7 m lang, 17,1 m hoch und hat 3 Bögen, deren größter eine Spannweite von 13,3 m aufweist. Dieser Viadukt wurde als einziger der Semmeringbahn „schief"[619] ausgeführt. Diese „Schiefe" resultiert aus der Lage der Pfeiler in Beziehung zum Gleis, wobei die Breitseite der Pfeiler nicht senkrecht zur Gleisachse steht. Im Falle des in der Krümmung liegenden Küber-Viaduktes ist die Breitseite der Pfeiler nicht radial, son-

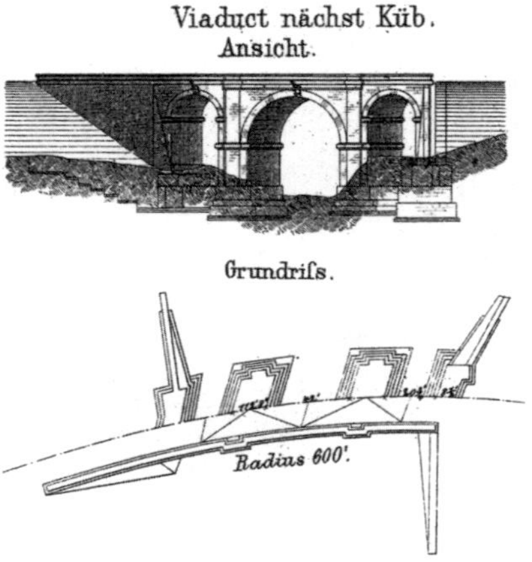

Abbildung 25: Plan des Küber Viaduktes (nach Birk 1861)

dern befindet sich im Winkel von 60° zur Gleisachse.[620] Die bautechnische Schwierigkeit dieser Brückenbauten lag vor allem in der schwierigen Bauausführung der Gewölbe. Die Rainhill-Bridge der Liverpool-Manchester-Eisenbahn (1830 eröffnet) wurde beispielsweise in einem Winkel von 34° zur Gleisachse von einer Straße gekreuzt, wodurch sie den Rang einer der „beachtenswertesten schiefen Brücken des Königreiches“[621] erhielt. Aber auch in späterer Zeit sank die Aufmerksamkeit gegenüber diesen eigentümlichen Bauwerken keineswegs: Ein mehrseitiger Artikel in der Stuttgarter Eisenbahnzeitung vom 18. August 1849 berichtet ausführlich über eine schiefe Brücke bei Chartres in Frankreich: Diese überbrückte, ähnlich wie die Rainhill-Bridge in England, mit einem Bogen eine schräg kreuzende Straße. Beide hatten aber weder eine so große Spannweite noch die Höhe des Küber-Viaduktes.[622]

Ab Küb zeigt sich für den Fahrgast der Schneeberg über dem Schwarza-Tal, welcher mit 2.076 m Höhe den östlichsten Zweitausender der Alpen markiert. Auf der anderen Talseite befindet sich die kurz zuvor durchfahrene Strecke von Schlöglmühl bis vor Payerbach. Dabei können vom Zug aus entweder nachfolgende oder entgegenkommende und nun weiter talwärts fahrende Züge beobachtet werden.

Die Bahntrasse windet sich weiter entlang der Nordosthänge des Kreuzberges und erreicht bei km 85,8 den Pettenbach-Tunnel. Ein Großteil des 181,8 m langen Tunnels liegt in der Waagrechten, welche von Ghega durchaus bewusst eingeplant worden sein dürfte – damit die Lokomotiven auf dem ausschließlich an Nordabhängen sich entlangschlängelnden und daher oft feucht-rutschigen Streckenabschnitt im von Witterungseinflüssen weitgehend geschützten Tunnel etwas Schwung in die nächste Steigung mitnehmen können.

Dicht am bergseitigen Ausgang des Pettenbach-Tunnels steht ein Bahnwächterhaus, und sofort anschließend zeigt sich der fünfbögige Höllgraben-Viadukt (km 86,0).[623] Er liegt noch in der geringen Neigung von 5 ‰, welche sofort nach dem Viadukt wiederum in 25 ‰ übergeht.

In einer weiten Krümmung wird mit der einbögigen Pettenbach-Brücke der gleichnamige Bach übersetzt, während bergseitig noch schwach die überwachsenen Schutthalden des ehemaligen Magnesitbergbaues am Eichberg erkannt werden können. An den Nordabhängen des Eichberges entlangschlängelnd wird bei km 86,7 zunächst der kurze Steinbauer-Tunnel passiert, kurz darauf die kleine Holzergraben-Brücke und etwa einen Kilometer später (km 87,6) der Abfaltersbachgraben-Viadukt. Dieser fünfbögige Viadukt wurde in den späten 1950er-Jahren grundlegend saniert: Anlässlich dessen wurden die Pfeiler verputzt, wodurch das Typische der gemauerten Struktur und der steinernen Brüstung überdeckt wurde.[624] Eine erneute Sanierung dieses Bauwerkes erfolgte im Jahr 2006 durch Einbau einer lastverteilenden Fahrbahnplatte aus Beton sowie der Wiedererrichtung einer Brüstungsmauer aus originalen Brüstungssteinen.

Von diesem Viadukt aus fällt der Blick noch ein letztes Mal ins Schwarza-Tal in Richtung Payerbach-Reichenau, in dem inzwischen tief unten die Bahntrasse bei Schlöglmühl und das Gelände der ehemaligen Papierfabrik zu sehen ist. Nach Überqueren des 92,9 m langen Viaduktes wird die Station Eichberg erreicht, mit welcher die Umrundung des Gotschakogels beginnt.

8.5 STATION EICHBERG (609 M SEEHÖHE, KM 88,2)

Die Station Eichberg liegt geographisch gesehen lediglich etwa 2 km westlich, jedoch 170 m höher als Gloggnitz. Deshalb konnte der Personenverkehr keine größere Bedeutung erlangen, war damals doch Gloggnitz für Fußgänger zeitlich gesehen genauso weit weg wie mit der Bahn, die den „Umweg" über Payerbach nahm. Deshalb ist die Station schon am 30. November 1860 von der Südbahn-Gesellschaft für den Personenverkehr geschlossen worden. 1899 erhielt die Station Eichberg hingegen wieder den Status einer Halte- und Ladestelle und 1900 den Status als Bahnhof. Seit Ende der 1970er-Jahre wird Eichberg von der Station Semmering aus fernbedient. Im Kursbuch für den Personenverkehr bzw. den heutigen internetbasierten Informationen scheint die Station daher seitdem als (unbesetzte) ‚Haltestelle' auf.[625]

Der Güterverkehr in Eichberg war im 19. und frühen 20. Jahrhundert bedeutend, befand sich doch ein Magnesitbergbau an den nordwestlichen Abhängen des Gotschakogels und am talseitigen Ende der Station die Verladestation.

Eichberg war auch für den Eisenbahnbetrieb lange Zeit von Interesse, da hier, nach Payerbach-Reichenau, die nächste Wasserstation der Nordrampe stand. Die Wasserreservoire befanden sich im ersten Stock des Mittelbaues des Stationsgebäudes und konnten durch Öfen vorgewärmt werden. In den Seitenflügeln des Stationsgebäudes waren Diensträume und Wohnungen untergebracht. Sie entsprachen in der Größe jeweils etwa einem standardisierten Semmeringbahn-Bahnwächterhaus. Vermutlich schon in den frühen 1900er-Jahren wurde das Gebäude verputzt und damit der ursprüngliche Gesamteindruck nachhaltig verändert.

Die Gleisanlagen wurden 1934 unter der BBÖ und um 1940 unter der DRB erheblich erweitert, vor allem um den angestiegenen Güterzug-Längen gerecht zu werden. Anläßlich der letztgenannten Erweiterung entstanden die Stellwerke (obere und untere Stationsausfahrt) sowie kleinere Nebengebäude in der Umgebung des Stationsgebäudes.

Heute dient die Station Eichberg als Überholstation und wird vom Zentralstellwerk Semmering ferngesteuert. Gegenwärtig wird an der Einbindung in die Betriebsführungszentrale (BFZ) in Wien gearbeitet, was insbesondere den Einbau von neuer, elektronischer Stellwerke anstelle der relaisbasierten Stellwerkstechnik erfordert.

8.6 STRECKE EICHBERG–KLAMM-SCHOTTWIEN

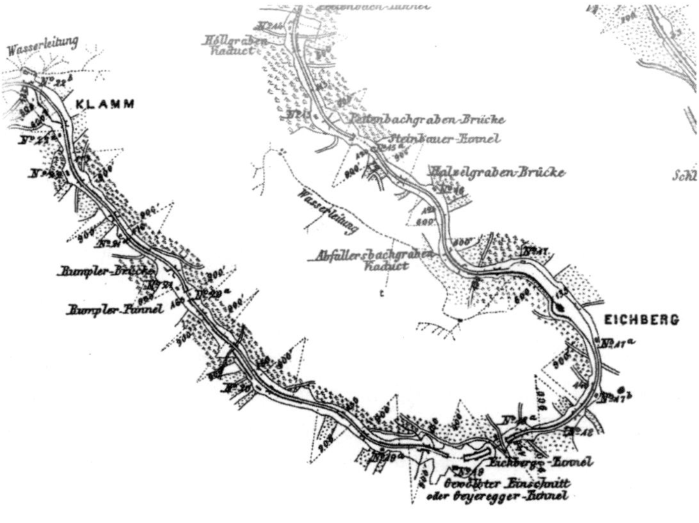

Abbildung 26: Streckenplan Eichberg–Klamm-Schottwien (nach Birk 1861)

Schon während der Ausfahrt aus der Station Eichberg windet sich die Strecke weiter um den Gotschakogel. Gleichzeitig wird das breite Schwarzatal mit Gloggnitz als dem nördlichsten Punkt der Semmeringstrecke sichtbar, was in älteren Reiseführern gerne als besonders beachtenswert angemerkt wurde.[626]

Nur kurz währt dieser Blick, denn nach einigen Kurven wird bei km 89,2 der Eichberg-Tunnel erreicht, welcher eine in östliche Richtung auslaufende Geländerippe des Eichberges durchschneidet. Die

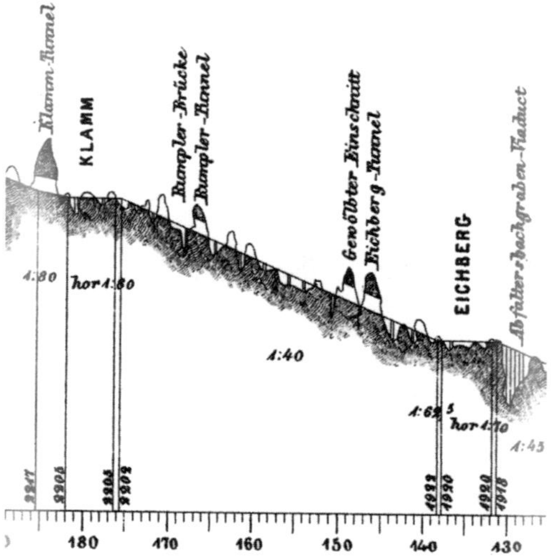

Abbildung 27: Neigungsplan der Strecke Eichberg–Klamm-Schottwien (nach Birk 1861)

an diesen Tunnel anschließende freie Strecke verläuft nur kurz, denn schon bei km 89,4 beginnt der nächste Tunnel, der Geyeregger-Tunnel.[627] Er besitzt als einziger der Semmeringstrecke ein Portal mit satteldachartig geneigtem Abschluss (vgl. 9.4, bergseitiges Portal) und wurde im Jahr 2017 technisch saniert sowie die Steinoberflächen nach Vorgaben des Bundesdenkmalamtes komplett gereinigt.

Die Bahntrasse quert nun hoch über dem Auetal und der alten Semmering-Passstraße die südlichen, relativ steilen und bewaldeten Abhänge des Eichberges. Vom Zug aus fällt der Blick auf die gegenüberliegende Talseite, an der die markante Burg Wartenstein in der Nähe von Schlagl ausgemacht werden kann. In späten 1980er-Jahren entstand als markante Veränderung auf der gegenüberliegenden Talseite die Schnellstraße an jenen Hängen, an denen Ghega einst eine Variante der Semmeringbahn projektiert hatte.[628]

Weiter an den südlichen Abhängen des Eichberges der Station Klamm-Schottwien entlang wird bei km 91,1 der Rumpler-Tunnel und bald anschließend die kleine Rumpler-Brücke passiert.

8.7 STATION KLAMM-SCHOTTWIEN (699 M SEEHÖHE, KM 92,3)

In der Station Klamm-Schottwien[629] befand sich nach Eichberg die nächste Wasserstation für bergwärts fahrende Züge, weshalb sie für den Eisenbahnbetrieb (mit Dampflokomotiven) besonders wichtig war.

Das Stationsgebäude von Klamm-Schottwien wurde in Bruchsteinbauweise, mit ausgleichenden Ziegelreihen und ebenfalls aus Ziegeln aufgebauten Fensterstürzen errichtet. Durch die Hanglage ist der talseitige Eingang in dieses Gebäude um einen Stock tiefer als der gleisseitige Eingang. Mit diesem zusätzlichen Stockwerk stellt das Gebäude eines der wenigen dreigeschossigen Stationsgebäude der Semmeringstrecke dar. Ein größerer Umbau des Gebäudes erfolgte 1897, als vom Raum des Wasserreservoirs ein Wartesaal für die Reisenden abgetrennt wurde. Äußerlich blieb das Erscheinungsbild über lange Zeit unverändert. In den 1980er-Jahren wurde der optische Eindruck durch den Einbau großflächiger Fenster anstelle der kleinfenstrigen, sechsfachen doch verändert, wobei aber der Gesamtcharakter dieses Gebäudes im Wesentlichen erhalten blieb. Erst in den letzten Jahren – zwischen 2015 und 2017 – erfolgte ein erneuter Fenstertausch und damit einhergehend ein Rückbau auf die ursprüngliche Fensterteilung sowie im Erdgeschoß der Wiedereinbau der Segmentbogen-Überlager bei den Türen.

In der Anfangszeit der Semmeringbahn befand sich in Klamm auch eine Kohlenstation, in der die für den Betrieb der Dampflokomotiven erforderlichen (Braun-)Kohlen nachgefasst werden konnten.[630] Bergseitig neben dem Stationsgebäude stand bis in die 1960er-Jahre ein längliches Gütermagazin mit einem leicht geneigten Flachdach.[631] Die Gleisanlagen der Station Klamm-Schottwien wurden mehrfach verlängert. Der letzte größere Umbau erfolgte in den 1980er-Jahren, als die ursprünglich dreigleisig angelegte Station (mit Stumpengleis beim Gütermagazin) durch den Abbau des mittleren Ausweich- und Überholgleises in eine zweigleisige Station umgewandelt wurde. Seitdem befindet sich am östlichen Stationsende eine einfache und am westlichen eine doppelte Gleisverbindung. Damit kann diese Station nur zum Gleiswechsel, nicht aber zum Ausweichen oder Überholen verwendet werden, wodurch sie stark an Bedeutung verlor.

Vom Stationsgebäude aus sieht man die weite Kurve, in der sich die Station Klamm-Schottwien heute befindet. Am bergseitigen Stationsende befindet sich ein weiteres Bahnwächterhaus und gleich danach beginnt der Klamm-Tunnel unter dem gleichnamigen Ort. Bei der Kirche Klamm befindet sich eine Gedenkstätte für die zahlreichen Cholera- und Typhustoten aus der Zeit des Bahnbaues. Auf einem Hügel, welcher rund 150 m senkrecht nach Schottwien abfällt, ist die Ruine Klamm sichtbar.

8.8 STRECKE KLAMM-SCHOTTWIEN–BREITENSTEIN

Unmittelbar an die Station Klamm-Schottwien schließt bei km 92,9 der Klamm-Tunnel an, der einzige Tunnel mit einem Flachbogen-Fries als Gesims. Dieser Tunnel ist bei der Bergfahrt auf der Nordrampe der erste, welcher im kleinsten Radius der Semmeringbahn (189,7 m) angelegt ist. Als ‚Ausgleich' beträgt die Neigung zunächst nur 12,5 ‰ und wird erst kurz vor Tunnelausgang auf 22 ‰ angehoben. Diese Neigung wird bis zum Rumplergraben-Viadukt, also über die ersten beiden zweigeschossigen Viadukte, eingehalten. Das bergseitige Tunnelportal hatte ursprünglich ein Rundbogen-Fries als Gesims, welches jedoch bei Renovierungsarbeiten in den 1980er-Jahren zerstört wurde (heute einfaches Gesims als Abschluss, wie Variante 1 in 9.4.).

Während die Semmmeringstraße bei Schottwien nach Süden schwenkt, um über das Maria Schutzer Tal zum Pass zu gelangen, führt die Eisenbahntrasse an den Südabhängen nun hoch über

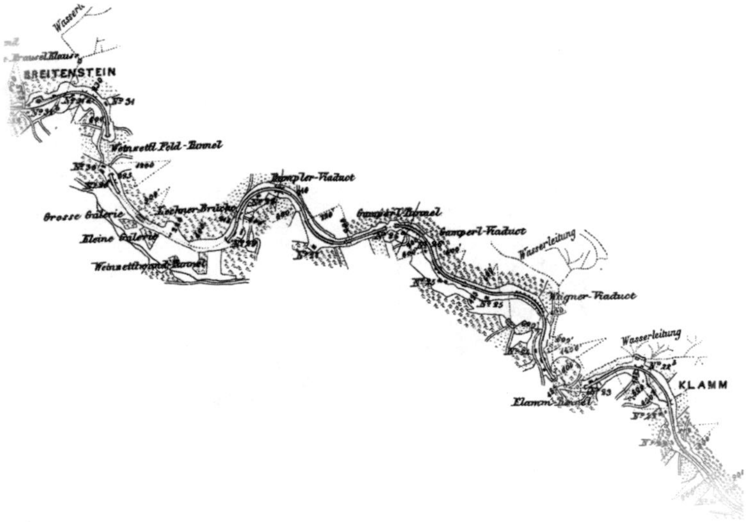

Abbildung 28: Streckenplan Klamm-Schottwien–Breitenstein (nach Birk 1861)

dem tief eingeschnittenen Adlitzgraben weiter bis nach Breitenstein.

Schon kurz nach der Ausfahrt aus dem Klamm-Tunnel wird der in einer Krümmung liegende Wagnergraben-Viadukt (km 93,4), der erste zweigeschossige auf der Nordrampe, passiert.[632] Mit seinen fünf unteren und neun oberen Bögen, deren Pfeiler genau übereinander stehen, sowie einer Krümmung von 189,7 m stellt dieser Bau einen imposanten Vertreter der markanten doppelgeschossigen Viaduktbauweise der Semmeringbahn dar: die kräftigen Pfeiler der unteren Etage sind durchwegs aus Hausteinen mit Quadersteinverkleidung aufgebaut, während die „leichteren und eleganteren“[633] Pfeiler und Gewölbe des Obergeschoßes aus Ziegeln bestehen.[634]

Am Beispiel dieses Viaduktes lassen sich die folgenden Veränderungen bei den großen zweigeschossigen Viadukten aus Anlass von Renovierungsarbeiten aufzeigen: Die früher dem Wasserab-

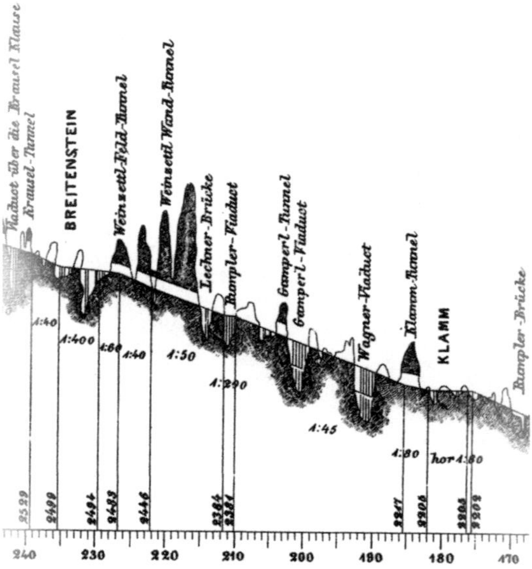

Abbildung 29: Neigungsplan der Strecke Klamm-Schottwien–Breitenstein (nach Birk 1861)

fluss dienenden runden Öffnungen (im Volksmund ‚Ochsenaugen' genannt) wurden in den späten 1950er-Jahren nach der Abdichtung der Viadukte zugemauert. Weiteres Merkmal der Renovierungsarbeiten sind die in unregelmäßigen Abständen angeordneten Maueranker, welche an den Gewölben der oberen Bögen und dicht unter der Gleislage angebracht wurden. Gegen Ende der 50er-Jahre wurden anlässlich der Elektrifizierung die Fahrleitungsmaste architektonisch genau in der Linie der Pfeiler angebracht, weshalb sie von Beginn an als wenig störend empfunden wurden.[635] Gegenwärtig (2018) erfolgt eine grundlegende Sanierung mit Einbau einer lastverteilenden und der Abdichtung dienenden Fahrbahnplatte aus Beton sowie nun mit Wiederanbringen der originalen Brüstungsmauern.

Im weiteren Verlauf der Trasse wird einen Kilometer weiter bergwärts (bei km 94,4) der Gamperlgraben-Viadukt erreicht.[636] Dieser

Abbildung 30: Wagnergrabenviadukt mit Südbahnhotel im Hintergrund (Foto: Dinhobl)

ähnelt dem Wagnergraben-Viadukt und besitzt fast die gleichen Dimensionen: Nur um knappe 2 m ist der Gamperlgraben-Viadukt niedriger und hat in der oberen Etage zwei Bögen weniger. Bei diesem Viadukt wurden in den späten 1930er-Jahren die ziegelgemauerten Innenleibungen der oberen Gewölbebögen durch Betonformsteine ersetzt. Trotz der Renovierungen in den 1950er-Jahren und den dabei gesetzten Maueranker traten Anfang der 1990er-Jahre Haarrisse im Gewölbescheitel auf. Wegen der steigenden Belastungen (u. a. durch Fliehkräfte) weiteten sich diese Risse, weshalb eine neuerliche Renovierung unumgänglich wurde. Diese führte man in Form neuer Stahlbetongewölbe aus,[637] wodurch das Aussehen des Viaduktbogens sehr beeinträchtigt wurde. Aktuell (2018) erfolgt wie beim Wagnergraben-Viadukt eine Sanierung des Viaduktes mittels Einbaues einer Fahrbahnplatte.

Anschließend an den Viadukt taucht der Zug ins Dunkel des Gamperl-Tunnel (km 94,6). Dieser ist aber schnell passiert, und die Trasse verläuft über Wiesen dem „blauen Einschnitt" entgegen. Kurz davor fällt der Blick noch zurück auf die Ortschaft Klamm mit der gegen Ende der 1990er-Jahren renovierten Kirche und der knapp neben dem Ort liegenden Ruine Klamm. Auf der Geraden zwischen Gamperl-Tunnel und dem nun folgenden ‚blauen Einschnitt' befand sich bis zu Beginn der 1960er-Jahre eine einfache Gleisverbindung zur Erleichterung des Betriebes. Als Begründung für den Abbau wurde seitens der ÖBB auf die Elektrifizierung und die dadurch pauschal als vereinfacht angesehene Betriebsabwicklung verwiesen.[638]

Der folgende weite Gleisbogen des „blauen Einschnitts" verdankt seinen Namen den durch den Bau der Semmeringbahn angeschnittenen bläulichen Gesteinsschichten. Durch den Pflanzenbewuchs sind diese heutzutage jedoch nicht mehr zu erkennen.

Der nächste Graben wird bei km 95,4 durch den dreibögigen Rumplergraben-Viadukt[639] übersetzt, bei dem die Neigung kurzzeitig auf 5 ‰ zurückgenommen wird, um sofort danach wieder auf 20 ‰ angehoben zu werden. Nach Passieren eines kleineren Einschnittes, wo ein weiteres Bahnwächterhaus steht, überquert der Zug die Lechner-Brücke, eine in der Literatur meist als namenlos deklarierte einbögige Steinbrücke.

Nach einer kurzen Gegengeraden windet sich die Trasse in die gegenläufige Kurve und verschwindet im Weinzettlwand-Tunnel (km 96,3). Am talseitigen Portal[640] stand früher ein Bahnwächterhaus, das jedoch schon abgerissen wurde. Im Vergleich zum heutigen Tunnelportal, ein wenig nach links versetzt, erkennt man noch Spuren aus der Bauzeit der Bahn: Ursprünglich sollte die Trasse am Fuß der Weinzettlwand großteils offen geführt werden,[641] wobei aber auf der Klamm zugewandten Seite ein kurzer Tunnel erforderlich gewesen wäre. Der Beginn dieses Tunnels ist heute noch neben dem ausgeführten talseitigen Portal feststellbar und führt etwa 30 m in den Berg. Die Umplanungen zur tatsächlich ausgeführten Trasse erfolgten erst, nachdem ein durch die Bauarbeiten hervorgerufener Felssturz am 27. Oktober 1850 14 Arbeiter tötete. Nun entstanden die drei Tunnel in der Weinzettlwand,[642] welche durch Galerien verbunden sind.[643] Wegen der Länge der Tunnel wurden vom Fuße der Weinzettlwand insgesamt sechs Stol-

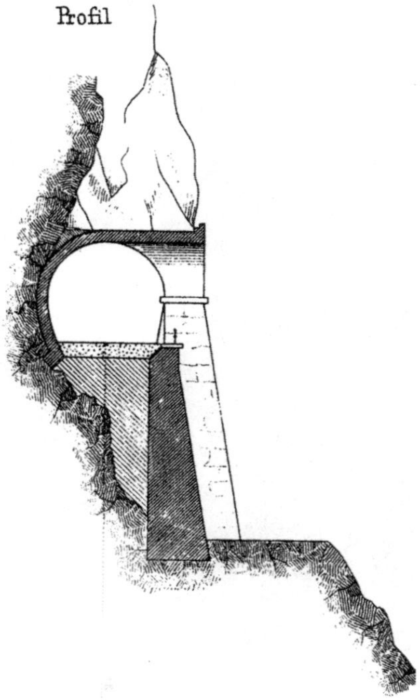

Abbildung 31: Querschnitt Weinzettlwandtunnel (nach Birk 1861)

len waagrecht in den Berg getrieben,[644] um so den Tunnelbau an mehreren Stellen gleichzeitig vorantreiben zu können. Heute gelten die drei bergmännisch errichteten Tunnelabschnitte mit den beiden verbindenden Galerien als ein Tunnelbauwerk, der Weinzettlwand-Tunnel; in Kombination mit der im Bereich der großen Galerie befindlichen Gewölbebrücke entstand die wohl einmalige Situation, dass sich in einem Eisenbahntunnel eine Brücke befindet.

Während der Abschnitt talwärts der größeren, sechsbögigen Galerie in einer Neigung von 20 ‰ liegt, wird die Neigung im Abschnitt ab der Galerie bis zum Beginn des Weinzettlfeld-Tunnels kurzzeitig noch auf 25 ‰ erhöht. Das bergseitige Weinzettlwand-Tunnelportal konnte, da es sich um festen Felsen handelt, ohne jede Einfassung belassen werden. Durch dieses *höhlenein-*

Abbildung 32: Weinzettlwand-Tunnelportal (Fotografie um 1900)

gangsartige Aussehen wurde es, in Kombination mit der hoch aufragenden, nahezu senkrechten Weinzettlwand, zu einem äußerst beliebten Motiv für Photographen. Ein derartig gestaltetes Arrangement symbolisierte für viele die technische Bändigung – und damit Kultivierung – des zerklüfteten, wilden und gefährlichen Geländes.

Nach einem kurzen offenen Streckenstück, das auf einer hohen Stützmauer mit einer Brücke an der Wand entlang führt, wird bei km 96,9 der Weinzettlfeld-Tunnel erreicht. Mit Tunnelbeginn wird die Neigung schon auf 17 ‰ zurückgenommen, um beim bergseitigen Tunnelportal schließlich die 2,5 ‰ Neigung bis zur Station Breitenstein anzunehmen. Die (heutigen) Einfahrtsweichen der Station schließen nahtlos an den Weinzettlfeld-Tunnel an, während das Stationsgebäude erst nach einem weiten Bogen erreicht wird.

8.9 STATION BREITENSTEIN (791 M SEEHÖHE, KM 97,6)

Die Station Breitenstein war für den über 100 Jahre währenden Dampflokbetrieb von größter Bedeutung: In dieser Station befand sich der leistungsfähigste Wasserkran der Semmeringstrecke, welcher ein schnelles Auffüllen der Wasservorräte gewährleistete. Er steht auch heute noch am talseitigen Ende der Station, wird allerdings nur noch bei gelegentlichen Dampflok-Sonderfahrten verwendet.

Zunächst befanden sich die Wasserbehälter für die Dampflokomotiven – wie auch in den anderen Wasserstationen – im ersten Stock des Mitteltraktes des Stationsgebäudes und konnten beheizt werden. Durch den Bau einer neuen Wasserversorgung konnte dieser Teil des Stationsgebäudes umgestaltet werden. Er wurde ab

Abbildung 33: Einfahrt Breitenstein (Foto: Dinhobl)

den 1940er-Jahren ebenerdig als Vestibül und im ersten Stockwerk als Wohnraum genutzt.

Anlässlich des DRB-Umbaues der Station Breitenstein[645] in den frühen 1940er-Jahren wurde die Station erheblich verändert. Allen voran erfolgte eine Vergrößerung der Nutzlängen der Ausweichgleise, aber es kam auch zu umfangreicheren Um- und Neubauten an den Gebäuden. Das Stationsgebäude wurde talseitig um vier Fensterachsen verlängert, und die Seitentrakte erhielten statt des ursprünglichen Satteldaches ein etwas höher gelegenes Walmdach. Weiters wurden im ersten Stockwerk der Seitentrakte durchgehend Fensterläden angebracht sowie die ursprüngliche Naturstein-Fassade verputzt, wodurch das Gebäude ein gänzlich neues Aussehen bekam.

Am talseitigen Stationsende sowie nach der bergseitigen Ausfahrt errichtete die DRB je ein elektro-mechanisches Stellwerk in DRB-Bauart und Signalbrücken mit Formsignalen als Ausfahrtssignale. Die Stellwerke bestehen bis zum heutigen Tag, werden jedoch nicht mehr für den Bahnbetrieb genutzt, während die Signalbrücken demontiert[646] und durch Lichtsignale ersetzt wurden.

Lange Zeit sorgte ein Gipsbergwerk, welches bis in die 1960er-Jahre im Myrthengraben bestand und durch eine Seilförderbahn mit der Station Breitenstein verbunden war, für einen dauerhaften Güterumschlag in Breitenstein. Das Magazin und die Umladestation befanden sich talseitig schräg gegenüber dem Stationsgebäude, kurz vor dem Rechtsbogen in Richtung Gloggnitz. Nachdem das Bergwerk geschlossen worden war, demontierte die ÖBB die Umladeanlagen in diesem Bereich und baute die Durchfahrtsgleise zum Zweck der größeren Nutzlängen neuerlich um.[647]

Bei der neuerlichen Renovierung des Stationsgebäudes gegen Ende der 1980er-Jahre wurden die Fensterläden wieder entfernt, anstelle der kleinteiligen Fenster großflächige eingebaut, und die Fassade erhielt Zierstreifen. Außerdem ist anzumerken, dass anlässlich dieser Renovierung leider auch der Trinkbrunnen entfernt wurde, welcher bergseitig vor dem Stationsgebäude für durstige Reisende eine willkommene Erfrischung bedeutete.

Im Zuge des Einbaues der elektronischen Stellwerkstechnik in das Aufnahmegebäude ab 2016, welche leichte Anpassungen der ebenerdigen Raumaufteilung erforderten, erfolgte zu Abschluss dieser Arbeiten ein einfärbiger Neuanstrich des gesamten Gebäudes entsprechend dem Umbau in den 1940ern.

8.10 STRECKE BREITENSTEIN–WOLFSBERGKOGEL–SEMMERING

Schon im Bogen der Stationsausfahrt Breitenstein beginnt die Strecke mit 17 ‰ anzusteigen, ringt mittels Stützmauern und eines Hangviadukts der Spießwand[648] an deren Fuß die Trasse ab,[649] um schließlich bei km 98,1 den nur 13,3 m langen Krauselklause-Tunnel zu passieren. Dieser wurde weniger aus ästhetischen Gründen angelegt als vielmehr aus geologischen: Indem die aus der Spießwand hervorragende Felsnase (Sporn) vom Tunnel durchbrochen wird, kann der Felssporn die darüberliegenden Felsmassen noch abstützen und bewahrt so die Bahn vor übermäßigem Steinschlag. Der Vergleich mit einem in den späten 1930er-Jahren auf der Höllentalbahn (Deutschland) beseitigten Sporntunnel zeigt, wie bedeutsam selbst ein kleines Bauwerk für den sicheren Bahnbetrieb ist: Bis heute ist dieser Streckenabschnitt auf der Höllentalbahn ständig von Steinschlägen gefährdet und muss aufwendig abgesichert werden.[650]

In diesem Streckenbereich sind auch heute noch unterhalb der Bahntrasse die gewaltigen Schuttkegel deutlich sichtbar, welche während des Bahnbaues entstanden sind. Einige von ihnen sind – unter der *Weinzettlwand* und teilweise unter der *Polleroswand* – schon mehr oder weniger überwachsen, bei anderen hat die Vegetation durch die Steilheit und die ständige, relativ starke Erosion nicht die Kraft, die großen Schuttkegel zu bewachsen.

Unmittelbar nach dem Krauselklause-Tunnel folgt der gleichnamige Viadukt (km 98,3): Als einziger in einer Geraden liegender zweistöckiger Viadukt (drei Bögen unten, sechs Bögen oben)

Abbildung 34: Streckenplan Breitenstein–Semmering (nach Birk 1861)

bildet dieser die Verbindung zwischen der eben passierten Spießwand und der nun folgenden Polleroswand. Wegen des festen Untergrunds zwischen den beiden Wänden konnte der Viadukt direkt auf dem Kalkfelsen fundamentiert werden.[651] Aus Anlass von Renovierungsarbeiten wurde in den Jahren 1998/1999 zur Abdichtung ein Betontrog eingezogen sowie die originale steinerne Brüstung gegen optisch wenig vorteilhafte Beton-Fertigteile ersetzt.

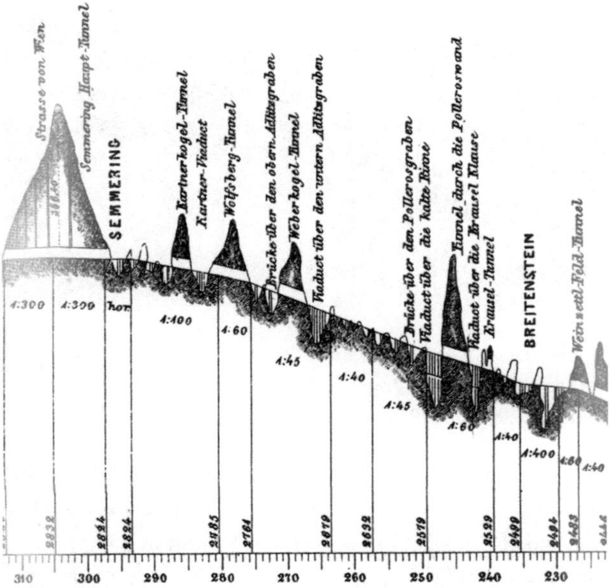

Abbildung 35: Neigungsplan der Strecke Breitenstein–Semmering (nach Birk 1861)

Der kurz nach dem Viadukt bei km 98,6 beginnende Polleroswand-Tunnel liegt zunächst in der fortgesetzten Geraden, geht aber noch im Tunnel in den Bogen des nun folgenden Talübergangs über. Wie auch bei anderen längeren Tunnelbauten der Semmeringbahn wurden auch hier beim Bau (zwei) waagrechte Seitenstollen für den Abtransport des Ausbruchmaterials angelegt.[652]

Der schon im Tunnel begonnene Bogen im Halbmesser von 189,7 m wird schließlich über einen Winkel von über 190° eingehalten.[653] Nahezu nahtlos an den Tunnel schließt der zweistöckige Viadukt über die Kalte Rinne bei km 98,8 an. Dieser ist mit seinen fünf unteren und zehn oberen Bögen und der größten Höhe von 45,7 m wohl der imposanteste der ganzen Strecke. Dazu trug auch das im Laufe der Zeit standardisierte Bildmotiv mit der in der Tie-

Abbildung 36: Geldschein (Recto) aus den 1980er-Jahren im Wert von zwanzig österreichischen Schillingen mit dem nach diesem Zahlungsmittel benannten „20-Schilling-Blick"

fe gestaffelten Landschaft bei: Der Viadukt über die Kalte Rinne im Vordergrund, welcher visuell die schroffe und steil aufragende Polleroswand gegen das Tal hin abstützt, während in der Tiefe die bewaldeten Ausläufer des Kalten- und Kreuzberges sowie die alles überragende, felsendurchsetzte und bis ins späte Frühjahr schneebedeckte Rax (Gipfelhöhe 2.007 m) den Hintergrund bilden. Diese Ansicht entwickelte sich auf Ansichtskarten, Briefmarken und Geldscheinen zum beliebtesten Darstellungsmotiv der Semmeringbahn. Das Motiv zierte beispielsweise die Rückseite des bis in die 1980er-Jahre gültigen österreichischen 20-Schilling-Scheines. Auf der Vorderseite dieses Geldscheines war das Konterfei von Carl Ritter von Ghega abgebildet. Der durchschlagende Erfolg bestand besonders darin, dass das Bild eine Symbiose von Technik und Natur suggerierte. Und auch heute noch wird das Motiv als „vortreffliche Komposition von Architektur und Technik in der Natur"[654] angesehen. Die Perspektive der in die ‚Natur' eingebetteten Semmeringbahn behält nun schon mehr als „150 Jahre lang ihre Macht" und wurde zum „Wahrzeichen dieser Landschaft, zu Logos, ja Ikonen".[655]

Nachdem die Bahntrasse durch den Kehrviadukt das Tal der Kalten Rinne übersetzt hat, wird noch in demselben Gleisbogen

Abbildung 37: Viadukt über die Kalte Rinne mit Wächterhaus 167 – Ghega-Museum (Foto: Dinhobl)

die Neigung von 17 ‰ auf 22 ‰ angehoben. Ebenfalls in dieser langgezogenen Krümmung liegt zunächst das Wächterhaus 167, in dem sich das Ghega-Museum befindet, sowie die einbögige Brücke über den Pollerosgraben. Sie besteht aus Bruchsteinen und Ziegel und ist während der Sanierungsarbeiten nach dem Zweiten Weltkrieg verputzt worden.

Anschließend führt die Trasse am Nordhang der Rothleiten wieder ein Stück talauswärts, um gegenüber der Spießwand nach Süden in den Adlitzgraben zu schwenken. Fast zwei Kilometer zieht sich die Strecke hoch über dem Talgrund an den nördlichen- und östlichen Abhängen der Rothleiten entlang und passiert dabei den 100-km-Stein (gemessen vom ehemaligen Wiener Südbahnhof, heute Wien Hauptbahnhof). In diesem Bereich wird ein kurzes Stück die Neigung auf 25 ‰ angehoben, um sodann vor dem Unteren Adlitzgraben-Viadukt[656] bei km 100,5 wieder auf eine Neigung von 22 ‰ reduziert zu werden.

Durch die Übersetzung des breiten, schräg abfallenden und feuchten Talgrundes musste die Fundamentierung dieses Viadukts besonders sorgfältig erfolgen: Die Widerlager und der vierte Pfeiler wurden auf einem doppelten Pfostenbelag, der erste und sechste Pfeiler (vom talseitigen Ende beginnend) auf einem Schwellrost und der zweite, dritte, fünfte und siebte Pfeiler sogar auf einem etwa 6 m tief in den Boden gerammten Pfahlrost errichtet.[657] Trotz dieser soliden Fundierung musste dieser achtbögige, eher zierlich dimensionierte Viadukt als einziger noch zu Ghegas Lebzeiten baulich verstärkt werden. Obwohl – wie bei allen großen Viadukten – die Neigung zurückgenommen wurde, entstanden durch die auftretenden Fliehkräfte (Bogenradius 189,7 m) sowie durch den feuchten Untergrund bald nach Betriebseröffnung Deformationen und in weiterer Folge Risse. Daraufhin wurden 1855 die Gewölbe durch Innenringe verstärkt, welche bis auf den Pfeilerfuß reichen; diese wurden 1937 erneuert und auf die gesamte Gewölbebreite verbreitert. Zur radialen Abstützung wurden an der Außenseite des dritten, vierten, und fünften Pfeilers massive, aus Bruchstein und mit durchlaufenden Quaderschichten aufgemauerte Stützpfeiler errichtet. Kurz vor der Jahrhundertwende im Jahr 1893 wurden auch die beiden talseitigen Pfeiler (1 und 2) an der Außenseite verstärkt, 1911 auch der bergseitige Pfeiler. Somit ist nur der sechste Pfeiler ohne Stütze, welche bis zum heutigen Tag nicht notwendig war.

Im Allgemeinen sind die Viadukte der Semmeringbahn massiv entworfen und gebaut worden, was durchaus auf die noch in den Kinderschuhen steckende Eisenbahn-Brückenbautechnik (vgl. 2.3.) zurückgeführt werden kann. Die Viadukte haben die ständig gestiegenen Verkehrsbelastungen während der letzten 164 Jahre hervorragend bestanden – und bestehen sie noch immer. Beurteilung von Experten aus den 1990er-Jahren betonen bei den Erhaltungsarbeiten, dass diese von Menschen mit sehr guten handwerklichen Fähigkeiten ausgeführt worden sind, besonders jene in den 1950er-Jahren.[658]

Die Streckenneigung bleibt auch nach dem unteren Adlitzgraben-Viadukt bei 22 ‰, und bei km 100,9 wird der Weberkogel-Tunnel passiert. Nachdem dieser durchfahren ist, befindet sich die Trasse im oberen Adlitzgraben. Dieser S-förmige, offene Streckenabschnitt, auf dem sich die kleine gemauerte Obere Adlitzgra-

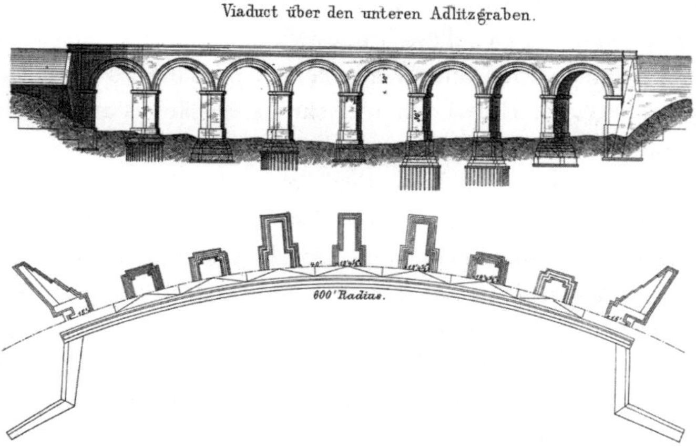

Abbildung 38: Plan des unteren Adlitzgraben-Viaduktes (nach Birk 1861)

ben-Brücke befindet, wird rasch passiert und der Zug taucht bei km 101,8 ins Dunkel des Wolfsberg-Tunnels ein.

Mit diesem Tunnel wird der Sattel zwischen Wolfsberg- und Kartnerkogel unterfahren. Auf beiden Höhen finden sich zahlreiche Villen sowie das große *Südbahn-Hotel* (nördlicher Abhang des Kartnerkogels, 1882 errichtet) und das *Kurhaus Semmering* (Wolfsbergkogel, 1908/09 errichtet). Ab hier bis zur Semmering-Passhöhe reihen sich die zahlreichen Villen und Hotels zu einem der ersten, künstlich angelegten Erholungsorte in den Alpen, der ab 1880 entstandenen Semmeringer Villen- und Hotelkolonie.[659]

Schon von Beginn des Wolfsberg-Tunnels an wird die Neigung von 22 ‰ auf 17 ‰ zurückgenommen und bei Tunnelende noch weiter auf 10 ‰ reduziert. Wieder bei Tageslicht passiert der Zug die heute unbesetzte Haltestelle Wolfsbergkogel (883 m, km 102,1). Diese wurde im Rahmen des Hotelbaues der Südbahn-Gesellschaft *(Südbahn-Hotel)* 1882 eröffnet, wobei ein Raum des ursprünglichen Bahnwächterhauses zu einem Warteraum umgebaut wurde. Nach der Jahrhundertwende war wegen der steigenden Anzahl von Hotelgästen noch ein Anbau aus Holz an der Bergseite des Bahnwächterhauses erforderlich. In den Jahren von 1908 bis etwa 1930 befand sich im Bereich dieser Haltestelle auch ein Stockgleis zum Be- und Entladen von Güterwagen, deren Lasten für das (betriebseigene) Südbahn-Hotel, aber auch für andere Hotels und Villen bestimmt waren.

Sofort an die Haltestelle schließt bei km 102,3 der dreibögige Kartnerkogel-Viadukt an.[660] Dieses Bauwerk wurde im Jahr 2017 mittels einer Fahrbahnplatte saniert, und im Bereich der Widerlager sowie der Gewölbe mussten zusätzlich zu den Queranker aus den 1950er-Jahren pro Gewölbe neun Anker neu gesetzt werden. Die steinerne Brüstung büßte der Kartnerkogel-Viadukt schon im Zuge der Sanierung in den 1950er-Jahren ein, und bei der jüngsten Sanierung erfolgte im Einvernehmen mit dem Denkmalamt kein Rückbau der ursprünglichen Brüstung, sondern die Neuerrichtung eines Geländers im Stil der 1950er-Jahre.

Ein kurzes Stück nach dem Viadukt wird das talseitige Portal des Kartnerkogel-Tunnels (km 102,5) erreicht. Beide Portale dieses Bauwerks gehören zu den wenigen der Semmeringbahn, welche nur aus Quadersteinen bestehen.[661] Dieser in zerklüftetem Felsen errichtete Tunnel erforderte beim Bau einen waagrechten Seitenstollen, welcher jetzt nächst dem heutigen Bahnwanderweg ins Freie mündet.[662] Nach dem Tunnel passiert der Zug in der Gegenkurve ein mit einer Stützmauer abgesichertes Streckenstück, um anschließend die Station Semmering zu erreichen.

8.11 STATION SEMMERING (896 M SEEHÖHE, KM 103,4)

Zu Ghegas Zeiten bestand die Station Semmering lediglich aus einer eingleisigen Lokomotivremise mit angeschlossenem Pumpenhaus und Wasserreservoir,[663] einem der Größe der Wächterhäuser ähnlichen Stationsgebäude, daneben einem großen, noch heute bestehenden Wohnhaus für die Bediensteten[664] sowie aus je einem Bahnwächterhaus in der Nähe des Kartnerkogel- und des Haupttunnels. Das damals beim Kartnerkogel-Tunnel noch auf

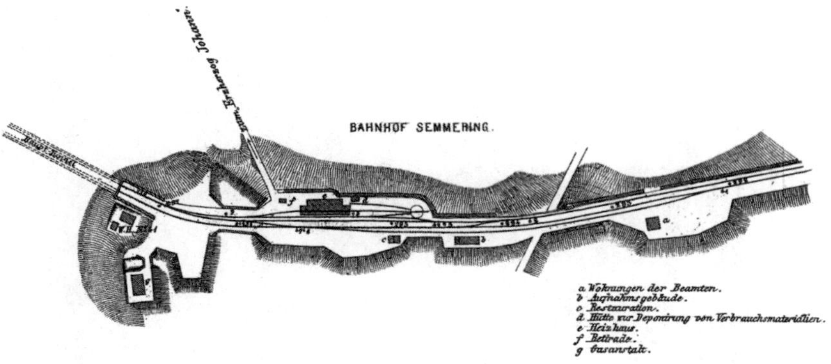

Abbildung 39: Plan der Station Semmering (nach Birk 1861)

freier Strecke errichtete Bahnwächterhaus befindet sich heute aufgrund der Vergrößerung der Gleisanlagen im Bereich des talseitigen Stationsendes. Es besteht, wie das in der Nähe des Haupttunnels situierte, auch heute noch, während einige andere Gebäude im Laufe der höchst wechselhaften Geschichte dieser Station neuen Bauwerken und der Vergrößerung der Gleisanlagen weichen mussten.

In der Anfangszeit des Eisenbahnbetriebes wurde die Station Semmering hauptsächlich betrieblich genutzt.[665] Die Zunahme des Verkehrs begann etwa um 1870 und damit einhergehend erfolgten in diesen Jahren die ersten Umbauten der Station. 1869 wurde vom österreichischen Ingenieur- und Architektenverein das Ghega-Monument als Wiedergutmachungsaktion[666] errichtet und 1870 das Stationsgebäude von der Tal- auf die Hangseite verlegt. Anlässlich dieses Umbaues musste die Lokomotivremise mit dem angeschlossenen Pumpenhaus abgetragen werden, um dem neuen Stationsgebäude Platz zu machen. Das neue Stationsgebäude war im Hauptteil den Wächterhäusern nicht unähnlich, erhielt aber anstelle des Satteldaches ein Walmdach und präsentierte sich in verputztem Zustand mit Lisenen an den Gebäudeecken. Die beidseitigen ebe-

Abbildung 40: Gleisbauarbeiten im Jahr 1937 an der talseitigen Bahnhofseinfahrt des Bahnhofes Semmering (Photographie: Sammlung Südbahnmuseum Mürzzuschlag)

nerdigen Anbauten ragten näher bis ans Gleis, sodass der Zwischenraum vor dem Haupttrakt überdacht wurde und als Windfang genutzt werden konnte. Der Wasserturm an der nördlichen Seite des Stationsplatzes wurde als Ersatz für die ehemalige Wasserstation bei der Lokomotivremise ebenfalls um 1870 errichtet. Die Gleisanlage blieb zunächst noch weitgehend unverändert.

Ab den späten 1880er-Jahren stiegen die Fahrgastzahlen wegen der neu errichten Villen- aber vor allem Hotelbauten, wie beispielsweise dem mehrfach um- und ausgebauten Hotel Panhans,[667] erneut an. So fand der nächste, sehr großzügig ausfallende Umbau in den Jahren 1896/97 unter Leitung des Südbahn-Baubüros statt: Dabei wurden die bestehenden seitlichen, ebenerdigen Trakte des Stationsgebäudes aufgestockt und teilweise verlängert (nun giebelige Hauptfassade zum straßenseitigen Vorplatz), währenddessen man am talseitigen Ende des Gebäudekomplexes einen zusätzlichen ebenerdigen Trakt mit Satteldach errichtete, in dem ein Buffet sowie die Aborte untergebracht waren. Mit kleinen Ergänzungen 1912/13 (Vergrößerung durch einen straßenseitigen Eingang) überstand dieses Gebäude auch den Zweiten Weltkrieg und wurde erst in den 1970er-Jahren anlässlich des größeren Umbaues der gesamten Station (Gleis- und Hochbauten) zu einem schlichten und stillosen Neubau renoviert. Seit 1977 beherbergt dieser Neubau auch die Fernsteuerung sämtlicher Stationen der Semmering-Nordrampe[668] sowie seit 2005 im ehemaligen Bahnhofsrestaurant das Informationszentrum Welterbe Semmeringbahn.

Zum Zweck der Beleuchtung als auch der Beheizung des Haupttunnels (vgl. 4.6.3.) wurde 1857 ein Gaswerk in der Nähe des Portals zum Semmering-Haupttunnel errichtet: Die Eisbildung im Winter konnte damit auch nicht verhindert werden, weshalb das Gaswerk 1860 schon wieder geschlossen wurde (die Gebäude desselben trug man erst 1913 ab). Im Rahmen des Umbaues der Station Semmering um das Jahr 1913 wurde der Güterschuppen in der Nähe des Haupttunnel-Portales sowie ein Bahnerhaltungs-Magazin neben dem Wohnhaus für die Bediensteten errichtet; an der südlichen Stationsausfahrt kurz vor dem Haupttunnel bestand bis in die 1940er-Jahre ein eigener Stellwerksturm.

8.12 STRECKE SEMMERING–STEINHAUS–SPITAL AM SEMMERING

Unmittelbar an das südliche Ende der Station Semmering schließt bei km 103,6 der Semmering-Tunnel, d. h. heute die beiden Röhren des Semmering-Haupttunnels, an. Während der alte Semmering-Tunnel eine Länge von 1.428,3 m aufweist, beträgt diese bei dem in den 1950er-Jahren gebauten neuen 1.511,5 m. Etwa in der Hälfte des Tunnels erreicht die Semmeringbahn ihren Kulminationspunkt in 898 m Seehöhe. Ursprünglich wurde der Tunnel – wie alle Tunnel der Semmeringbahn – zweigleisig ausgeführt und erhielt aufgrund seiner Lage und seines Ausmaßes eigene, in Marmor gemeißelte Inschriften (vgl. 4.6.3.).

An der steirischen Seite steht bei dem südlichen Tunnelportal ein Bahnwächterhaus und in unmittelbarer Nähe das Ende der 1950er-Jahre errichtete Unterwerk für die elektrische Energieversorgung der Semmering-Südrampe. Während das nördliche Tunnelportal bei den Bauarbeiten in den 1950er-Jahren völlig neu gestaltet wurde, blieb das Südportal des Semmering-Haupttunnels – nun als eingleisiges Portal – mit dem ursprünglichen Zahnfries-Gesims erhalten.

Die Landschaft zeigt sich auf der steirischen Seite des Semmerings in einer gänzlich anderen Gestalt: Die schroffen, zerklüfteten und engen Täler nördlich des Passes sind einem verhältnismäßig flach fallenden Trogtal gewichen, welches zunächst den Dürrgraben bildet und bei Steinhaus in das Fröschnitztal mündet. Die Neigung der Trasse beträgt nun 21 ‰ und wird bis nach Steinhaus beibehalten. Vor Erreichen der Station Steinhaus wird seit 1999 die neue Schnellstraße überbrückt, was zu nachhaltigen Ein-

Abbildung 41: Streckenplan Semmering – Spital am Semmering (nach Birk 1861)

griffen in die unmittelbare Umgebung der Bahn (‚Pufferzone' lt. UNESCO Welterbe-Terminologie) geführt hat. Kurz vor der Station bei km 107,3 führt die Strecke über den geradlinig angelegten Steinhauser-Viadukt. Wie alle Viadukte auf der steirischen Seite des Semmerings bestehen die Widerlager und Pfeiler aus Hausteinen, Quadern und Bruchsteinen, während die Gewölbe aus Quadersteinen (und nicht aus Ziegeln wie auf der Nordrampe) errichtet wurden. Als Fundament verwendete man bei den ersten drei Pfeilern (von Gloggnitz resp. Wien aus gesehen) einen Schwellrost, während beim vierten Pfeiler und den beiden Widerlagern die Fundierung mittels doppelter Pfostenlage gestaltet wurde.[669] Durch den bergseitigen Viaduktbogen verlief von 1917 bis 1958 die Trasse der Waldbahn Steinhaus-Rettenegg (in 600 mm Spurweite), welche eine der längsten Waldbahnen in Österreich war.

Sofort anschließend an den Viadukt folgt die heutige Haltestelle Steinhaus (838 m, km 107,7). Wegen des umfangreichen Hol-

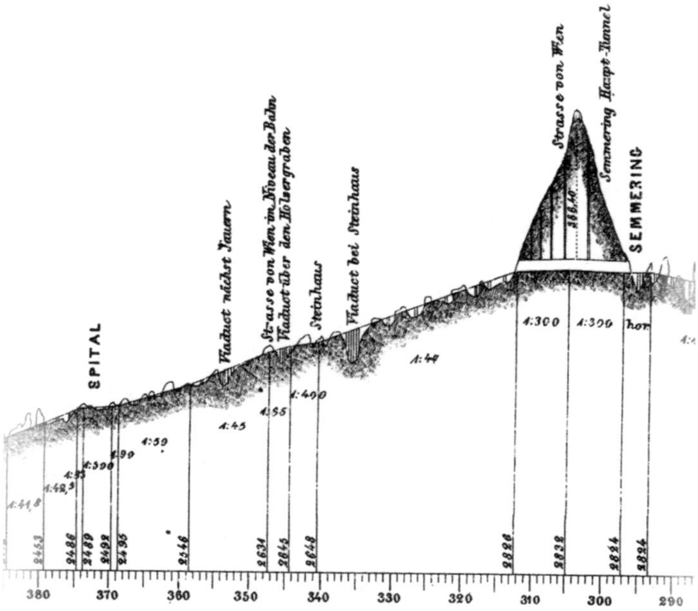

Abbildung 42: Neigungsplan der Strecke Semmering–Spital am Semmering (nach Birk 1861)

zumschlags und der lange Zeit vorhandenen Ausweichgleise kam dieser Station ursprünglich auch eine gewisse Bedeutung zu, die sich im Laufe der Jahre verstärkte: Das Stationsgebäude, ursprünglich dreigeschossig und dreifensterachsig, wurde aus Anlass von Vergrößerungsarbeiten 1906 in der Länge um zwei Fensterachsen je Richtung erweitert; im Anschluss daran wurden auch die Gleisanlagen erweitert sowie an der bergseitigen Stationsausfahrt ein Stellwerk errichtet (Plan von 1913).[670] Im Jahr 1937 wurden schließlich auch an der talseitigen Stationsausfahrt ein Stellwerk und an jeder Stationsausfahrt je eine Signalbrücke errichtet[671] sowie wiederum die Gleislängen der Ausweichgleise vergrößert. Mit der Stilllegung der Waldbahn (1958) und der Aufnahme des elektrischen Betriebes auf der Semmeringbahn (1959) nahm die Bedeutung der Station Steinhaus jedoch weiter ab. Heute dient sie ohne Ausweichgleis und ohne Gleisverbindung als unbesetzte Haltestelle dem regionalen Personenverkehr.

Kurz unterhalb von der Station Steinhaus folgt bei km 108,1 der in einem weiten Bogen von 411 m Halbmesser und in 15 ‰ Neigung liegende Holzergraben-Viadukt. Seit den 1950er-Jahren wird mit diesem Viadukt auch die Semmering-Bundesstraße überquert, während zuvor am talseitigen Ende des Viaduktes eine niveaugleiche Kreuzung mit Schranken bestand. Im Jahr 1992 wurde dieser Viadukt amtlich zum *südlichen* Steinhauser-Viadukt umbenannt (einhergehend der Steinhauser-Viadukt zum *nördlichen* Steinhauser-Viadukt). Am Viadukt wurde in den Jahren 1928/29 der Schottertrog saniert und abgedichtet, im Jahr 1944 wurden bei sämtlichen Pfeilern und Widerlagern Fundamentsverstärkungen ausgeführt und um 1995 erfolgte der Einbau eines Stahlbeton-Fahrbahntroges. Die originale steinerne Brüstung dürfte schon bei der Renovierung 1944 abgetragen und gegen ein einfaches Metallgeländer ersetzt worden sein.

Nach dem Viadukt neigt sich die Trasse nun mit 22 ‰ der Station Spital am Semmering zu. Zuvor wird noch der dreibögige Jauern-Viadukt[672] bei km 108,8 passiert. Dieser bestand ursprünglich, wie auf der Semmering-Südrampe üblich, aus Haustein, Quadern sowie Steinquadergewölbe und war zunächst unverputzt. Anlässlich der Renovierung in den 1950er-Jahren wurde die steinerne Brüstung auch hier gegen ein Metallgeländer ausgetauscht und der gesamte Viadukt verputzt, welcher sich durch die graue Farbe monoton und wenig vorteilhaft von der landschaftlich reizvollen Umgebung absetzt.

Zwischen diesem Viadukt und der nächsten Station verringert sich die Neigung von 22 ‰ auf 20 ‰, um bei km 110,5 die Station Spital am Semmering zu erreichen.

8.13 STATION SPITAL AM SEMMERING (789 M SEEHÖHE, KM 110,5)

Das Stationsgebäude Spital am Semmering wurde als stilreiner Natursteinbau mit ähnlichen Ausmaßen wie das Stationsgebäude Eichberg errichtet. Im Mittelbau war zunächst die Wasserstation (mit Vorwärmöfen) untergebracht und daran schlossen symmetrisch an beiden Seiten Bauten in der Größe der Semmering-typischen Wächterhäuser an. Im Rahmen von Renovierungsarbeiten wurden großflächige Fenster eingebaut und der Warteraum durch einen verputzten Flachdach-Vorbau erweitert, welcher nicht sonderlich zum optischen Charakter des Natursteinbaues passt. Der Güterschuppen besteht – ebenfalls mit betriebsbedingten Änderungen – noch heute.

Durch den in den letzten Jahren ausgebauten Skiliftbetrieb am Stuhleck erhielt diese Station in der zweiten Hälfte der 1990er-Jahre zumindest im Winter für den Fremdenverkehr dank den an Wochenenden eigens dafür eingesetzten Sonderzügen von Wien bzw. der Slowakei und Ungarn eine neue Bedeutung. Nach der Jahrtausendwende wurden diese gut genutzten Züge allerdings wieder eingestellt.

8.14 STRECKE SPITAL AM SEMMERING–MÜRZZUSCHLAG

Nach Spital am Semmering neigt sich die Trasse dem schon nahen Mürzzuschlag entgegen, wobei sich beim Schloss Sommerau das Tal für einige hundert Meter noch verengt.

Zuvor wird der 1999 begonnene Semmering-Schnellstraßen-Tunnel überquert. Dieser Straßenbau verändert durch den großen Eingriff in die Landschaft das Umfeld in diesem Abschnitt wohl einschneidender als 150 Jahre zuvor die Eisenbahn. Der Bau dieses Straßentunnels wurde unglücklicherweise von negativen Schlagzeilen begleitet: während am 7. Februar 2000 ein Arbeiter von einer Baggerschaufel erdrückt wurde, begruben am

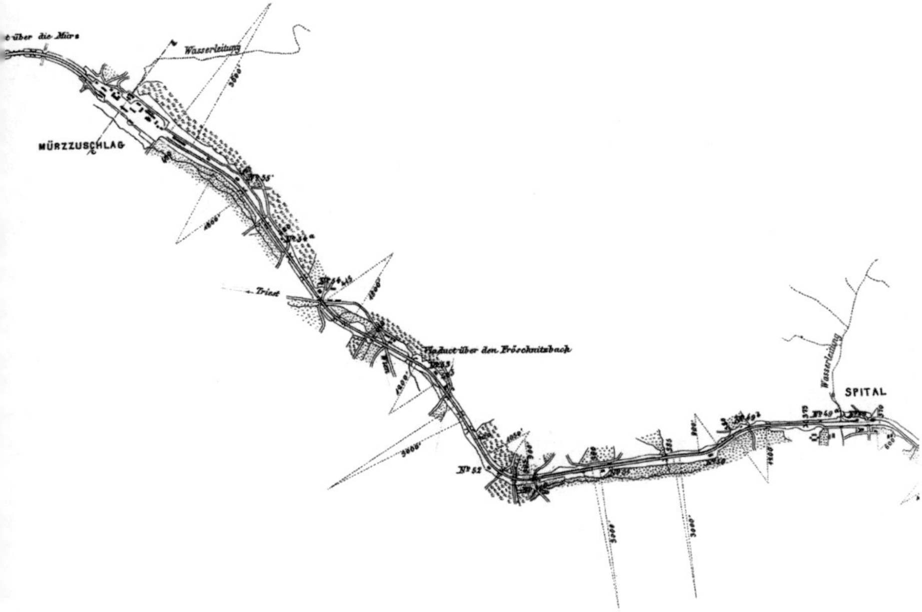

Abbildung 43: Streckenplan Spital am Semmering–Mürzzuschlag (nach Birk 1861)

4. März 2000 von der Tunneldecke herabfallende Gesteinsmassen zwei Arbeiter, von denen leider einer noch beim Transport ins Krankenhaus verstarb. Trotz der von der „Österreichischen Schnellstraßen- und Autobahn AG" (ÖSAG) beteuerten „Unvorhersehbarkeit" des zweiten Unglücks wird auch hier nur allzu deutlich, dass am Semmering die Gebirgsverhältnisse für Tunnelbauten schon seit der Zeit des Bahnbaues äußerst schwierig waren und – wie diese traurigen Ereignisse nur allzu deutlich belegen – auch immer noch sind. Obwohl von verantwortlicher Seite im Allgemeinen gerne auf die Beherrschbarkeit und die steigende Sicherheit durch vermehrten Technikeinsatz verwiesen wird, scheint sich doch die Tendenz abzuzeichnen, dass von den Verantwortlichen der Tunnelbauten am Semmering insbesondere die seit über 150

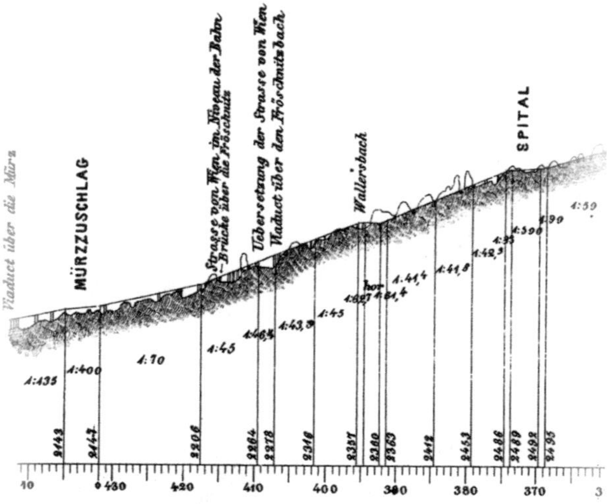

Abbildung 44: Neigungsplan der Strecke Spital am Semmering–Mürzzuschlag (nach Birk 1861)

Jahren gemachten Erfahrungen vor Ort leider immer noch ungenügend berücksichtigt werden.[673]

Den Abschnitt bei Schloss Sommerau durchfährt die Bahn dicht am Hang, um anschließend in einem weiten Bogen das Tal des Wallersbaches zu übersetzen. Daran anschließend verläuft die Trasse am Fuß des Silbersberges und übersetzt noch zweimal den Fröschnitzbach: Der erste Viadukt (Fröschnitzbach-Viadukt, km 114,2) war ursprünglich dreibögig sowie auf einem Pfahlrost fundiert und wurde inzwischen durch eine einbögige Betonbogenbrücke mit Steinmauerverkleidung ersetzt. Die zweite Übersetzung dieses Baches kurz vor Mürzzuschlag war ursprünglich die größte Brücke der Semmeringbahn mit eisernen Trägern: Mittels zweier, jeweils 30 Fuß (9,48 m) Spannweite messender Eisenträger wurde damals die Fröschnitz übersetzt.[674] Heute steht an dieser Stelle eine frühe Stahlbetonbrücke, welche im Kern aus dem Jahr 1927 datiert.

8.15 STATION MÜRZZUSCHLAG (681 M SEEHÖHE, KM 116,7)

Die Region um Mürzzuschlag wurde seit Beginn des vorigen Jahrhunderts wegen der lebhaften Eisenindustrie[675] sowie ab 1890 als die mitteleuropäische Ursprungsregion des Skisports bekannt.[676]

Auch als Eisenbahnstation erlangte Mürzzuschlag eine besondere Bedeutung: Sie stellt bis heute die größte Station der Semmeringbahn dar. Schon von Beginn an (Mürzzuschlag–Graz 1844 eröffnet, vgl. 4.3.) wurden die Stationsanlagen relativ großzügig angelegt. Der erste große Umbau erfolgte anlässlich des Baues der Semmeringbahn, wobei vor allem die Gleisanlagen erweitert und die erforderlichen Bahnbetriebsgebäude errichtet wurden. Ab dieser Zeit entstanden in Mürzzuschlag neben den Heizhäusern noch umfangreiche Werkstättenanlagen des Bahnbetriebswerkes.

Das Stationsgebäude wurde zweigeschossig und neunfensterachsig errichtet, die ebenerdigen Fenster und Türen erhielten einen runden Abschluss und die Fenster des ersten Stockes wurden rechteckig und achtteilig ausgeführt. Ähnlich dem Gloggnitzer Stationsgebäude wurden die Gebäudeecken mit Quaderstein-Lisenen versehen und die Gebäudefassaden verputzt. Um 1898 wurde dieses Gebäude im Zuge von Umbauten erweitert, welche im Wesentlichen bis heute bestehen.[677] 1908 erfolgte im Bereich des Grazer Bahnsteigendes die Errichtung des Postgebäudes, welches ursprünglich auf der Gleisseite ein Geschoss aufwies, später jedoch aufgestockt wurde. Heute befindet sich ebenerdig die Infobox für den Bau des Semmering-Basistunnels und im ersten Stock die Büros der lokalen Bauleitung.

Des Weiteren war in den ersten Betriebsjahren der Semmeringbahn eine Bahnsteighalle (wie in Gloggnitz aus Ziegelmauerwerk mit hölzernen Dachstühlen und Metalleindeckung) an das Stationsgebäude angeschlossen.[678] Nach der Jahrhundertwende errichtete die Südbahn-Gesellschaft am bergseitigen Stationsende ein großes Stellwerk, welches heute jedoch nicht mehr besteht.[679]

Für den Betrieb und die Wartung von Dampflokomotiven waren umfangreiche Betriebsanlagen erforderlich. Deshalb errichtete man

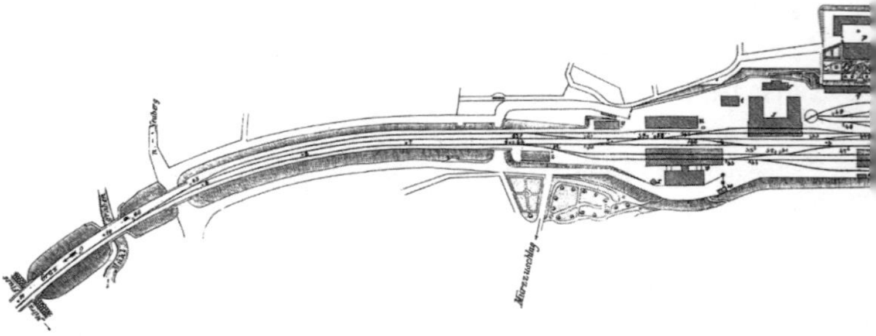

Abbildung 45: Plan der Station Mürzzuschlag (nach Birk 1861)

für die auf der Semmeringbahn benötigten Lokomotiven bergseitig neben dem dreigleisigen ‚Marburger Heizhaus' ein weiteres dreigleisiges Heizhaus, das ‚Semmeringer Heizhaus'. Beide Gebäude reichten jedoch im Laufe der Zeit nicht aus und noch vor der Jahrhundertwende wurde ein Rundheizhaus mit Drehscheibe und 14 Ständen sowie eine umfangreiche Werkstättenanlage hinter dem ‚Semmeringer Heizhaus' errichtet.[680] Nach der Jahrhundertwende entstand die heute noch vorhandene Schiebebühne. Der in den 1920er-Jahren errichtete Werkstätten-Ergänzungsbau bei der Schiebebühne, die ‚Neue Montierung', besteht bis zum heutigen Tag und beherbergt seit 2004 das ‚Südbahn-Museum'. Hingegen wurden die beiden Heizhäuser für die Dampflokomotiven (‚Marburger' und ‚Semmeringer') in den frühen 1960er-Jahren, nach dem Ende des Dampfbetriebes am Semmering, abgetragen. In jene Zeit fällt auch die Elektrifizierung der Semmeringbahn und im Zuge dessen wurden auch die Gleisanlagen umfangreich umgebaut (Verlegung Güterschuppen; Neuerrichtung Personentunnel und Inselbahnsteige mit Dächern). Beim Rundheizhaus wurden vier Stände abgebaut, sodass heute zehn Stände erhalten geblieben sind; diese wurden bis Mitte der 1990er-Jahre als Werkstätten benutzt[681] und konnten seit 2007 in das Südbahn-Museum integriert werden.

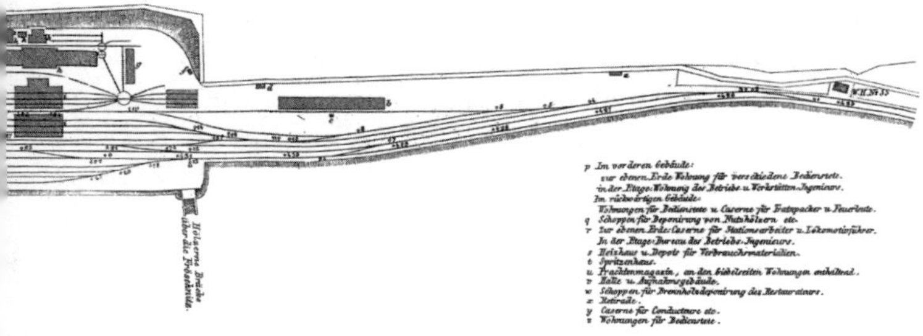

Abbildung 46: Heizhausbereich Mürzzuschlag – links: Marburger Heizhaus, Mitte: Semmeringer Heizhaus, rechts: Drehscheibe mit Rundlokschuppen – beherbergt heute das Südbahnmuseum (Photographie: Sammlung Südbahnmuseum Mürzzuschlag)

Mit all diesen vielfältigen Gebäuden hatte die Station Mürzzuschlag für lange Zeit eine herausragende Bedeutung im Lokomotivdienst (Betrieb und Wartung) inne, welche jedoch in den späten 1990ern auf den Standort von Vorspannmaschinen reduziert wurde (im Tagesdurchschnitt wurden in den späten 1980er-Jahren sechs Stück benötigt)[682]. Einen weiteren Rückgang der Bedeutung dieser Eisenbahn-Dienststelle hat die Schließung der Werkstätte im Herbst 1998 und die Verlagerung der Arbeitsplätze nach Bruck an der Mur gebracht. Weitere Veränderungen wird der in Bau befindliche Semmering-Basistunnel bringen, durch den auch die Vorspannleistungen (und die daran gekoppelten Arbeitsplätze) weitestgehend entfallen werden.[683]

9 Anhang

9.1 CHRONIK

10. Jän. 1802 Carl Ghega, geb. in Venedig als Sohn eines Marine-Beamten; Ghega gibt seinen Geburtstag in der Diensttabelle mit dem 13. Juni 1802 an, da er, „wie viele seiner Zeitgenossen, seinen Geburtstag nicht genau gekannt hat, was damals in den katholischen Ländern, wo noch ausschließlich der Namenstag, nicht aber der Geburtstag gefeiert wurde, recht häufig vorgekommen sein soll"; Niel 1977, 7.

1836–1840 Ghega ist im Bahnbau im Bereich zwischen Lundenburg (Breclav) – Brünn (Brno) der Kaiser-Ferdinands-Nordbahn tätig; vgl. Schwarz 1992, 510.

19. Dez. 1841 Entschließung von Kaiser Ferdinand zum Bau von Eisenbahn-Hauptlinien und verbindenden Bahnlinien auf privater Basis unter Staatsverwaltung; es erfolgte zunächt noch kein definitiver Beschluss der Überschienung des Semmerings, wohl aber zugunsten einer Trasse durch die Steiermark; vgl. Stuttgarter Eisenbahn-Zeitung Nr. 31, 1. August 1847; Dultinger 1985, 26; die Veröffentlichung erfolgte am 23. Dez. 1841; Mauterer 1990, 2.

Feb. 1842 – 9. Aug. 1842
Ghegas Reise mit dem Architekten Moritz Löhr als Englischübersetzer nach England und Nordamerika; dabei besuchen sie die Birmingham-Gloucester-Eisenbahn in England, danach schiffen sie sich in Bristol auf den Raddampfer „Great Western" nach Nordamerika ein und kommen am 17. April in New York an. In Nordamerika besichtigen sie die Dampfmaschinenfabrik von William Norris et Comp. in Philadelphia, die Steigungsstrecke der Baltimore-Ohio-Eisenbahn bei Harpers Ferry – Winchester, das „Maschinen- Etablissement" von Eastwick & Harrison in Philadelphia und die Dampflokomotivenfabrik von Baldwin et Vail in Philadelphia; vgl. Ghega 1844, 45, 131, 155, 161–162, 167.

2. Mai 1842 Kaiserliches Handschreiben bzgl. der Trassenwahl durch die Steiermark; vgl. Praschinger 1992, 491.

5. Mai 1842	Eröffnung des letzten Teilstücks (Neunkirchen–Gloggnitz) der WienRaaber Eisenbahngesellschaft. Die anderen Abschnitte werden früher eröffnet: 16. Mai 1841: Wiener Neustadt–Baden; 29. Mai 1841: Mödling–Baden; 20. Juni 1841 Wien–Mödling; am 24. Oktober 1841 Wiener Neustadt–Neunkirchen; vgl. Dultinger 1985, 34; Stürmer 1872, 77.
3. Aug. 1842	Entscheidung für den Bau der Strecke Mürzzuschlag–Graz und damit für die Semmering-Variante im Vergleich zu Studien im Bereich des Wechsel; vgl. Kupka 1888, 101–102; Praschinger 1992, 492.
31. Jän. 1844	Ghega legt Francesconi erste Pläne der Überschienung des Semmerings vor; Niel 1960, 19.
21. Okt. 1844	Eröffnung der südlichen Staatsbahn Graz–Mürzzuschlag als erste Staatsbahn Österreichs; die Lokomotive fuhr Ghega persönlich; vgl. Niel 1977, 25; Dultinger 1985, 29; Stockklausner 1979a, 26.
1844	Ghegas Buch über die Baltimore- und Ohio-Eisenbahn, „Beweisführung für das Adhäsions-Princip" ; vgl. Lahoda, v. Lihotzky, Rziha 1879, Anh.1.
27. Juni 1848	Minister Baumgartner (Ministerium für öffentliche Arbeiten) genehmigt die Baupläne der Semmeringbahn und ordnet den sofortigen Baubeginn an; vgl. Niel 1977, 29; ders. 1960, 22.
8. Aug. 1848	Beginn der Bauarbeiten an der Semmeringbahn, Abschnitt Gloggnitz–Payerbach; Schweiger-Lerchenfeld 1884, vgl. 24; Praschinger 1992, 497.
28. Aug. 1848	Beginn der Bauarbeiten an der Semmeringbahn nördlich von Mürzzuschlag; vgl. Binder 1929, 261.
1. März 1849	Bestätigung der Baugenehmigung der Semmeringbahn durch Kaiser Franz Joseph; vgl. Niel 1960, 23.
5. Juni 1849	Baubeginn des Semmering-Haupttunnels; vgl. Praschinger 1992, 499.
1. Sept. 1849	Ghega wird mit dem Orden der eisernen Krone ausgezeichnet; dies war die Voraussetzung zur Erhebung in den Ritterstand; vgl. Niel 1977, 30.
März 1850	Ausschreibung zum Wettbewerb der Lokomotiven am Semmering: die Ablieferung muss bis zum 31. Mai 1851 erfolgen; vgl. Praschinger 1992, 499; Dultinger 1985, 117.
6. Juli 1850	Tagbruch im Wolfsberg-Tunnel; vgl. Lahoda, v. Lihotzky, Rziha 1879, Anh.1.
27. Okt. 1850	Felssturz im Bereich der Weinzettlwand, dabei werden 14

	Arbeiter getötet; deswegen Neutrassierung. Daraus resultiert eine Tunnelverlängerung; vgl. Praschinger 1992, 499; beim Bau des Weinzettlwand-Tunnels macht der Artillerieleutnant Franz von Uchatius Versuche mit Schießbaumwolle; vgl. Niel 1977, 43.
28. Feb. 1851	Tagbruch im Klamm-Tunnel, 1 Toter, vgl. Lahoda, v. Lihotzky, Rziha 1879, Anh. 1.
12. Juni 1851	Durchbruch des Richtstollens am Semmering-Haupttunnel; vgl. Praschinger 1992, 499; Lahoda, v. Lihotzky, Rziha 1879, Anh. 1.
22. Juni 1851	Ghega wird in den Ritterstand erhoben; Kos 1992, 211; Niel 1977, 30.
26. Juni 1851	Erste Probefahrt mit der Save auf der Strecke Gloggnitz-Payerbach; vgl. Lahoda, v. Lihotzky, Rziha 1879, Anh. 1.
13. Aug. –16. Sept. 1851	Probe- und Wettbewerbsfahrten auf der Strecke zwischen Payerbach und Eichberg; Ghega 1853, 106–107; Schweiger-Lerchenfeld 1884, 31; vgl. Lahoda, v. Lihotzky, Rziha 1879, Anh. 1.
März 1853	Beauftragung Ghegas durch den Handelsminister zur Trassierung einer Paralleltrasse von Gloggnitz nach Wien aufgrund ergebnisloser Verhandlungen bezüglich der Einlösung der Wien-Gloggnitzer Bahn durch den Staat; vgl. Dultinger 1985, 26.
30. Aug. 1853	Der Kaiser unterzeichnet den Kaufvertrag der Strecke Wien–Gloggnitz der Wien-Gloggnitzer Bahn, welcher nach langen Verhandlungen und unter staatlichem Druck zustande kommt; vgl. Dultinger 1985, 26.
12. Okt. 1853	Die letzte Gleislücke in der Nähe der Kalten Rinne wird geschlossen; vgl. Niel 1977, 51; ders. 1960, 33.
22. Okt. 1853	Erste Fahrt mit der Lokomotive Lavant, einer gewöhnlichen Lokomotive der südlichen Staatsbahn, über die ganze Semmeringstrecke; vgl. Lahoda, v. Lihotzky, Rziha 1879, Anh. 1; ÖIAZ 25/26/1929, 265.
23. Okt. 1853	Festfahrt als ‚inoffizielle Eröffnung' über die gesamte Strecke mit Minister Baumgartner; vgl. Navé, Luft 1985, 12; tags darauf erfolgte noch eine Fahrt für sämtliche Bahningenieure; vgl. Lahoda, v. Lihotzky, Rziha 1879, Anh.1; Rihosek 1929, 265; Praschinger 1992, 500.
2. Nov. 1853	Strecke Gloggnitz–Payerbach wird dem öffentlichen Verkehr übergeben; vgl. Lahoda, v. Lihotzky, Rziha 1879, Anh. 1; Praschinger 1992, 500.

7. Nov. 1853	Die erste Maschine nach dem Engerth'schen System trifft in Payerbach ein; Name: Kapellen, gebaut von Kessler in Eßlingen; vgl. Lahoda, v. Lihotzky, Rziha 1879, Anh. 1.
6. Dez. 1853	Erste (provisorische) Fahrt mit dem Premierminister Camillo di Cavour und weiteren Regierungsmitgliedern über die Giovi-Strecke von Turin nach Genua Pontèdecimo (Italien); vgl. Briano 1977, 95; Kalla-Bishop 1971, 25.
20. Feb. 1854	König Vittorio Emanuele II. Eröffnet die Giovi-Linie von Turin nach Genua Piazza Principe (Italien); vgl. Briano 1977, 95; Kalla-Bishop 1971, 25.
12. April 1854	Kaiser Franz Joseph besucht das erste Mal – von einem Jagdausflug von Mürzsteg zurückkehrend (vgl. Niel 1977, 53) – die fertiggestellte Semmeringbahn, in Begleitung des Generaladjudanten Keller; vgl. Schweiger-Lerchenfeld 1884, 26; Lahoda, v. Lihotzky, Rziha 1879, Anh. 1; „Bei der Rückfahrt des Hofzuges streifte der Rauchfang der Lokomotive Emmerberg das Einfahrtstor des Bahnhofes Gloggnitz und fiel herab; die Halle war schnell mit Rauch und Dampf erfüllt, doch hatte der Zwischenfall sonst keine bösen Folgen."; Binder 1929, 264.
15. Mai 1854	Betriebsaufnahme des Frachtenverkehrs über den Semmering; vgl. Lahoda, v. Lihotzky, Rziha 1879, Anh. 1; Schweiger-Lerchenfeld 1884, 26.
16. und 17. Mai 1854	Kaiserin Elisabeth und Kaiser Franz Joseph besuchen die fertiggestellte Semmeringbahn; vgl. Lahoda, v. Lihotzky, Rziha 1879, Anh.1; Schweiger-Lerchenfeld 1884, 26; Zug mit Lokomotive Heukoppe; vgl. Hüller 1929, 266.
9. Juli 1854	Entscheidung des Kaisers, dass eine „Eröffnungsfeierlichkeit für die Bahnstrecke über den Semering nicht statt zu finden hat"; ÖStA AVA VA 1854/1733, handschriftliche Eintragung des Kaisers im „Vortrag des treugehorsamsten Handelsministers Ritters von Baumgartner", 6.
17. Juli 1854	Betriebseröffnung der Semmeringbahn für den Personenverkehr; vgl. Lahoda, v. Lihotzky, Rziha 1879, Anh.1; Hüller 1929, 266.
27. Juli 1857	Eröffnung der gesamten Linie Wien–Triest; vgl. Niel 1977, 66.
1858	Der elektrische Telegraph wird zur Verständigung zwischen den Stationen eingeführt; vgl. Birk, Aichinger 1861, 15–16.

23. Sept. 1858	Die südliche, vom Staat erbaute Eisenbahnlinie wird an eine Privatgesellschaft verkauft; vgl. Binder 1929, 264.
14. März 1860	Carl Ritter von Ghega stirbt (an TBC). Stand: ledig. Religion: röm.-kath.; vgl. Kos 1992, 211, 1 Uhr nachmittags in seiner Wohnung im Haus Rothenturmstraße Nr. 6, Wien; vgl. Niel 1977, 68–69.
1868	Güterzug- Schiebebetrieb wird am Semmering erlaubt; vgl. Trnka 1929, 256.
22. Juli 1869	Einweihung des Ghega gewidmeten Monuments durch den Österreichischen Ingenieur- und Architekten-Verein (gleichzeitig erfolgte die Gründung der Ghega-Stiftung); vgl. Schweiger-Lerchenfeld 1884, 35; Kos 1992, 226, Kat.-Nr.17/4d.
Ende 1870er-Jahre	In Zügen der Semmeringbahn wird die durchgehende Hardy'sche Vakuumbremse eingesetzt; vgl. Trnka 1929, 256; Gölsdorf 1978, 46, 53.
1909	Die Holztore am Semmering-Haupttunnel, welche übermäßiges Gefrieren des eindringenden Bergwassers verhindern sollten, werden wegen der steigenden Zugsfrequenz abgebaut; vgl. Trnka 1929, 253–254.
1916	Es besteht nur mehr ein Tunnelschacht des Semmering-Haupttunnels, welcher als Ventilationsschacht zum Einblasen von Frischluft genutzt wird. Dieser erweist sich aber als wenig wirksam und wird 1927 ebenfalls zugemauert; vgl. Trnka 1929, 254.
1923	Gemäß §§ 1 und §§ 2 des Österreichischen Denkmalschutzgesetzes wird die Semmeringbahn unter Denkmalschutz gestellt.
1930	Die zulässigen maximalen Achslasten werden schrittweise von 14,5 t auf 17 t angehoben; dabei wird vom damaligen Baudirektor der österreichischen Bundesbahnen, Ing. Dr. Ferdinand Trnka, die Anhebung der Achslast auf 25 t in Aussicht gestellt; vgl. Trnka 1929, 254.
1940–41	Ab Frühjahr 1940 werden zum Bündnispartner des Deutschen Reiches, Italien, Kohlenzüge von Oberschlesien (vgl. Dultinger 1985, 275) über den Semmering geführt. Im Vorfeld des am 6. April 1941 begonnenen ‚Balkanfeldzuges' erfolgen weiters Truppentransporte, wodurch täglich – teilweise Tag und Nacht im Blockabstand bis zu 75.000 t – Richtung Süden rollten; vgl. Kubinszky, Pawlik, Slezak 1992, 113.

1. April 1945	Auflösung des Gloggnitzer Bahnbetriebswerkes, Abtransport aller Lokomotiven nach Mürzzuschlag und Einstellung des Betriebs. Die Kampfhandlungen zwischen deutschen und russischen Truppen dauern am Semmering noch bis zum 8. Mai 1945; vgl. Mauterer 1990, 76.
17. Mai 1945	Nach der der Betriebspause folgenden Begutachtung der Kriegsschäden ist die Strecke ab diesem Zeitpunkt wieder eingleisig befahrbar; vgl. Mauterer 1990, 76; Kubinszky, Pawlik, Slezak 1992, 113.
Sept. 1945	Wiederaufnahme des Schnellzugbetriebes zwischen Wien und Villach/Graz (Wegen Kohlenmangels nur ein Zugspaar täglich); vgl. Mauterer 1990, 76.
1. März 1952	Eröffnung des neuen, eingleisigen Semmering-Haupttunnels, der nahezu parallel zum alten Tunnel verläuft; vgl. Dultinger 1985, 162–163; Karner 1952, 32 ff..
20. Feb. 1953	Eröffnung des zu einem eingleisigen Tunnel umgebauten alten Semmering-Haupttunnels; vgl. Dultinger 1985, 162–163; Karner 1952, 32 ff..
1957	Zulässige maximale Achslast wird nach umfangreichen Renovierungsarbeiten auf 22,5 t angehoben; vgl. Karner 1959, ohne Seitenangabe.
31. Mai 1959	Eröffnung des elektrischen Betriebes Gloggnitz-Mürzzuschlag; vgl. Rossberg 1972, 284; Niel 1960, 50; mit diesem Datum wird das Nachschieben von Zügen verboten; vgl. Mauterer 1990, 79; inzwischen – ab Mitte der 90er-Jahre – wieder erlaubt.
Juli 1961	Der schwerste über den Semmering beförderte Zug mit nur einer Lokomotive fährt anlässlich Probefahrten mit der sechsachsigen Krauss-Maffei Diesellokomotive ML 4000 CC: die maximale Anhängelast beträgt 867 t (vgl. heute: Elektrolokomotive der Reihe 1044: maximal 650t); vgl. Eisenbahn 1961, 125, Stockklausner 1979a, 14–15; Navé, Luft 1985, 147.
1977	Inbetriebnahme der Fernsteuerung der Bahnhöfe der Nordrampe (außer der Station Gloggnitz) von der Station Semmering aus; vgl. Wegenstein 1979, 7.
Jänner 1993	Die ALLIANCE FOR NATURE* schlägt den Bundesländern Niederösterreich und Steiermark die Nominierung der Semmeringbahn als potentielle Welterbestätte vor und startet die Initiative „Weltkulturerbe Semmeringbahn"*
März 1995	Nominierung der Semmeringbahn als potentielle Welter-

	bestätte gemäß UNESCO-„Übereinkommen zum Schutz des Kultur- und Naturerbes der Welt".
1997	Unterschutzstellung der Semmeringbahn zwischen den Bahnhöfen Gloggnitz und Mürzzuschlag von Bahn-km 75,65 bis Bahn-km 115,4 mitsamt den darauf befindlichen Hoch- und Ingenieurbauwerken durch das Bundesdenkmalamt.
2. Dez. 1998	Die UNESCO beschließt bei ihrer jährlichen Sitzung die Aufnahme der Semmeringeisenbahn (Semmering railway) als weltweit erste Eisenbahn in die Welterbeliste.
2004	150 Jahre Semmeringbahn mit zahlreichen Sonderfahrten, der Eröffnung des Südbahn Museums in Mürzzuschlag (18.6.2004, Verein Freunde der Südbahn) sowie temporären Ausstellungen des Österreichischen Staatsarchives in Schottwien und des Technischen Museums Wien in Reichenau.
2005	Eröffnung des Informationszentrums ‚Welterbe Semmeringbahn' im ehemaligen Restaurant im Aufnahmegebäude Semmering durch den Verein Freunde der Semmeringbahn
2006	Unterschutzstellung der Gebäude der ‚Neuen Montierung' sowie der Rundlokschuppen mitsamt der davor liegenden Drehscheibe und der Schiebebühne im Bereich des Bahnhofes Mürzzuschlag durch das Bundesdenkmalamt.
2007	Einbezug des Rundlokschuppens Mürzzuschlag in das Südbahn Museum mit einer Lokomotivsammlung sowie der größten Sammlung von Draisinen und Motorbahnwagen für den Bahnerhaltungsdienst.
2006	Sanierung des Abschnittes Payerbach–Eichberg mit den Viadukten Payerbachgraben, Kübgraben und Abfaltersbachgraben
2009	Erstellung der Zonenkarte der Welterbestätte Semmeringeisenbahn mit Unterteilung in Welterbegut (frühere Bezeichnung: ‚Kernzone') und Pufferzone, welche am Semmering vier Ebenen umfasst: Nahbereich, historisch-touristische Siedlungslandschaft, touristischer Ergänzungsraum und ergänzende Siedlungslandschaft.
20.–23.4.2010	Auf Ersuchen der Republik Österreich findet eine ICOMOS-Monitoringmission zur Klärung der Verträglichkeit von UNESCO-Welterbe Semmeringeisenbahn und Neubau des Semmering Basistunnels statt.

10.6.2012	Bundespräsident Heinz Fischer bereist im ehemaligen Bundespräsidenten-Waggon der ÖBB die Semmeringbahn und besucht das Südbahn Museum in Mürzzuschlag.
6.8.2012	Umstellung der Südbahn von Wien bis Payerbach-Reichenau von Linksverkehr auf Rechtsverkehr. Ab Payerbach-Reichenau ist bis auf weiteres Linksverkehr bis Graz und Spielfeld.
1.9.2012	Eröffnung des Ghega-Museums im Wächterhaus 167 beim Viadukt über die Kalte Rinne (Verein Club der Freunde Ghegas).
2016	Unterschutzstellung der Aufnahmegebäude Gloggnitz und Mürzuuschlag sowie des Postgebäudes Mürzzuschlag und des Dienstgebäudes zwischen ‚Neuer Montierung' sowie Rundlokschuppen durch das Bundesdenkmalamt.
2017	Sanierung des Kartnerkogel Viaduktes sowie des Portales des Geyeregger-Tunnels
2018	Sanierung der Viadukte über den Wagnergraben, Gamperlgraben und Rumplergraben

9.2 BAULOSE[684]

	zum Bau übergeben				
Baulose	Stationierungsnummer		Länge in Metern	am:	an Unternehmer:
	von	bis			
Gloggnitz bis Tschachbauer	0	50	4750	16. Oktober 1848	Hablitschek
Tschachbauer bis Payerbach	50	77	2565	8. August 1848	Hablitschek
Payerbach bis Payerbachgraben	77	85	760	August 1849	Gebrüder Theuer
Payerbachgraben bis Abfaltersbachgraben	85	127	3990	Jänner 1850	Samek
Abfaltersbachgraben bis Geyeregger	127	172	4275	4. März 1850	Eichler
Geyeregger bis Gamperlhöhe	172	208	3420	10. Mai 1850	Eichler, Klein & Schönerer
Gamperlhöhe bis Spies (Weinzettlwand)	208	237	2755	10. Mai 1850	Eichler, Klein & Schönerer
Spies bis Heidensteiner (Kalte Rinne)	237	256	1805	9. April 1850	Tallachini
Heidensteiner bis oberer Adlitzgraben	256	276	1900	15. Jänner 1850	Gebrüder Fleischmann, Blühdorn

oberer Adlitzgraben bis Haupttunnel	276	304	2660	15. Juni 1850	Gebrüder Fleischmann, Blühdorn
Haupttunnel	304	320	1520	4. Mai 1849	Gebrüder Klein
Haupttunnel bis Spital	320	379	5605	6. April 1849	Gebrüder Fleischmann, Blühdorn
Spital bis Grautschenhammer	379	399	1900	30. August 1848	Reiter, Fröstel
Grautschenhammer bis Mürzzuschlag	399	439	3800	30. August 1848	Aigner

9.3 VIADUKTE UND TUNNEL

Tabelle der Viadukte (nach Ghega)[685]

Name	fällt	steigt	Halbmesser in m	Länge in m	größte Höhe in m	Anzahl der Bögen	Spannweite in m	Anmerkung
Viadukt über die „Schwarza“	–	1 : 100 (10 ‰)	284,5	227,6	24,7	5 8	19,9 9,8	in der Mitte je 4 seitl. d. großen Bögen
Viadukt über den „Payerbach“	–	1 : 40 (25 ‰)	0	60,7	15,2	1 4	15,2 7,6	in der Mitte je 2 seitl. d. großen Bögen

Viadukt über den „Kübgraben" (schief)	–	1 : 45 (22 ‰)	189,7	41,7	17,1	1 2	13,3 6,6	in der Mitte je 1 seitl. d. großen Bogen
Viadukt über den „Höllgraben"	–	1 : 200 (5 ‰)	284,5	81,6	18,4	1 4	19,9 9,5	in der Mitte je 2 seitl. d. großen Bögen
Viadukt über den „Abfaltersbach"	–	1 : 45 (22 ‰)	189,7	92,9	30,3	5	14,4	
Viadukt über den „Wagnergraben" in zwei Etagen	–	1 : 45 (22 ‰)	189,7	142,2	38,9	5 9	9,5 12,3	I. Etage, Höhe: 17,1 m II. Etage, Höhe 21,8 m
Viadukt über den „Gamperlgraben" in zwei Etagen	–	1 : 45 (22 ‰)	189,7	111,9	37,0	5 7	9,5 12,3	I. Etage, Höhe: 15,2 m II. Etage, Höhe: 21,8 m
Viadukt über den „Rumplergraben"	–	1 : 200 (5 ‰)	189,7	43,6	19,0	3	9,5	
Viadukt über die „Krausel-Klause" in zwei Etagen	–	1 : 60 (17 ‰)	0	87,2	36,4	3 6	10,0 11,4	I. Etage, Höhe: 16,9 m II. Etage, Höhe: 19,4 m
Viadukt über die „Kalte Rinne" in zwei Etagen	–	1 : 60 (17 ‰)	189,7	184,0	45,7	5 10	12,6 14,5	I. Etage, Höhe: 21,0 m II. Etage, Höhe: 24,7 m
Viadukt über den „Unteren Adlitzgraben"	–	1 : 45 (22 ‰)	189,7	151,7	23,7	8	15,2	
Viadukt nächst dem „Kartner Kogel"[686]	–	1 : 100 (10 ‰)	189,7	43,6	15,6	3	11,4	

Fortsetzung:

Name	fällt	steigt	Halbmesser in m	Länge in m	größte Höhe in m	Anzahl der Bögen	Spannweite in m	Anmerkung
Viadukt nächst „Steinhaus“	1 : 47 (21 ‰)		0	70,2	17,2	5	11,4	
Viadukt beim „Holzer“	1 : 65 (15 ‰)		284,5	81,6	13,3	7	9,5	
Viadukt beim „Jauerwirth“	1 : 45 (22 ‰)		284,5	30,3	11,4	3	7,6	
Viadukt über den „Fröschnitzbach“	1 : 46,4 (22 ‰)		0	30,3	11,1	3	7,6	

Tabelle der Viadukte (nach Kubinszky, Pawlik, Slezak)[687]

Name	Länge in m	größte Höhe in m	Anzahl der Bögen	Anmerkung
Schwarza-Viadukt	276	25	13	
Payerbachgraben-Viadukt	60	15	5	
Kübgraben-Viadukt	50	17	3	
Höllgraben-Viadukt	90	28	5	
Abfaltersbach-Viadukt	106	30	5	
Wagnergraben-Viadukt	142	39	9 5	oben unten
Gamperlgraben-Viadukt	152	37	7 5	oben unten
Rumplergraben-Viadukt	46	19	3	
Krauselklause-Viadukt	85	36	6 3	oben unten
Kalte-Rinne-Viadukt	182	46	10 5	oben unten

Unt. Adlitzgraben-Viadukt	151	24	8	
Kartnerkogel-Viadukt	46	16	3	
Steinhauser-Viadukt	74	17	5	amtlich ab 1992: nördlicher Steinhauser-Viadukt
Holzergraben-Viadukt	88	13	7	amtlich ab 1992: südlicher Steinhauser-Viadukt
Jauern-Viadukt	34	11	3	
Fröschnitzbach-Viadukt	25	11	3	in Betonbogenbrücke mit Steinmauerverkleidung umgebaut[688]

Tabelle der Tunnels (nach Ghega)[689]

Name	Länge in m	davon gewölbt in m	davon ungewölbt in m	kleinste Krümmung im Tunnel, in m	größte Neigung im Tunnel	größte Tunnelüberdeckung, in m	Anmerkung
Tunnel bei „Pettenbach"	181,8	181,8	–	764,7	horiz.	30,0	
Tunnel beim „Steinbauer"	57,8	57,8	–	282,8	1 : 40 (25 ‰)	10,8	nach Birk 1861, 5: Länge: 87,9 m
Tunnel am „Eichberg"	94,8	94,8	–	–	1 : 40 (25 ‰)	9,2	
gewölbter Einschnitt nächst dem „Geyregger"	47,4	47,4	–	284,5	1 : 40 (25 ‰)	11,1	nach Birk 1861, 5: Länge: 81,2 m

Tunnel beim „Rumpler“	47,4	47,4	–	284,5	1 : 40 (25‰)	9,3	
Tunnel bei der Veste „Klamm“	146,6	146,6	–	189,7	1 : 80 (12,5 ‰)	26,8	
Tunnel beim „Gamperl“	58,6	58,6	–	189,7	1 : 45 (22 ‰)	13,4	
Tunnel an der „Weinzettl-wand“ detto detto	310,4 167,6 129,4	260,5 157,9 73,1	49,9 9,7 56,3	189,7 - 265,5	1 : 50 1 : 50 (20 ‰) 1 : 40 (25 ‰)	90,4 59,8 30,7	Diese drei Tunnel sind mittels zwei gewölbter Galerien mit einer Gesamtlänge von 82,5 m verbunden
Tunnel am „Weinzettl-Feld“	225,9	225,9	–	379,3	1 : 60 (17 ‰)	19,4	
Tunnel bei der „Krausel-Klause“	13,3	13,3	–	284,5	1 : 60 (17 ‰)	7,6	
Tunnel beim „Bollers“	341,4	271,2	70,2	189,7	1 : 60 (17 ‰)	86,4	
Tunnel am „Weber-Kogel“	379,3	379,3	–	–	1 : 45 (22 ‰)	66,0	
Tunnel am „Wolfsberg“	443,8	443,8	–	–	1 : 60 (17‰)	38,6	
Tunnel am „Kartner-Kogel“	201,0	201,0	–	189,7	1 : 100 (10 ‰)	38,5	
Haupttunnel am „Semmering“	1428,3	1428,3	–	–	1 : 300 (3 ‰)	114,0	Für den Baubetrieb wurden 9 Schächte errichtet, von welchen 4 nach der Vollendung wieder verschüttet und 5 ausgemauert als Luftschächte belassen wurden

Tabelle der Tunnels (nach Kubinszky, Pawlik, Slezak)[690]

Name	Länge in m	Fortsetzung: Name	Länge in m
Pettenbach-Tunnel	185	Weberkogel-Tunnel	407
Steinbauer-Tunnel	88	Wolfsberg-Tunnel	440
Eichberg-Tunnel	89	Kartnerkogel-Tunnel	203
Geyregger-Tunnel	81	Alter Sem-mering-Tunnel	1434
Rumpler-Tunnel	53	Neuer Sem-mering-Tunnel	1512
Klamm-Tunnel	191		
Gamperl-Tunnel	78		
Weinzettlwand-Tunnel	688		
Weinzettlfeld-Tunnel	238		
Krauselklause-Tunnel	14		
Polleros-Tunnel	337		

9.4 AUSFÜHRUNG DER TUNNELPORTALE[691]

1. Einfaches Gesims als Abschluss und gerade Tunnelfront, z. B. Wolfsberg-Tunnel (talseitig)
2. Einfaches Gesims als Abschluss mit beidseitig flachen, kantigen Wandvorlagen, z. B. Polleros-Tunnel (bergseitig)
3. Doppeltes Gesims als Abschluss und gerade Tunnelfront, z. B. Eichberg-Tunnel (talseitig)
4. Portal mit Zahnfries-Gesims, nur Semmering-Haupttunnel (heute nur Südportal)
5. Portal mit Flachbogenfries-Gesims, nur Klamm-Tunnel (talseitig)
6. Portal mit Rundbogenfries-Gesims, ehemals nur Klamm-Tunnel (bergseitig), umgebaut gemäß Nr. 1
7. Portal mit krönenden Supraport, z. B. Gamperl-Tunnel (talseitig)
8. Satteldachartig geneigter Portalabschluss, nur Geyregger-Tunnel (bergseitig)
9. Einfacher Tunnelportalbogen aus Quadersteinen, nur Weinzettlwand-Tunnel (talseitig), Krauselklause-Tunnel (tal- und bergseitig) sowie Kartnerkogel-Tunnel (tal- und bergseitig)
10. Ohne Einfassung, nur Weinzettlwand-Tunnel (bergseitig)

Abbildung 47: Die Tunnelportale der Semmeringbahn in den 1990er-Jahren: v.o.n.u.: Pettenbach-Tunnel; Steinbauer-Tunnel; Eichberg-Tunnel; Geyregger-Tunnel (links: talseitig; rechts: bergseitig; Fotos: Dinhobl)

Abbildung 48: Die Tunnelportale der Semmeringbahn in den 1990er-Jahren: v.o.n.u.: Rumpler-Tunnel; Klamm-Tunnel; Gamperl-Tunnel; Weinzettlwand-Tunnel (links: talseitig; rechts: bergseitig; Fotos: Dinhobl)

Abbildung 49: Die Tunnelportale der Semmeringbahn in den 1990er-Jahren: v.o.n.u.: Weinzettlfeld-Tunnel; Krauselklause-Tunnel; Polleros-Tunnel; Weberkogel-Tunnel (links: talseitig; rechts: bergseitig; Fotos: Dinhobl)

Abbildung 50: Die Tunnelportale der Semmeringbahn in den 1990er-Jahren: v.o.n.u.: Wolfsberg-Tunnel; Kartnerkogel-Tunnel; Semmering-Haupttunnel (links: talseitig; rechts: bergseitig; Fotos: Dinhobl)

9.5 NACHRICHTENÜBERTRAGUNG DURCH GLOCKENSIGNALE (NACH BIRK, AICHINGER)[692]

Post-Nr.	Glockenschläge	Bedeutung des Signals
1	3	Der Zug kommt in der Richtung von Wien
2	3-3	Der Zug kommt in der Richtung nach Wien
3	-	Der Zug kommt aus beiden Richtungen (nur als Arm- und Korbsignal)
4	3-9	Der Zug kommt auf dem unrichtigen Geleise in Richtung von Wien
5	3-3-9	Der Zug kommt auf dem unrichtigen Geleise in Richtung nach Wien
6	3-2	Aus der Richtung von Wien soll eine Hülfslokomotive kommen
7	3-3-2	Aus der Richtung nach Wien soll eine Hülfslokomotive kommen
8	3-2-1	Aus der Richtung von Wien soll ein Hülfszug kommen
9	3-3-2-1	Aus der Richtung nach Wien soll ein Hülfszug kommen
10	3-2-1-2-1-2-1	In der Richtung von Wien kommen durchgegangene Wägen auf dem richtigen Geleise
11	3-3-2-1-2-1-2-1	In der Richtung nach Wien kommen durchgegangene Wägen auf dem richtigen Geleise
12	3-2-1-2-1-2-1-9	In der Richtung von Wien kommen durchgegangene Wägen auf dem unrichtigen Geleise
13	3-3-2-1-2-1-2-1-9	In der Richtung nach Wien kommen durchgegangene Wägen auf dem unrichtigen Geleise
14	3-1	In der Richtung von Wien geht der Zug nicht ab
15	3-3-1	In der Richtung nach Wien geht der Zug nicht ab
16	1	12 Uhr
17	1-2	Verstanden

Erläuterungen zu den in der vorstehenden Tabelle aufgeführten elektro-magnetischen Glocken-Signalen:

1. Die einzelnen aufeinander folgenden Glockenschläge sind in Zwischenräumen von circa 2 Sekunden zu geben, die durch Querstrich angedeutete Pause hat 4 bis 5 Sekunden zu dauern.
2. Nr. 16, welches nur aus einem einzigen Glockenschlage besteht, hat die Regulierung der Wächteruhren zum Zwecke und wird täglich mittags Punkt 12 Uhr gegeben.
3. Nr. 17 ist als Antwort auf die Signale Nr. 6 bis 9 von den Bahnhöfen, wohin diese gelangten, zurückzugeben.
4. Die Taster der bei den Bahnwächtern befindlichen Glockenapperate sind versiegelt. Diese Siegel dürfen nur dann gelöst werden, wenn eines der Signale 6 bis Nr. 13 zu geben ist. Die Versiegelung ist alsbald durch den Telegraphenaufseher wieder vorzunehmen.

9.6 HOCHBAUTEN UM 1860[693]

1. 3 Personenhallen, jeweils in Gloggnitz, Mürzzuschlag (Ziegelmauerwerk mit hölzernen Dachstühlen und Blecheindeckung) und in Payerbach (gänzlich aus Holz)
2. 7 Aufnahmegebäude mit Wohnungen für Bahnbedienstete (teils aus Ziegel, teils aus Bruchsteinen, teilweise verputzt, teilweise roh belassen)
3. 9 Gebäude für Werkstättenzwecke (teils aus Ziegel, teils aus Bruchsteinen, teilweise verputzt, teilweise roh belassen)
4. 10 Heizhäuser mit Wasserreservoirs und (stationären) Dampfmaschinen (teils aus Ziegel, teils aus Bruchsteinen, teilweise verputzt, teilweise roh belassen)
5. 13 Frachtenmagazine und Gebäude für Eisenbahn- Verbrauchsmaterialien (teils aus Ziegel, teils aus Bruchsteinen, teilweise verputzt, teilweise roh belassen)
6. 9 Gebäude für die Unterkunft des Zugbegleitungs- und Arbeitspersonals (größtenteils aus Fachwerk mit Ziegelausmauerung, teilweise massives Ziegelmauerwerk)
7. 10 Gebäude für diverse „Manipulationszwecke“ (Holzbauweise)
8. 55 Wächterhäuser (aus Bruchstein erbaut und großteils roh belassen, „eine dem Charakter der hiesigen Gegend sehr entsprechende Form“; Schindeln als Dacheindeckung)

9. 32 Signalhäuser (teilweise wie Wächterhäuser, teilweise aus Fachwerk mit Ziegelausmauerung; jeweils dort errichtet, wo „Signale wegen mangelnder Fernsicht nicht bei den Wächterhäusern aufgestellt werden konnten, oder wo der Wächter einen frequenten Wegübergang zu überwachen hat. Die Signalhäuser dienen in der Regel zugleich als Wohnung für unverheiratete Wächter.")
10. 26 Schilderhäuser (aus Holz mit Blech- oder Schindeldach errichtet, Grundfläche 1,4-1,6m²; errichtet bei Signalen und Wegübergängen)
11. Außerdem wurde zu den Hochbauten der Semmeringbahn auch die bei Breitenstein gelegene Kapelle samt Pfarrhaus (beide aus Fachwerk mit Ziegelausmauerung, im „Schweizerstile") für die Bahnarbeiter gezählt. Sie wurde im Auftrag der Kaiserin-Mutter, Erzherzogin Sophie, errichtet und am 13. Juli 1851 eingeweiht. In ihrer Nähe wurden ab Ende der 50er-Jahre des 19. Jahrhunderts von der Eisenbahndirektion Räumlichkeiten zur „Ertheilung des Schulunterrichtes" eingerichtet.

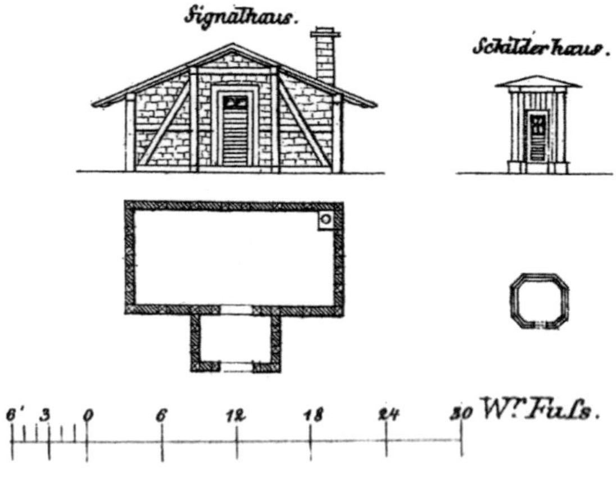

Abbildung 51: Signal- und Schilderhäuschen (nach Birk 1861)

9.7 VERKEHRSAUFKOMMEN AM SEMMERING[694]

Jahr	Postzüge[695]	Personenzüge	Schnell- und Expresszüge	Triebwagen-Schnellzüge	Personenzüge insgesamt, pro Tag	Güterzüge	Güteraufkommen (Bruttolast) pro Jahr
1854	4	k.A.	k.A.	k.A.	4	k.A.	k.A.
1.8.1856-31.7.1857	k.A.	k.A.	k.A.	k.A.	22 (max.35)	k.A.	840.018 t
1.8.1857-31.7.1858	k.A.	k.A.	k.A.	k.A.	24 (max.39)	k.A.	890.419 t
1.8.1858-31.7.1859	k.A.	k.A.	k.A.	k.A.	36 (max.72)	k.A.	1.272.347 t
1864	4	k.A.	2	k.A.	k.A.	k.A.	k.A.
1874	4	2	2	k.A.	k.A.	k.A.	k.A.
1884	4	4	6	k.A.	k.A.	k.A.	k.A.
1894	4	8	6	k.A.	k.A.	k.A.	k.A.
1904	k.A.	14	10	k.A.	k.A.	k.A.	k.A.
1914	k.A.	20	14	k.A.	k.A.	k.A.	k.A.
1924	k.A.	12	12	k.A.	k.A.	k.A.	k.A.
1927	k.A.	k.A.	k.A.	k.A.	k.A.	k.A.	9.500.000 t
1934	k.A.	18	16	4	k.A.	k.A.	k.A.
1944	k.A.	12	14[696]	k.A.	k.A.	k.A.	bis 75.000 t p. Tag nach Süden[697]
1953	k.A.	k.A.	k.A.	k.A.	k.A.	50	k.A.
1954	k.A.	16	14	6	k.A.	k.A.	k.A.
1955[698]	k.A.	20	19	k.A.	k.A.	26	k.A.
1959	k.A.	16	18	8	k.A.	k.A.	6.022.500 t
1959[698]	k.A.	24	23	k.A.	k.A.	27	k.A.
1964[698]	k.A.	25	28	k.A.	k.A.	41	k.A.
1974[698]	k.A.	26	33	k.A.	k.A.	51	k.A.
1984[698]	k.A.	29	45	k.A.	k.A.	51	k.A.
1985[698]	k.A.	30	45	k.A.	k.A.	54	k.A.

1986[698]	k.A.	28	46	k.A.	k.A.	54	5,5 Mio. Netto-t[699]
1987[698]	k.A.	29	46	k.A.	k.A.	54	k.A.
1988[698]	k.A.	33	48	k.A.	k.A.	55	k.A.
1989[698]	k.A.	40	44	k.A.	k.A.	53	k.A.
1989[700]	k.A.	20	44	k.A.	k.A.	50	9,6 Mio. Netto-t[701]
2007-8[702]	-	30	38	-	68	117[703]	8,8 Mio. Netto-t[704]
2014	-	k.A.	k.A.	-	k.A.	k.A.	11,1 Mio. Netto-t[705]

9.8 MITTELS QANATBAUWEISE ERRICHTETE GROSSE EISENBAHNTUNNEL

Tunnel	Baubeginn	Bauende	Bauzeit	Länge	Breite	Überdeckung	Anzahl Schächte	Quelle
			Jahre	m	m	m	-	
Kilsby (London- Birmingham) / UK	1834	1838	4	2204	7,30	k.A.	k.A.	Stuttgart Eisen-bahn-Zei tung Nr. 27/1849
Aschweiler (Paris-Straßburg) / F	k.A.	1842	k.A.	2678	k.A.	k.A.	k.A.	ÖIAZ 25/26/19 260
Rolleboise – Rouen / F	1841	1843	2	2642	7,60	k.A.	k.A.	Stuttgart Eisen-bahn-Zei tung Nr. 27/1849
Pennine / UK	k.A.	1845	k.A.	4848	eingleisig	k.A.	k.A.	Schneide 1982, 29

Boxtunnel (Great Western Eisenbahn) / UK	k.A.	1845	k.A.	2850	k.A.	k.A.	k.A.	ÖIAZ 25/26/1929, 260
Victoriatunnel (Liverpool)/ UK	k.A.	1846	k.A.	3621	k.A.	k.A.	k.A.	ÖIAZ 25/26/1929, 260
Pragtunnel / Württemberg, D	Sommer 1844	Herbst 1846	2 ¼	884	zweispurig	40	5	Stuttgarter Eisenbahn-Zeitung Nr. 7/1849
La Nerthe (Marseille-St. Chamas) / F	Ende 1843	Okt. 1847	4	4620	k.A.	125	24	Stuttgarter Eisenbahn-Zeitung Nr. 27/1847
Rillytunnel (Paris-Straßburg) / F	k.A.	1850	k.A.	3450	k.A.	k.A.	-	ÖIAZ 25/26/1929, 260
Blasy (Tonerre- Dijon) / F	1846	Herbst 1851	5	4100	8	196	23	Stuttgarter Eisenbahn-Zeitung Nr. 24/1847, 37/1851
Semmering-Tunnel / A	5. Juni 1849 (Durchbruch 12. Juni 1851	24.Sept. 1853 (erste Fahrt)	4 ¼	1430	zweispurig	113	9	Ghega 1853, 19; Széchy 1969, 83
Hauenstein / CH	1853	1858	5	2495	k.A.	k.A.	k.A.	Saitz 1988, 27

9.9 MASSEINHEITEN[706]

1 geogr. Meile = 1 österr. Meile = 7568 m
1 engl. Meile = 1609 m
1 Wiener Klafter = 6 Wiener Fuß =1,896614 m
1 engl. Yard = 3 engl. Fuß = 0,9144 m
1 Wiener Fuß = 0,3161 m
1 engl. Fuß = 0,3048 m

1 Wiener Zentner = 100 Wiener Pfund = 56,0012 kg
1 Wiener Pfund = 0,560012 kg
1 große englische Tonne = 2240 englische Pfund = 1015,95 kg
1 große amk. Tonne = 2000 amk. Pfund = 907,1 kg
1 engl. Pfund = 1 amk. Pfund = 0,45355 kg

10 Literaturverzeichnis

Allmann 1992: Barbara Allmann: Die Kehrseite des Mythos, in: Wolfgang Kos (Hg.): Die Eroberung der Landschaft Semmering·Rax·Schneeberg; Katalog zur Niederösterreichischen Landesausstellung im Schloß Gloggnitz 1992; Wien: falter Verlag, 1992, 503–508.

Alpinfo 1990: Schweizerische Eidgenossenschaft: Alpinfo 1990. Alpenquerender Güterverkehr auf Strasse und Schiene; Bern: 1991

Alpinfo 2018: Schweizerische Eidgenossenschaft: Alpinfo 2008. Alpenquerender Güterverkehr auf Strasse und Schiene; Bern: 2009

Alpinfo 2014: Schweizerische Eidgenossenschaft: Alpinfo 2014. Alpenquerender Güterverkehr auf Strasse und Schiene; Bern: 2015

Altwasser 1992: Elmar Altwasser u. a.: Tunnel. Orte des Durchbruchs; Marburg: Jonas Verlag, 1992.

Amstädter 1996: Rainer Amstädter: Der Alpinismus: Kultur – Organisation – Politik; Wien: WUV-Universitäts-Verlag, 1996.

Amt der NÖ LR 2002: Amt der NÖ Landesregierung (Hg.): Semmering UNESCO Weltkulturerbe. Denkmalpflege in Niederösterreich, Band 29. (Mitteilungen aus Niederösterreich Nr. 3/2003); St. Pölten: Amt der NÖ Landesregierung, Abteilung Kultur und Wissenschaft, 2003.

Artl, Gürtlich, Zenz 2004: Gerhard Artl, Gerhard H. Gürtlich, Hubert Zenz (Hg.): Vom Teufelswerk zum Weltkulturerbe. 150 Jahre Semmeringbahn; Freistadt – Wien: Plöchl, 2004.

Artl, Gürtlich, Zenz 2008: Gerhard Artl, Gerhard H. Gürtlich, Hubert Zenz (Hg.): Mit Volldampf in den Süden. 150 Jahre Südbahn Wien–Triest (2. erweiterte und ergänzte Auflage); Wien: Fassbaender, 2008.

Buch der Bahn 1987: Österreichische Bundesbahnen (Hg.): Das Buch der Bahn; Wien: Österreichische Verkehrswerbung Ges.m.b.H., 1987.

Bätzing 1997: Werner Bätzing: Kleines Alpenlexikon: Umwelt, Wirtschaft, Kultur; München: Beck, 1997.

Biddle 1994: Gordon Biddle: Railway buildings and structures in Britain, in: Rob Shorland-Ball: Common Roots – separate branches Railway history and preservation; York: Science Museum (London) for the National Railway Museum, 1994, 23–31.

Binder 1929: Friedrich Binder: Aus der Baugeschichte der Semmeringbahn, in: Zeitschrift des österreichischen Ingenieur- und Architekten-Vereines, Heft 25/26, 1929; Wien: Verlag J. O. Slezak, Nachdruck 1993, 261–264.

Birk, Aichinger 1861: August Birk, Anton Aichinger: Beschreibung der Anlage und des Betriebes der Semmering-Eisenbahn nebst Mittheilung der hierbei gemachten Erfahrungen und gesammelten Resultate; Wien: Friedrich Förster & Brüder, 1861.

Buchinger 2006: Günter Buchinger: Villenarchitektur am Semmering; Wien – Köln – Weimar: Böhlau 2006.

Buchmann 1977: Heinrich Buchmann: Dampflokomotiven in den USA: 1825–1950; Bd. 1; Basel: Birkhäuser, 1977.

Bury 1831: T. T. Bury: Coloured Views on the Liverpool & Manchester Railway, 1831, Reprint Oldham 1976.

Briano 1977: Italo Briano: Storia delle Ferrovie in Italia; Milano: Cavalotti Editori, 1977.

Coulls 1999: Anthony Coulls: Railways as World Heritage Sites; Paris: ICOMOS, 1999, vgl. URL: https://www.icomos.org/studies/railways.pdf, 3.6.2018.

Davies, Wilburn 1991: Clarence B. Davies, Kenneth E. Wilburn Jr. (Ed.): Railway Imperialism; Westport: Greenwood Press, 1991.

Dienes, Wieninger 1987: Gerhard M. Dienes, Leopold Wieninger: „Hamburg des Südens". Der Aufstieg Triests, in: Gerhard M. Dienes (Hg.): Die Südbahn; Graz – Wien: Leykam Verlag, 1987, 226–228.

Dietrich 1993: Herbert Dietrich: Personen aus Österreichs Eisenbahngeschichte; Wien: Bohmann, 1993.

Dinhobl 1999: Günter Dinhobl: Culturpflug und Zauberberg, in: Karl Stocker, Otto Hwaletz, Stella Rollig (Hg.): Verkehr. Steirische Landesausstellung 1999; Katalog zur Steirischen Landesausstellung in Knittelfeld 1999; Leoben: Obersteirische Druck- und Verlags GmbH, 1999, 238–252.

Dinhobl 2003: Günter Dinhobl: Mythos Semmeringbahn revisited. Zur Innovationsneigung staatlicher und privater Institutionen; in: Rupert Pichler (Hg.): Innovationsmuster in der österreichischen Wirtschaftsgeschichte; Innsbruck: Studien-Verlag, 2003, 230–242.

Dinhobl 2003a: Günter Dinhobl: Die Semmeringerbahn; Wien: Olderbourg-Verlag 2003

Dinhobl 2004: Günter Dinhobl: Die Bahn über den Berg. Die Semmeringstrecke im Spiegel der Zeiten; in: Gerhard Artl, Gerhard H. Gürtlich, Hubert Zenz (Hg.): Vom Teufelswerk zum Weltkulturerbe. 150 Jahre Semmeringbahn; 2004, 135–151.

Dinhobl 2006: Günter Dinhobl: „... die Cultur wird gehoben und verbreitet". Eisenbahnbau und Geopolitik in Kakanien; in: Endre Hárs, Wolfgang Müller-Funk, Ursula Reber, Clemens Ruthner (Hg.): Zentren, Peripherien und kollektive Identitäten in Österreich-Ungarn (Kultur – Herrschaft – Differenz Band 9); Tübingen – Basel: A. Francke 2006.

Dinhobl 2007: Günter Dinhobl: Zwischen Funktion und Denkmal. Eisenbahnen und Unesco-Weltkulturerbe – das Beispiel Semmering; in: Neue Zürcher Zeitung vom 9. März 2007 (Nr. 57), 17

Dinhobl 2008: Günter Dinhobl: Gebirgsbahnen. Fluchtlinien der Moderne; Mürzzuschlag am Semmering: Südbahn Museum, 2008.

Dinhobl 2009a: Günter Dinhobl: Bahnbrechend zum ‚Kulturpflug unserer Zeit'. Kulturwissenschaftliche Zugänge zur Eisenbahngeschichte; Innsbruck: Studienverlag 2009.

Dinhobl 2009b: Günter Dinhobl: Railways as UNESCO World Heritage Sites in: IATM Journal of the International Association of the Transport & Communication Museums, Volume 28, 2009, p. 41–50.

Dinhobl, Haehnel 2010: Günter Dinhobl, Birgit Haehnel (Hg.): Panorama Welterbe Semmeringbahn. Stand der Dinge. Panoramic view of world heritage Semmering railway. As Things are now; Innsbruck: Studien-Verlag, 2010.

Dinhobl 2012: Günter Dinhobl: Railways heritage. An overview; in: Anne McCants; Eduardo Beira; José M. Lopes Cordeiro; Paulo Laurenco (Eds.): Railroads in historical contect: construction, costs and consequences, vol.I 2011; Foz Tua 2012, p. 445–462.

Dinhobl 2013: Günter Dinhobl: Welterbe Semmeringbahn. 40 Jahre UNESCO Welterbe. 20 Jahre UNESCO Welterbe in Österreich. 15 Jahre UNESCO Welterbe Semmeringbahn; Mürzzuschlag: Südbahnmuseum, 2013.

Dinhobl, Haehnel 2015: Günter Dinhobl, Birgit Haehnel (Hg.): Panorama Welterbe Semmeringeisenbahn. Visionen 2029. Panoramic view of world heritage Semmering railway. Visions 2029; Innsbruck: Studien Verlag, 2015.

Dultinger 1985: J. Dultinger: Die Erzherzog Johann-Bahn; Rum: Verlag Dr. Rudolf Erhard, 1985.

Dumjahn 1984: Horst-Werner Dumjahn: Handbuch der deutschen Eisenbahnstrecken (vollst. u. unveränderter Nachdruck der Ausgabe von 1935); Mainz: Dumjahn, 1984.

Eggermann u. a. 1981: Anton Eggermann. Karl J. Lanfranconi, Paul Winter, Robert Kalt, Walter Trüb: Die Bahn durch den Gotthard; Zürich: Orell Füssli Verlag, 1971.

Ebner, Bauer 2007: Horst Ebner, Martina Bauer (Red.): 150 Jahre Südbahn. Mit Volldampf in den Süden. (Katalog zur Ausstellung 150 Jahre Südbahn, Reichenau an der Rax, 27.5.–4.11.2007; Reichenau an der Rax: Marktgemeinde Reichenau an der Rax, 2007

Eisenbahn: Eisenbahn; Monatszeitschrift, diverse Jahrgänge; Wien: Bohmann Verlag.

Eisenbahnen 1998 (CD-ROM): Die Eisenbahnen in Österreich; CD-ROM; Haag: CGC-Software, 1998.

Enderes 1929: Bruno Enderes: Ghega und sein Werk. Wahrheit und Dichtung, in: Zeitschrift des österreichischen Ingenieur- und Architekten-Vereines, Heft 25/26; 1929; Wien: Verlag J. O. Slezak, Nachdruck 1993, 257–261.

Engerth 1853: Wilhelm Engerth: Ueber Konstruktion von Gebirgslokomotiven, Teil 3; in: Zeitschrift des österreichischen Ingenieur- und Architekten-Vereines, Heft 15/16, 164–172.

Engerth 1869: Wilhelm Ritter von Engerth: Gedenkrede bei Enthüllung des Ghega-Monuments auf dem Semmering am 22. Juli 1869, gehalten von dem Vorstande des österreichischen Ingenieur- und Architekten-Vereines; Wien: Selbstverlag des österreichischen Ingenieur- und Architekten-Vereines, 1869

Feiler 1952: Dr. Karl Feiler: Ghegas Lebenswerk im Lichte Archivarischer Geschichtsforschung; Wien: GOF-Verlag, 1952.

Feiler, Liebsch, Schubert, Kepnik 1954: Dr. Karl Feiler, Dipl.Ing. Franz

Liebsch, Dipl.Ing. Johann Schubert, Dr. Bruno Kepnik: Hundert Jahre Semmeringbahn; Wien: GOF-Verlag Gustav O. Friedl, 1954.

Ghega 1844: Carl Ghega: Die Baltimore-Ohio Eisenbahn über das Allegbany-Gebirg mit besonderer Berücksichtigung der Steigungs- und Krümmungsverhältnisse; Wien: Kaulfuss Witwe, Prandel & Comp., 1844.

Ghega 1853: Carl Ritter von Ghega: Uebersicht der Hauptfortschritte des Eisenbahnwesens in dem Jahrzehende 1840–1850, und die Ergebnisse der Probefahrten auf einer Strecke der Staatsbahn ueber den Semmering in Oesterreich (3. Auflage); Wien, 1853.

Ghega 1854: Carl Ritter von Ghega: Malerischer Atlas der Eisenbahn über den Semmering (limitierter Nachdruck); Graz: Akademische Druck- und Verlagsanstalt, 1989 (Originalausgabe: Wien: Carl Gerold & Sohn, 1854).

Giesl-Gieslingen 1986: A. Giesl-Gieslingen: Anatomie der Dampflokomotive international; Wien: Slezak, 1986.

Gölsdorf 1978: Karl Gölsdorf: Lokomotivbau in Alt-Österreich 1837–1918 (ergänzte Abhandlungen von Gölsdorf aus den Jahren 1898 und 1908 durch Alexander Lehner, Johann Sternhart und Johann Stockklausner); Wien: Slezak, 1978.

Gründler 1992: Kurt Gründler: Die Eroberung des Winters, in: Wolfgang Kos (Hg.): Die Eroberung der Landschaft Semmering·Rax·Schneeberg; Katalog zur Niederösterreichischen Landesausstellung im Schloß Gloggnitz 1992, Wien: falter Verlag, 1992, 578–586.

Gutkas, Bruckmüller 1989: Karl Gutkas, Ernst Bruckmüller (Hg.): Verkehrswege und Eisenbahnen; Wien: Österreichischer Bundesverlag, 1989.

Hahn 1905: F. Hahn: Die Eisenbahn; Leipzig: B.G. Teubner, 1905.

Hajós 1992: Géza Hajós: Der Berg und der Garten, in: Wolfgang Kos (Hg.): Die Eroberung der Landschaft Semmering·Rax·Schneeberg; Katalog zur Niederösterreichischen Landesausstellung im Schloß Gloggnitz 1992, Wien: falter Verlag, 1992, 449–460.

Harwood 1994: Herbert H Harwood Jr: The early Baltimoore & Ohio Railroad and its physical remains, in: Rob Shorland-Ball: Common Roots – separate branches Railway history and preservation; York: Science Museum (London) for the National Railway Museum, 1994, 48–62.

Headrick 1981: Daniel R. Headrick: The Tools of Empire: Technology and European Imperialism in the Nineteenth Century; New York: Oxford Univ. Press, 1981.

Heinrich 1983: Bert Heinrich: Brücken; Reinbeck bei Hamburg: Rowohlt, 1983.

Helml 2016: Harald Helml: Das UNESCO-Weltkulturerbe Semmering-Eisenbahn. Geschichte, Welterbe, Bildung (Diplomarbeit Universität Wien); 2016.

Horn 1968: Alfred Horn (zusammengestellt): Eisenbahnsteckbrief 3 – Berühmte Österreichische Lokomotiven: Die Reihen 570 und 113; Wien: Bohmann Verlag, 1968.

Horn 1971: Alfred Horn (zusammengestellt): Die „Wien-Raaber (Gloggnitzer) Bahn" und ihre Lokomotiven; Sondernummer aus der Reihe „Österreichische Lokomotiven"; Wien: 1971.

Horn 1973: Alfred Horn (zusammengestellt): Eisenbahnsteckbrief 12 – Österreichische Lokomotiven: 1E1t-Lokomotive, Reihe 95^1 (82); Wien: Bohmann Verlag, 1973.

Horn 1984: Alfred Horn: Motortriebwagen in Österreich; Wien: Bohmann Verlag, 1984.

Hüller 1929: Emanuel Hüller: Chronologie des Semmeringbaues, in: Zeitschrift des österreichischen Ingenieur- und Architekten-Vereines, Heft 25/26, 1929; Wien: Verlag J. O. Slezak, Nachdruck 1993, 265–266.

Jurecka 1986: Chalotte Jurecka: Brücken; Wien: Verlag Anton Schroll & Co., 1986.

Kalla-Bishop 1971: Peter Michael Kalla-Bishop: Italian Railways; Newton Abbot: David & Charles, 1971.

Karner 1952: Dr. F. Karner (Redaktion): Der neue Semmeringtunnel (Sonderheft 6); Wien: Generaldirektion der Österreichischen Bundesbahnen, 1952.

Karner 1959: Dr. F. Karner (Redaktion): Elektrisch über den Semmering; Wien: Generaldirektion der Österreichischen Bundesbahnen, 1959.

Kempf 1890: Heinrich Kempf (Hg.): Semmering Almanach; VI. Jahrgang; Wien: Selbstverlag des Herausgebers, 1890.

Knauer, Dinhobl 2004: Karl Heinz Knauer, Günter Dinhobl: Faszination Semmeringbahn. Eine Ausstellung des Technischen Museums Wien und der Marktgemeinde Reichenau an der Rax im Schloss Reichenau, 3. Juli 2004 bis 2. November 2004; Wien: Technisches Museum Wien – Reichenau an der Rax: Marktgemeinde Reichenau an der Rax, 2004.

Kos 1984: Wolfgang Kos: Über den Semmering. Kulturgeschichte einer künstlichen Landschaft; Wien: Edition Tusch, 1984.

Kos 1992: Wolfgang Kos (Hg.): Die Eroberung der Landschaft Semmering·Rax·Schneeberg; Katalog zur Niederösterreichischen Landesausstellung im Schloß Gloggnitz 1992, Wien: falter Verlag, 1992.

Kos, Dinhobl 2006: Wolfgang Kos, Günter Dinhobl (Hg.): Großer Bahnhof. Wien und die weite Welt; Ausstellungskatalog des Wien Museums zur gleichnamigen Ausstellung (28.9.2006 bis 25.2.2007); Wien: Czernin-Verlag, 2006

Kronstein 1952: Rudolf Kronstein: Die Donau-Save-Adria Eisenbahn Gesellschaft; Wien: Verlag A. Sexl 1952

Kubinszky, Pawlik, Slezak 1992: Dr. Mihály Kubinszky, Hans Peter Pawlik, Josef Otto Slezak: Architektur an der Semmeringbahn; Wien: Slezak, 1992.

Kupka 1888: P.F. Kupka: Die Eisenbahnen Österreich-Ungarns 1822–1867; Leipzig: Verlag von Duncker & Humblot, 1888.

Lahoda, v. Lihotzky, Rziha 1879: Alois Lahoda, Erwin von Lihotzky, Franz Rziha: Das fünfundzwanzigjährige Jubiläum der Semmeringbahn; Festgabe für die Teilnehmer an der Jubiläumsfeier am 17. Mai 1879; Wien: Verlag von R.v.Waldheim, 1879.

Leitgeb 1987: Franz Leitgeb: Eisenbahn und Industrie am Beispiel der Südbahn, in: Gerhard M. Dienes (Hg.): Die Südbahn; Graz – Wien: Leykam Verlag, 1987, 210–221.

Liebl 1985: T. Liebl u. a.: 150 Jahre deutsche Eisenbahnen; München: Eisenbahn- Lehrbuch- Verlagsgesellschaft mbH, 1985.

Managementplan 2010: Republik Österreich (Hg., u. a.). Welterbe Semmeringbahn, Managementplan. Erarbeitet von stadtland im Auftrag des Vereins Freunde der Semmeringbahn; Wien: Juli 2010.

Matthes 1983: M. Matthes (Hg.): Geschichte der Technik; Düsseldorf: Econ, 1983.

Mauterer 1990: Richard Mauterer: Semmeringbahn: Daten . Fakten . Propaganda; Wien – Pinkafeld: Signale Druck und Verlag, 1990.

morgen 82/1992: morgen: Kulturzeitschrift aus Niederösterreich; Nr. 82/ April 1992.

Möcker 1999: Hermann Möcker: Züge (wie) auf dem Schachbrett, in: Österreich in Geschichte und Literatur, 42. Jg. 1999, Doppelheft 5–6, 319–392.

Müller-Salzburg 1978: Leopold Müller-Salzburg: Der Felsbau Band 3: Tunnelbau; Stuttgart: Ferdinand Enke Verlag 1978.

Navè, Luft 1985: Harald Navè, Alfred Luft: Die Semmeringbahn; Zürich: Orell Füssli Verlag, 1985.

Negrelli 1842: Luigi Negrelli: Die Eisenbahn mit Anwendung der gewöhnlichen Dampfwägen als bewegende Kraft über Anhöhen und Wasserscheiden sind ausführbar. Ein auf Erfahrungen begründeter und practisch dargestellter Vorschlag des Oberingenieurs L. Negrelli, Generalinspector der a.pr. Kaiser Ferdinands Nordbahn; Wien: Friedrich Beck'sche Universitätsbuchhandlung, 1842.

Neuner 2017: Bernhard Neuner: Bibliographie der Semmeringbahn-Literatur; Mürzzuschlag am Semmering: Südbahnmuseum, 2017.

Nothnagel, Habermann 2007: Hannes Nothnagl, Barbara Habermann: An der Südbahn (Reihe „Auf Schienen unterwegs"); Erfurt: Sutton Verlag, 2007

Niel 1960: Alfred Niel: Der Semmering und seine Bahn; Wien: Zeitschriftenverlag Ployer & Co., 1960.

Niel 1977: Alfred Niel: Carl Ritter von Ghega; Wien: Verlag Peter Pospischil, 1977.

ÖBB-Infrastruktur AG 2010: ÖBB-Infrastruktur AG: Betriebsdaten Semmering-Basistunnel neu (Einreichoperat für das eisenbahnrechtliche Baugenehmigungsverfahren; Plan-Nr. 5510-EB-0201AL-00-0002_F02); Wien: ÖBB-Infrastruktur AG 2010, URL: http://infrastruktur.oebb.at, 1.4.2018.

Örley 1929: Leopold Örley: Der Bau der Semmeringbahn – ein bedeutsamer Markstein in der Geschichte des Eisenbahnwesens, in: Zeitschrift des österreichischen Ingenieur- und Architekten-Vereines, Heft 25/26, 1929; Wien: Verlag J. O. Slezak, Nachdruck 1993, 247–252.

Oswald 2014: Yvonne Oswald: Das Südbahnhotel; Wien: Metroverlag 2014.

Pap 1999: Robert Pap: UNESCO Weltkulturerbe Semmeringbahn; Budapest: Heimat Verlag, 1999.

Pap 2004: Robert Pap: UNESCO Weltkulturerbe Semmeringbahn. Zum

Jubiläum 150 Jahre Semmeringbahn 1854–2004; Semmering: Tourismusregion NÖ Süd, 2003.

Pap 2017: Robert Pap: UNESCO Kulturerbe Semmeringbahn. Die erste Hochgebirgs-Eisenbahn der Welt; Berndorf: Kral Verlag 2017.

Pierenkemper 1996: Toni Pierenkemper: Umstrittene Revolutionen; Frankfurt am Main: Fischer Taschenbuch Verlag, 1996.

Plitzner 1995: Klaus Plitzner (Hg.): Technik. Politik. Identität; Stuttgart: GNT Verlag, 1995.

Potucek 1995: Walter Potucek: Die Bergstrecke über den Semmering aus der Sicht der ÖBB, in: Zeitschrift des österreichischen Ingenieur- und Architekten-Vereines; 140. Jahrgang, Heft 7–8, 1995, 496–508.

Praschinger 1992: Harald Praschinger: Die Eisenbahningenieure kennen kein Hindernis, in: Wolfgang Kos (Hg.): Die Eroberung der Landschaft Semmering·Rax·Schneeberg; Katalog zur Niederösterreichischen Landesausstellung im Schloß Gloggnitz 1992, Wien: falter Verlag, 1992, 489–502.

Ranfft 1984: Klaus Ranfft: Der Weg zur Lokomotive und Eisenbahn; Karlsruhe, Deutsche Gesellschaft für Eisenbahngeschichte e.V., 1984.

Reisinger 2009: Johann Reisinger: 50 Jahre Elektrifizierung der Semmeringbahn (Reihe „Auf Schienen unterwegs"); Erfurt: Sutton Verlag, 2009.

Riepl 1830: Franz Xaver Riepl: Memoire über die Vortheile und Bedingungen der Anlage eines vollständigen Österreichischen Eisenbahnnetzes; Wien: 1830.

Rihosek 1929: Johann Rihosek: Zur Geschichte der Semmeringlokomotiven, in: Zeitschrift des österreichischen Ingenieur- und Architekten-Vereines, Heft 25/26, 1929; Wien: Verlag J. O. Slezak, Nachdruck 1993, 264–265.

Rihosek 1951: Johann Rihosek: Zum Gedenken der Lokomotivwettbewerbsfahrten am Semmering vor 100 Jahren, in: Zeitschrift des österreichischen Ingenieur- und Architekten-Vereines; 96. Jahrgang, Heft 21/22, 1951, 190–191.

Ronninger 1914: Karl Ronninger: Försters Touristenführer in Wiens Umgebungen (17. Auflage); Wien: Alfred Hölder, 1914.

Rossberg 1977: Ralf Roman Rossberg: Geschichte der Eisenbahn; Künzelsau: Sigloch Service Edition, 1977.

Saitz 1988: Hermann H. Saitz: Tunnel der Welt – Welt der Tunnel; Berlin: transpress VEB Verlag für Verkehrswesen, 1988.

Schiendl, Strobl 1986: Werner Schiendl, Hans Strobl: Die Lokalbahn (L.B.P.-H.) und die Museumsbahn Payerbach-Hirschwang; Hirschwang: ÖGLB, 1986.

Schivelbusch 1989: Wolfgang Schivelbusch: Geschichte der Eisenbahnreise; Frankfurt/Main: fischer Taschenbuch Verlag, 1989 (Originalausgabe: München: Hanser, 1977).

Schmidl 1835-39: Adolf Schmidl: Wiens Umgebungen auf 20 Stunden im Umkreis, Bd. 1–3; Wien, 1835–1839.

Schmidl 1849: Eduard Schmidl: Zweiter Theil zu dem Memoire zur Semmering-Frage; in: Zeitschrift des österreichischen Ingenieur- und Architekten-Vereines; 1. Jahrgang, Heft 24, 1849, 209–220.

Schneider 1982: Ascanio Schneider: Gebirgsbahnen Europas; Zürich: Orell Füssli Verlag, 1982.

Schuhböck 2002: Christian Schuhböck [Hg.]: Österreichs Welterbe. Kulturdenkmäler und Landschaften unter dem Schutz der UNESCO; Wien: Verlag Christian Brandstätter, 2002.

Schuhböck 2009: Christian Schuhböck: Weltkulturerbe Semmeringbahn. Führer zur ersten UNESCO Eisenbahn Welterbestätte der Welt. Die Initiative zur Rettung der ersten Hochgebirgsbahn der Welt; Berndorf: Kral Verlag, 2009.

Schuster 1995: Peter Schuster: Versäumte Verwirklichungen. Das Spannungsverhältnis zwischen Wissenschaft und Industrie in Österreich am Beispiel der Optik, in: Klaus Plitzner (Hg.): Technik. Politik. Identität; Stuttgart: GNT Verlag, 1995.

Schwarz 1982: Mario Schwarz: Architektur des Klassizismus und der Romantik in Niederösterreich; St. Pölten: Verlag Niederösterreichisches Pressehaus, 1982.

Schwarz 1992: Mario Schwarz: Stilfragen der Semmeringarchitektur 1, in: Wolfgang Kos (Hg.): Die Eroberung der Landschaft Semmering·Rax·-Schneeberg; Katalog zur Niederösterreichischen Landesausstellung im Schloß Gloggnitz 1992, Wien: falter Verlag, 1992, 509–520.

Schwarzataler Bezirksbote: Schwarzataler Bezirksbote; Neunkirchen, diverse Jahrgänge.

Schweiger-Lerchenfeld 1884: Schweiger-Lerchenfeld: Die Überschienung der Alpen; Erw. Faks. d. Ausg. von 1884 / hrsg. u. erg. von Erhard Born; Moers: Steiger, 1983.

Siedentop 1977: I. Siedentop: Tunnellabyrinth Schweiz; Zürich: Orell Füssli Verlag, 1977.

Siedentop 1978: I. Siedentop: Brückenland Schweiz; Zürich: Orell Füssli Verlag, 1978.

Slezak 1983: Josef Otto Slezak: Die Lokomotiven der Republik Österreich; Wien: Slezak, 1983.

Sonnemann 1987: R. Sonnemann (Hg.): Geschichte der Technik; Köln: Aulis-Verlag, 1987.

Stamm 1952: Conrad Stamm: Brückeneinstürze und ihre Lehren; Zürich: Verlag Leemann, 1952.

Staudacher 1994: Peter Staudacher: Die österreichischen Eisenbahnen 1918–1938, in: Georg Schmid, Hans Lindenbaum, Peter Staudacher: Bewegung und Beharrung: Transport und Transportsysteme in Österreich 1918 bis 1938; Wien – Köln – Weimar: Böhlau: 1994, 16–107.

Staudacher 1995: Peter Staudacher: Mythifizierende Verzerrung österreichischer Eisenbahngeschichte am Beispiel Karl Gölsdorf, in: Greiner-Kemptner, Riesinger (Hg.): Neue Mythographien. Gegenwartsmythen in der interdisziplinären Debatte; Wien, 1995, 297–318.

Stockklausner 1979a: Johann Stockklausner: Dampfbetrieb in Alt-Österreich; Wien: Slezak, 1979.

Stockklausner 1979b: Johann Stockklausner: Semmeringbahn (Eisenbahn-Sammelheft Nr. 15); Wien: Slezak, 1979.

Straub 2004: Wolfgang Straub: Carl Ritter von Ghega; Graz: Verlag Styria, 2004.

Striegler 1993: Werner Striegler: Tunnelbau; Berlin, München: Verl. für Bauwesen, 1993.

Strach 1898: Hermann Strach: Geschichte der Eisenbahnen Oesterreich-Ungarns von den ersten Anfängen bis zum Jahr 1867, in: Hermann Strach (Hg.): Geschichte der Eisenbahn der Oesterreichisch-Ungarischen Monarchie; Wien – Teschen – Leipzig: Karl Prochaska, 1898, 73–503.

Stuttgarter Eisenbahn- Zeitung: Carl Etzel, Ludwig Klein: Stuttgarter Eisenbahn- Zeitung; Stuttgart: Comission der J. B. Metzler'schen Buchhandlung, diverse Jahrgänge.

Stürmer 1872: G. Stürmer: Geschichte der Eisenbahnen Entwickelung und jetzige Gestaltung sämmtlicher Eisenbahnnetze der Erde; Bromberg: Mittler'sche Buchhandlung H. Heyfelder, 1872; Reprint Hildesheim: Gerstenberger Verlag, 1978.

Szèchy 1969: K. Szèchy: Tunnelbau; Wien – New York: Springer, 1969.

Székely, Tuschel 1984: Csaba Székely, Manfred Tuschel: 1 x Semmering und retour. Bahnplaudereien; Wien: Österreichischer Bundesverlag, 1984.

Székely, Tuschel 1987: Csaba Székely, Manfred Tuschel: Vom Wiener Südbahnhof auf den Semmering, in: Gerhard M. Dienes (Hg.): Die Südbahn; Graz – Wien: Leykam Verlag, 1987, 30–46.

Temming 1976: Rolf L. Temming: Illustrierte Geschichte der Eisenbahn; Herrsching/Ammensee: Verlag Manfred Pawlak, 1976.

Tezak 1987: Sepp Tezak: Die Fahrbetriebsmittel der Südbahn Wien–Triest, in: Gerhard M. Dienes (Hg.): Die Südbahn; Graz – Wien: Leykam Verlag, 1987, 130–151.

Thomas 1980: R. H. G. Thomas: The Liverpool & Manchester Railway; London: Verlag B. T. Batsford Ltd., 1980.

TMW 2018: Technisches Museum Wien (Hg.): Höchste Eisenbahn. Von der ersten Alpenbahn Europas zum Semmering-Basistunnel; Wien: Technisches Museum Wien, 2018.

Trautwein 1909: Th. Trautwein (Hg.): Wegweiser für Reisende: Semmeringbahn, Graz, Steiner Alpen, Klagenfurt, Villach, Dolomiten, Bozen (16. Auflage); Innsbruck: A. Edlingers Verlag, 1909.

Trnka 1929: Ferdinand Trnka: Einrichtungen und Betrieb der Semmeringbahn einst und jetzt, in: Zeitschrift des österreichischen Ingenieur- und Architekten-Vereines, Heft 25/26, 1929; Wien: Verlag J. O. Slezak, Nachdruck 1993, 253–257.

Tusch 2014: Roland Tusch: Wächterhäuser an der Semmeringbahn. Haus, Infrastruktur, Landschaft; Innsbruck: Studienverlag 2014.

Vasko-Juhász 2006: Désirée Vasko-Juhász: Die Südbahn. Ihre Kurorte und Hotels; Wien – Köln – Weimar: Böhlau, 2006

Weber 1854: M. Freiherrn v. Weber: Die Technik des Eisenbahnbetriebes; Leipzig: Verlag von B. G. Teubner, 1854.

Weber 1857: M. Freiherrn v. Weber: Die Schule des Eisenbahnwesens; Leipzig: Verlagsbuchhandlung von J. J. Weber, 1857.

Weber 1885: M. M. von Weber: Die Schule des Eisenbahnwesens (4. Auflage, bearbeitet von Richard Koch) Leipzig: Verlagsbuchhandlung von J. J. Weber, 1885.

Weber 1990: Wolfhard Weber: Verkürzung von Zeit und Raum. Techniken ohne Balance zwischen 1840 und 1880, in: Propylän Technikgeschichte; Frankfurt am Main: Ullstein, 1990, 11–264.

Wegenstein 1979: Peter Wegenstein u. a.: Die Semmering-Gebirgsbahn; Wien: Verlag Pospischil, 1979.

Weisbrod 1993: Manfred Weisbrod: Sachsen-Report: Sächsische Eisenbahngeschichte, Teil 1: 1837–1880; Fürstenfeldbruck: Hermann Merker Verlag GmbH, 1993.

White 1994: John H. White Jr.: Old depts and new visions: the interchange of ideas in railway engineering, in: Rob Shorland-Ball: Common Roots – separate branches Railway history and preservation; York: Science Museum (London) for the National Railway Museum, 1994, 65–87.

Wood 1839: Nicolaus Wood: Praktisches Handbuch der Eisenbahnkunde; dt. Übersetzung der 2. Aufl. von 1831 durch Hermann Köhler, Braunschweig: Verlag von G. Westermann, 1839.

Zöllner, Mothes, Luckenbacher 1872: I. Zöllner, O. Mothes, Fr. Luckenbacher: Einführung in die Geschichte der Erfindungen; Leipzig – Berlin: Verlagsbuchhandlung von Otto Spamer, 1872

11 Abbildungsverzeichnis

Anmerkungen

1 ÖStA AVA VA III-Ba 1853/1053; Schreiben von Ghega vom 30.1.1853
2 Englische Bezeichnung vgl. URL: http://whc.unesco.org/en/list/785, deutschsprachige Bezeichnung vgl. BGBl. III Nr. 105/2012, Art.1
3 Frankfurter Allgemeine Zeitung, 4.11.2003; Eisenbahn 11/2003; Österreichische Ingenieur- und Architekten Zeitschrift 1/2004; Journal of Transport History, 3rd Series, Vol.25, No. 2, Sept. 2004; sehepunkte 4 (2004), Nr. 5; Vierteljahresschrift für Sozial- und Wirtschaftsgeschichte 91. Band, Heft 3 (2004); HISTORICUM, Frühling 2004
4 „Es hat sich eingebürgert, das *gesamte* Gebirge, das in seinem obersten Stockwerk Hochgebirgscharakter besitzt, einschließlich seiner Fußstufe, zwischengeschalteter Täler und Becken als Hochgebirge zu bezeichnen"; Bätzing 1997, 120.
5 Als tunnelreich wird eine Strecke dann bezeichnet, wenn mindestens 10 % der Streckenlänge unterirdisch verlaufen; Siedentop 1977, 92; bei der Semmeringbahn verlaufen 4,27 km (Ghega 1854, 18) oder 10,3 % der Strecke unterirdisch; Eine Strecke wird dann als brückenreich bezeichnet, wenn mindestens 1,6 % der Streckenlänge über Viadukte verlaufen; Siedentop 1978, 48; bei der Semmeringbahn verlaufen 1,48 km (ebd., 18) oder 3,6 % der Strecke über Viadukte.
6 Der (heutige) Semmering-Haupttunnel mit zwei eingleisigen Röhren wird fallweise doppelt gezählt; vgl. 9.3.
7 Dienes 1987, 38.
8 Regionalstrecke bei Prag (Tschechien).
9 Windbergbahn bei Dresden (Deutschland).
10 Streckenabschnitt über den Mollmannsdorfer Berg der Strecke Korneuburg–Ernstbrunn (Österreich).
11 Streckenabschnitt der Waldviertler Schmalspurbahn von Gmünd nach Groß Gerungs (Österreich).
12 Vgl. Davis, Wilburn 1991, 7, 41, 121.
13 Der kleinste Krümmungsradius am Semmering beträgt 189,7 m, während die Neigung auf allen großen Viadukten maximal 22 ‰ beträgt.
14 Heinrich 1983, 188; vgl. 2.4.
15 Saitz 1988, 24; vgl. auch Feiler, Liebsch, Schubert, Kepnik 1954, 23.
16 Diese Bauweise ist gekennzeichnet durch die in regelmäßigen Abständen angelegten Bauschächte von der Geländeoberfläche zur Tunnelachse; vgl. 2.4.; Altwasser u. a. 1992, 14.

17 Ghega vom 24. Februar 1849, zitiert nach Feiler, Liebsch, Schubert, Kepnik 1954, 11.
18 Saitz 1988, S18; vgl. Lahoda, v. Lihotzky, Rziha 1879, 44–45; Weber 1885, 210.
19 Stuttgarter Eisenbahn-Zeitung Nr. 29 vom 16. Juli 1849.
20 Schmidl 1849, 220.
21 Österreichische Tageszeitung von 1849, zitiert nach Kupka 1888, 114.
22 Gölsdorf 1978, 29 ff.
23 Örley 1929, 251.
24 Wie beispielsweise die Begründung des Österreichischen Bundesdenkmalamtes zum Bescheid vom 17. März 1997, GZ: 16.605/1/97 (vgl. dazu 7.1.); Eisenbahnen 1998 (CD-ROM), Beliebte ÖBB Strecken Normalspur/Semmeringbahn/.
25 Pap 1999, 6 (wobei Pap später sehr wohl auf Zitierung von wissenschaftlichen Erkenntnissen großen Wert legt, z. B. Pap 2017); auf Quellenangaben verzichtete gänzlich Scherzer 1999.
26 Mauterer 1990, VII; siehe auch Enderes 1929, 257; Feiler 1952, 2.
27 Vgl. URL: https://whc.unesco.org/en/list/785/documents/, 2.4.2018.
28 Vgl. URL: https://www.bmvit.gv.at/verkehr/eisenbahn/verfahren/semmering/index.html, 2.4.2018.
29 Inzwischen sind einige umfangreiche Werke zur Semmeringbahn erschienen, welche auch Aspekte der Baugeschichte umfassen. Vgl. z. B. Pap 2004, Pap 2007, Straub 2004; Einen ausgezeichneten Überblick über die zur Semmeringbahn erschienenen Pubikationen vgl. Neuner 2017.
30 Der internationale Rat für Denkmäler und Stätten (International Council on Monuments and Sites; ICOMOS; https://www.icomos.org) wurde im Jahre 1965 nach der Annahme der Charta von Venedig gegründet, um die Theorien und die Verfahren für Denkmalschutz zu fördern. ICOMOS stellt dem Welterbe-Komittee der UNESCO Bewertungen jener Kultureigentümer zur Verfügung, die für die Eintragung auf der Welterbestätten-Liste (World Heritage List; WHL; https://whc.unesco.org/en/list] vorgeschlagen wurden. ICOMOS ist einer der Hauptpartner des Welterbe-Informations-Netzwerkes (World Heritage Information Network; WHIN; http://whc.unesco.org/en/activities/495/).
31 Jüngere Publikationen zum UNESCO-Welterbe Semmeringeisenbahn vgl. Artl, Gürtlich, Zenz 2004; Dinhobl 2007; Dinhobl 2009b; Dinhobl, Haehnel 2010; Dinhobl 2013; Dinhobl, Haehnel 2015; Helml 2016; Pap 2004; Pap 2007; Schuhböck 2009.
32 Das UNESCO-Weltdokumentenerbe wird bei den je nationalen UNESCO-Kommissionen in Form eines ‚Nationalen Registers' eingetragen

und verwaltet. Im Gegensatz zum UNESCO-Welterbe erfolgt keine Evaluierung durch internationale ExpertInnen.

33 TMW 2018; der Archivbestand des TMW zur Semmeringbahn ist einsehbar unter URL: http://data.tmw.at/object/*:*%7Cfilter=semmering/r, 1.4.2018.

34 Ranfft 1984, 4 f.

35 Altwasser u. a.1992, 34.

36 Ghega 1853, 17–18.

37 Stuttgarter Eisenbahn-Zeitung Nr. 17 vom 28. April 1850.

38 ZÖIV 19,20,21/1849, 158.

39 Zitiert nach: Schneider 1982, 262; die Schwarzwaldbahn wurde schließlich 1873 eröffnet, bei einer Scheitelhöhe von 832 m; vgl. Semmering: 898 m.

40 Ghega 1853, 71 f.

41 Lahoda, v. Lihotzky, Rziha 1879, 29 f.

42 Schivelbusch 1989, 25.

43 Altwasser u. a. 1992, 34.

44 Im Allgemeinen sind Einschnitte wegen der Rutschgefahr der Hänge selten tiefer als 25 m angelegt worden; Hahn 1905, 51.

45 ZÖIV 19,20,21/1849, 178.

46 Ebd., 153 ff.

47 Ghega 1844, 97.

48 Schivelbusch 1989, 90.

49 Örley 1929, 249.

50 Ebd., 249.

51 Bei Langenwang, bei Peggau und bei der Badlwandgalerie; Dultinger 1985, 38.

52 Ghega 1844, XII–XIII; vgl. auch Birk, Aichinger 1861, 1.

53 Erweitert um das Prinzip des Kehrtunnels, welcher der künstlichen Streckenverlängerung ohne Verwendung von Seitentälern entspricht; vgl. Schneider 1982, 304 ff.; das Prinzip der Spitzkehre, welches bei den Andenbahnen zu Beginn des 20. Jahrhunderts oftmals angewandt wurde, schlugen schon Negrelli 1842 bzw. Francesconi 1839 vor; Negrelli 1842, 4; vgl. 4.4.

54 Davis, Wilburn 1991, 2, 194 f.; Lahoda, v. Lihotzky, Rziha, 1879, 43; allg. vgl. Headrick 1981.

55 Weber 1857, 13; Wood 1839, 204 f.

56 Schivelbusch 1989, 23.

57 Ghega 1853, 9.

58 Schivelbusch 1989, 23.

59 Wood 1839, XII f.

60 Lahoda, v. Lihotzky, Rziha 1879, 29 f.
61 Enderes 1929, 258.
62 Für die Semmeringbahn vgl. ZÖIV 19,20,21/1849, 174; für Eisenbahnen in der Schweiz vgl. ZÖIV 3/1851; für die italienische Giovi-Linie (vgl. 6.1.) sollte zunächst Isambard Brunel verpflichtet werden, was jedoch nicht gelang; noch während des Baues wurde schließlich Robert Stephenson zu Beratungen herangezogen; Kalla-Bishop 1971, 25; vgl. Weber 1854, 5.
63 Ghega 1844, XV.
64 Ebd., 255–256; vgl. 2.5.2; zur Studienreise vgl. Dinhobl 2009a.
65 Örley 1929, 249.
66 Ghega 1844, XII f.
67 Ebd., 254; als Lokomotiven „schwerer Cathegorie" bezeichnete Ghega die achträdrigen Maschinen, bei denen vier Räder (zwei Achsen) angetrieben wurden und vier Räder (zwei Achsen) in dem vorlaufenden Drehgestell angeordnet waren.
68 Ebd., XII f.
69 Örley 1929, 250.
70 Bei den römischen Aquädukten beispielsweise betrug die Belastung durch das (langsam) fließende Wasser maximal rd. 2 t/m Länge; vgl. Heinrich 1983, 54; Hingegen betrug allein die statische Belastung durch die damaligen Lokomotiven schon etwa das Vier- bis Fünffache. Die Proportionenlehre ermöglichte es, Proportionen (Pfeilerhöhe, Bogenspannweite u. a.) älterer Bauwerke auf moderne Bauten zu übertragen.
71 Heinrich 1983, 182.
72 Der Telegraph beispielsweise wurde erst gegen Ende der 1840er-Jahre öffentlich zugänglich; Schivelbusch 1989, 33 Fußnote.
73 Louis-Marie-Henri Naviers (1785–1836) bedeutende Abhandlung von 1826, die „Mechanik der Baukunst oder Anwendung der Mechanik auf das Gleichgewicht von Bau-Construktionen", erschien erst 1851 in einer deutschen Ausgabe; Heinrich 1983, 182.
74 Heinrich 1983, 186.
75 Stuttgarter Eisenbahn-Zeitung Nr. 9 vom 28. Februar 1849; In den USA stürzten noch in der Zeit zwischen 1878 und 1895 nach einer amerikanischen Statistik 502 Brücken ein; Heinrich 1983, 179.
76 Die durchschnittliche Geschwindigkeit der Postkutsche betrug 12 bis 15 km/h; die Dampfeisenbahn erreichte 1830 schon 25 km/h, bald 35 bis 50 km/h und 1841 wurden schon 60 km/h erreicht; ebd., 179.
77 Ebd., 179.
78 Jureka 1986, 157.
79 Die Coalbrookdale-Brücke ist eine UNESCO-Welterbestätte und

befindet sich bei den Industriedenkmälern im Tal von Ironbridge (Großbritannien).

80 Ebd., 157; Sonnemann 1987, 255.

81 Matthes 1983, 118.

82 Jureka 1986, 157.

83 Buchmann 1977, 41; die Strecke Stockton-Darlington wurde als erste öffentliche Eisenbahn (der Personentransport erfolgte zunächst ausschließlich mittels Pferdebetrieb) im Jahr 1825 eröffnet; Kos, 1992, 490.

84 Thomas 1980, 54; Shorland-Ball 1994, 25; der größte Viadukt dieser Strecke, der Sankey-Viadukt, welcher geradlinig einen Schiffkanal überquert, wurde in gemauerter Ausführung erstellt: Länge rd. 200 m, mit 9 Bögen zu je 50 Fuß (rd. 15 m), Höhe 67 Fuß (rd. 20,5 m); Ghega 1853, 14, auch Heinrich 1983, 175.

85 Propylaen Technikgeschichte 1990, Bd. 4, 190.

86 Heinrich 1983, 230; Jureka 1986, 157.

87 Heinrich 1983, 204, 230.

88 Jureka 1986, 159.

89 Weber 1857, 18 f.

90 Weber 1885, 256.

91 Stamm 1952, 66 f., 76 f.

92 Dabei wurden verschiedenste Fachwerksbauarten herangezogen; Jureka 1986, 159.

93 Heinrich 1983, 225.

94 Dieser weite Rückgriff war erforderlich, weil im Mittelalter die Brückenbauten von relativ kleinen städtischen Bevölkerungen mit entsprechend begrenzter Finanzkraft gebaut wurden. Diese sollten primär den lokalen Notwendigkeiten von Verkehr und Handel dienen und waren beispielsweise bei den Dimensionen (Bauhöhe, Länge) deutlich kleiner als die römischen Brückenbauten; ebd., 91.

95 Erbaut 15 v. Chr; dreistöckig, geradlinig, 273 m lang und 49 m hoch; Hauptbogen 24 m Spannweite, Bögen am Talhang 15 m, sonst 19 m Spannweite; bei einem durchschnittlichen Gefälle der Wasserleitung von 34 cm pro 1000 m Länge (0,34 ‰) kann der Aquädukt im Vergleich zu den Neigungen bei Eisenbahnlinien als waagrecht bezeichnet werden; ebd., 53 und 56 ff. Der Pont du Gard ist eine UNESCO-Welterbestätte.

96 Erbaut 100 n. Chr.; zweistöckig, geradlinig, 823 m lang und 29 m hoch; 119 Bögen zu je 6 m Spannweite; ebd., 51. Der Aquädukt von Segovia ist eine UNESCO-Welterbestätte.

97 Ebd., 54, 185.

98 Ghega 1853, 97.

99 Bei einem Lokomotivgewicht von 47,15 t und einem max. Radstand der Lokomotive von 4,74 m (Lokomotive *Vindobona* der Wettbewerbsfahrten am Semmering 1851, vgl. 5.1.3.4.) ergibt sich etwa eine Belastung von 10 t/m, also die fünffache Belastung im Vergleich mit den römischen Aquädukten; Werte nach Gölsdorf 1978, 27.

100 Weber 1885, 258.

101 Niel 1977, 13; Der Viadukt bei Brünn zählte damals mit einer Länge von 637 m Länge zu den längsten Eisenbahn-Brückenbauten der Welt. Entworfen wurde dieser von Carl Ghega.

102 Dultinger 1985, 38.

103 Leipzig-Plauen-Hof-Bamberg-Nürnberg; diese Linie wurde im Juli 1841 von Bamberg aus nach dem englischen Trassierungssystem begonnen, d. h. mit weiten Kurvenradien und maximalen Neigungen von immerhin schon 1 : 100 (10 ‰); Heinrich 1983, 185 ff.

104 Ebd., 185 f.

105 Ebd., 186.

106 Als Vorsitzender dieser Kommission wurde ein Professor der technischen Bildungsanstalt Dresden, nämlich Johann Andreas Schubert, gewählt; Heinrich 1983, 186.

107 Heinrich 1983, 187.

108 Beispielsweise liegen die beiden großen Viadukte der bayrisch-sächsischen Eisenbahn (beim Elstertal und Göltzschtal) in der Waagrechten, bei den Viadukten der sächsischen Eisenbahn von Chemnitz nach Riesa (erbaut 1845–1852) wurde die maximale Neigung von 1 : 100 (10 ‰) meist gänzlich zurückgenommen und bei dem Viadukt bei Limmritz um ein Drittel auf 1 : 148,8 (6,7 ‰) reduziert; Weisbrod 1993, 32 ff.; auch bei der Semmeringbahn wurde die Neigung auf den Viadukten von den maximalen 1 : 40 (25 ‰) auf 1 : 45 (22 ‰) zurückgenommen (ausgenommen der geradlinige *Payerbachgraben*-Viadukt); Ghega 1854, 18.

109 Wegen der Fliehkraft wird die Brückenkonstruktion noch zusätzlich in radialer Richtung belastet: Diese ist umgekehrt proportional zum Krümmungsradius und steigt mit dem Quadrat der Geschwindigkeit des fahrenden Zuges.

110 Buchmann 1977, 34; auch Thomas-Viadukt; dieser Viadukt ist der größte in den USA errichtete Viadukt in Steinbauweise und steht bis heute in Verwendung; Shorland-Ball 1994, 51.

111 Ghega 1844, 83 f., Fußnote.

112 Ebd., 90 ff.; 7 Öffnungen zu 74 bis 130 Fuß (22,6–39,7 m) lichter Weite

113 Feiler, Liebsch, Schubert, Kepnik 1954, 23.

114 Trnka 1929, 253; Kubinszky, Pawlik, Slezak 1992, 66 ff.

115 Altwasser u. a.1992, 54.
116 Ebd., 18.
117 Z. B. der 279 km lange Canal du Midi (Frankreich), der seit 1996 als UNESCO-Welterbestätte eingetragen ist. Im Verlauf dieses Kanals befindet sich bei Béziers ein 157 m langer, 8,4 m hoher Tunnel, welcher in den Jahren 1679 bis 1681 errichtet wurde. In England erreichte die Kanal-Bautätigkeit hingegen im 18. Jahrhundert ihren Höhepunkt; Altwasser u. a.1992, 26 f.
118 Beispielsweise der Entwässerungsstollen in den Albaner Bergen südlich von Rom (um 500 v.Chr. errichtet: 600 m lang mittels zwölf abgeteufter Schächte); weiters die unter Kaiser Claudius (44–45 n. Chr.) begonnene unterirdische Entwässerung des Fujiner Kratersees, unter dem Monte Salviano hindurch (5.595 m lang, Höhenunterschied 8,44 m, maximale Überdeckung um 300 m, mittels 40 max. 122 m tiefer Schächte betrug die Bauzeit elf Jahre); für das Mittelalter sei stellvertretend der Fulbert-Stollen beim Laacher See in der Eifel/Deutschland genannt (880 m lang, um 1160 in der Qanat-Bauweise errichtet: vermutlich bis zu 14 Schächte zur Erleichterung des Baues); Ebd., 14 ff.
119 Ebd., 34.
120 T. T. Bury: Coloured Views on the Liverpool & Manchester Railway, 1831, Reprint Oldham 1976.
121 Bei der Liverpool-Manchester-Eisenbahn mussten zwei längere Tunnel errichtet werden. Der erste Eisenbahntunnel wurde hingegen schon 1826 bei St. Etienne für die Pferdeeisenbahn Roanne-Andreziaux in Frankreich errichtet; Altwasser u. a.1992, 45, 74.
122 Ebd., 54.
123 Lahoda, v. Lihotzky, Rziha 1879, 44.
124 Altwasser u. a.1992, 50 f.
125 Für den 513 m langen, ersten Eisenbahntunnel Deutschlands, den Oberauer Tunnel auf der Strecke Leipzig-Dresden; dieser wurde von Februar 1837 bis Oktober 1839 durch Freiberger Bergleute mit einer Gebirgsüberdeckung von etwa 14 m mit Hilfe vier senkrechter, 20 m tiefer Schächte errichtet. Infolge starker Verwitterung durch fehlende Abdichtung sowie des zu geringen Tunnelquerschnittes wurde der Tunnel vom Juli 1933 bis Oktober 1938 freigelegt und abgebrochen; Striegler 1993, 323 f.; Auch die bis zu 5 km langen Tunnelbauwerke in Frankreich wurden in der Qanat-Bauweise erstellt; Stuttgarter Eisenbahn-Zeitung Nr. 25 vom 20. Juni 1847 und Nr. 27 vom 4. Juli 1847; vgl. Anhang, 9.8.
126 Erfindung 1855 durch den Genfer Daniel Colladon; die Tunnelbohr-

maschine erlebte ihren ersten großen Einsatz ab 1861 beim Tunnelbau am Mont Cenis (Italien/Frankreich) und kam bei Vorversuchen erstmalig 1857 in der Nähe von Genua zum Einsatz; Schweiger-Lerchenfeld 1884, 39.

127 Für Sprengungen stand zuvor lediglich Schwarzpulver zur Verfügung, das nur ein Achtel der Sprengwirkung von Dynamit hatte und außerdem eine äußerst starke Rauchentwicklung aufwies; Enderes 1929, 260.

128 Z. B. im Tauerntunnel (eröffnet 1909) mittels überlappender Wellbleche; Nachteil: Die Ausmauerung schließt nicht schlüssig mit dem Gebirge, deshalb ab ca. 1950 Innenisolierung; Müller-Salzburg 1978, 723.

129 Striegler 1993, 16.

130 Saitz 1988, S18; vgl. Lahoda, v. Lihotzky, Rziha 1879, 44 f.; Weber 1885, 210.

131 Es wurde angenommen, dass die Dampfzylinder durch diese Anordnung besser von den niedrigeren Umgebungstemperaturen isoliert wären; vgl. Ghega 1844, 145.

132 Vgl. Gölsdorf 1978, 17.

133 Vgl. ebd., 19.

134 Vgl. Ghega 1844, 141.

135 Vgl. Baumann 1977, 26; Örley 1929, 249.

136 Vgl. Gölsdorf 1978, 19; Weber 1857, 142.

137 Ghega 1853, 20 f.; vgl. Ghega 1844, 128 f.

138 Vgl. Ghega 1853, 20 f.

139 In den USA wurden bis 1903 Lokomotiven mit dieser Achsanordnung gebaut; vgl. Baumann 1977, 117.

140 Vgl. Ghega 1844, 141; dies bewirkte einen tieferen Schwerpunkt im Vergleich zu den englischen Lokomotiven und damit einhergehend eine größere Entgleisungssicherheit; vgl. ebd., 143.

141 Ebd., 145.

142 Vgl. auch Stuttgarter Eisenbahn-Zeitung Nr. 11 vom 14. März 1847.

143 Vgl. Stuttgarter Eisenbahn-Zeitung Nr. 4 vom 22. Jänner 1849.

144 Vgl. Gölsdorf 1978, 16 ff.; Haswell war ein schottischer Ingenieur, der zum Einrichten der Werkstätte der Wien-Gloggnitzer Bahn nach Wien kam und anschließend die Leitung der Werkstätte übertragen wurde.

145 Vgl. Ghega 1844, 26 f.; Ghega 1853, 36 f.

146 Vgl. Ghega 1844, 255 f.

147 Negrelli 1842, 2.

148 Vgl. Wood 1839, 172 ff.; erschienen erstmals 1827 in England, erste Übersetzung ins Deutsche 1839 durch H. Köhler.

149 Ghega 1853, 14.
150 Ebd., 41 f.
151 Mit 2150 Fuß (655 m) in 1 : 27 (37 ‰), 3000 Fuß (914 m) in 1 : 30 (33 ‰), 3200 Fuß (975 m) in 1 : 20 (50 ‰) und 1900 Fuß (1900 m) in 1 : 25 (40 ‰); vgl. Ghega 1844, 27.
152 Ebd., 27 f.
153 Ebd., 31.
154 Ghega 1853, 38.
155 Ebd., 36 ff.
156 Ghega 1844, 255 f.; auch wenn nicht immer Menschenleben zu beklagen waren, der Materialschaden sowie die Betriebsunterbrechungen wurden – auch von den Technikern – insbesonders aus ökonomischer Sicht als nicht wünschenswert eingestuft; vgl. Stuttgarter Eisenbahnzeitung Nr. 3 vom 17. Jänner 1847.
157 Vgl. Ghega 1853, 36 f..
158 Begründet auf „Gutachten" von Robert Stephenson; vgl. Schneider 1982, 273.
159 Der Bau wurde im Jahr 1846 begonnen und die Strecke konnte am 20. Februar 1854 feierlich eröffnet werden; vgl. Briano 1977, 95; Kalla-Bishop 1971, 25; vgl. auch 6.1.
160 Vgl. Schneider 1982, 110 ff..
161 Vgl. Ghega 1853, 45; vgl. auch 2.2.: In der damaligen Zeit waren die größten Neigungen von Eisenbahnen mit Lokomotivbetrieb zwischen 1 : 250 und 1 : 200.
162 Ebd., 45; bei diesem „Experiment" wurden Wagen mit 1500 Zentnern Eisen anstandslos die Neigung hinaufgezogen; vgl. Niel 1960, 18.
163 Vgl. Kupka 1888, 107.
164 Ghega 1853, 46 f.
165 Vgl. Feiler, Liebsch, Schubert, Kepnik 1954, 12.
166 Stuttgarter Eisenbahn-Zeitung Nr. 35 vom 1. September 1849.
167 Ebd.
168 Ghega 1853, 48.
169 Inschrift auf der Gedenktafel an Ghegas Geburtshaus (Fondamenta Gioachino), nach Niel 1977, 62.
170 Mutter Anna Ghega, geb. Pribich, Vater Anton Ghega, technischer Beamter der k.k. Kriegsmarine am Seearsenal; vgl. Ebd., 8; siehe auch Straub 2004, 19 f.; in Ghegas Diensttabelle wurde als Geburtsdatum – auch von Ghega selbst – hingegen der 13. Juni 1802 eingetragen; die Vermutung von Historikern, Ghega habe den Tag seiner Geburt nicht genau gewusst, wird durch die zahlreichen Fehler in den Diensttabellen dieser Zeit, vor allem aber durch Erhebungen in den Kirchbüchern von Venedig bestätigt; vgl. Feiler 1952, IV/3.

171 Vgl. Niel 1977, 10 f.; Dultinger 1985, 100.
172 Vgl. Dultinger 1985, 101.
173 Vgl. Enderes 1929, 259; Dultinger 1985, 100.
174 Vgl. Strach 1898, 144
175 Vgl. Niel 1977, 12.
176 Vgl. Enderes 1929, 259; weiters lernten sie das ‚neue' Oberbausystem in Belgien kennen, bei dem die Eisenbahnschienen auf hölzerne Querschwellen genagelt wurden, während in England zunächst ausschließlich Längsschwellen als Schienenunterlage dienten; vgl. Niel 1977, 13.
177 Ebd., 13.
178 Ghegas Stelle bei der Kaiser-Ferdinand-Nordbahn wurde von Alois Negrelli übernommen; vgl. Mauterer 1990, 3.
179 Vgl. Niel 1977, 18.
180 Vgl. Ghega 1854, 16.
181 Der Eisenbahnbau erfolgte von Wien aus in alle (Himmels-)Richtungen, beginnend mit der südlichen Strecke Wien–Triest; vgl. Stuttgarter Eisenbahn-Zeitung Nr. 31, 1. August 1847.
182 Öffentlich bekanntgegeben am 5. Jänner 1842; vgl. Mauterer 1990, 7.
183 Vgl. Dultinger 1985, 30; Enderes 1929, 259; nach Mauterer erging die Berufung an Ghega schon Ende 1841, da am 15. Jänner 1842 bereits der Antrag zur Amerikareise gestellt worden war; vgl. Mauterer 1990, 7.
184 Vgl. Ghega 1844, 25, 131; Dultinger 1985, 102; Ghega sprach neben seiner Muttersprache Italienisch auch Deutsch und Französisch, die englische Sprache war ihm gemäß Diensttabelle nur „minder geläufig"; Mauterer 1990, 3.
185 Vgl. Ghega 1844, X.
186 Ebd., 2.
187 Vgl. Ghega 1853, 43; vgl. 6.
188 Ghega 1844, 247 f.; es gilt: $\nu=\pi$; K0 ist der Winkel des Kreissegmentes.
189 Lahoda, v. Lihotzky, Rziha 1879, Anhang 1; Aufgrund dieses Werkes wurden die Steilstrecken in Württemberg (Geislinger Steige) und Bayern (Fichtelgebirge) mit Lokomotivbetrieb errichtet.
190 Ghega 1853, 30.
191 Vgl. Praschinger 1992, 492; vgl. 4.4.
192 Ghega 1844, XI f.
193 Ghega 1853, 119.
194 Vgl. zu atmosphärische Bahnen 2.5.3; zu Seilbahn-Rampen (Seilebenen) 2.5.2; vgl. auch Schneider 1982, 239, Schweiger-Lerchenfeld 1884, 19 ff.

195 Zunächst herrschte bei den Tunnelbauten reine Handarbeit vor, die Tunnelbohrmaschine sowie Dynamit wurden erst später erfunden; vgl. 2.4.
196 Vgl. Niel 1960, 25.
197 Ebd., 48; vgl. 4.6.3.
198 Beim Probestollen des Semmering-Basis-Bahntunnels traten im Oktober 1996 bis April 1997 Wasserzuflußspitzen bis 360 Liter pro Sekunde auf, wodurch der Probestollen überflutet und vorübergehend zugemauert werden musste (!). Im Zubringertunnel zum Semmering-Straßentunnel bei Spital ereigneten sich am 7. Februar und 4. März 2000 zwei Unfälle, bei denen jeweils ein Arbeiter getötet wurde. Beim zweiten Unfall begruben von der Tunneldecke herabstürzende Gesteinsmassen zwei Arbeiter, wovon einer verstarb.
199 Vgl. Karner 1952, 14.
200 Lahoda, v. Lihotzky, Rziha 1879, 33.
201 Vgl. Ghega 1853, 30; zu Pferde als Betriebsmittel vgl. ebd., 12; Ghega 1844, 208 ff.; zu Seilebenen als Betriebsmittel vgl. Ghega 1853, 36 ff. sowie 2.5.2.; zum atmosphärischen System als Betriebsmittel vgl. 2.5.3.
202 Ebd., 95.
203 Vgl. Ghega 1854, 11; Niel 1960, 19.
204 Vgl. Praschinger 1992, 495.
205 Örley 1929, 251; die ebenfalls mitberücksichtigte Regulierung der Donau bei Wien wurde mangels vorliegender Planungen zunächst wieder verworfen.
206 Vgl. Feiler, Liebsch, Schubert, Kepnik 1954, 15; Mauterer 1990, 11.
207 Dultinger 1985, 103; Niel 1977, 30.
208 Die Verlegung gewisser Anfeindungen in die Zeit vor Baubeginn, wie es von einigen Autoren erfolgt, entbehrt historisch jeder Grundlage; Recherchen dazu vgl. Mauterer 1990, 7; eine zentrale Stellung der Seilebenen-Befürworter nimmt dabei der österreichische Ingenieurverein ein, welcher eine Sonderkommission zur „Semmering-Frage" einsetzte, aber letztlich (als ÖIAV) im Jahre 1869 als Wiedergutmachung in der Station Semmering ein Ghega-Monument aufstellen ließ und eine Ghega-Stiftung gründete; vgl. Kos 1992, 226, Kat.-Nr. 17/4d; Stuttgarter Eisenbahn- Zeitung Nr.18, 30. April 1849, Nr. 19, 7. Mai 1849 und besonders Nr. 29, 16. Juli 1849.
209 Vgl. Niel 1960, 16; diese Ansicht wurde noch lange Zeit vertreten (vgl. u. a. Gutkas u. a. 1989, 79), und dies, obwohl schon die Stuttgarter Eisenbahn-Zeitung Nr. 29 vom 16. Juli 1849 eine sachliche Entgegnung brachte.
210 Vgl. Niel 1960, 16.

211 Feiler, Liebsch, Schubert, Kepnik 1954, 15.
212 Vgl. Praschinger 1992, 211, 499.
213 Vgl. Lahoda, v. Lihotzky, Rziha 1879, Anh.1.
214 Oberingenieur und Inspektor bei der kkStB, welcher im Jahre 1850 den Auftrag erhielt, bei den Semmering-Lokomotivwettbewerbsfahrten zur Ermittlung einer geeigneten Lokomotivkonstruktion für die künftigen Semmeringbahn mitzuwirken.
215 Die Lokomotive namens *Save* von der südlichen Staatseisenbahn.
216 Zitiert nach Binder 1929, 264 f.
217 Zitiert nach ebd., 264 f.
218 Vgl. Praschinger 1992, 499.
219 Vgl. Feiler, Liebsch, Schubert, Kepnik 1954, 21.
220 Stockklausner 1979a, 14–15.
221 Vgl. Saitz 1988, 27.
222 ÖStA AVA VA III-B 1854/48.
223 ÖStA AVA VA III-B 1854/368.
224 Vgl. Niel 1977, 67.
225 Dietrich 1993, 4; in den Eisenbahnbau wurden staatlicherseits bis 1854 336 Mio. Gulden investiert, der Verkauf brachte lediglich 169 Mio. Gulden ein; vgl. Rossberg 1977, 67.
226 Vgl. Niel 1977, 56 ff.
227 Dieses Eisenbahnnetz sollte die östlichen Grenzen der Österreichisch-Ungarischen Monarchie leichter erreichbar machen, ein Wunsch, der durch den Krimkrieg 1853-1856 eine besondere Bedeutung erhielt; vgl. Feiler 1952, IV/9.
228 Vgl. Niel 1977, 69; Ghegas Leichnam wurde im Stephansdom eingesegnet und am Währinger Friedhof bestattet; vgl. Dultinger 1985, 105, Straub 2004, 211.
229 Zitiert nach Feiler, Liebsch, Schubert, Kepnik 1954, 21.
230 Vgl. Feiler, Liebsch, Schubert, Kepnik 1954, 21; diese Aktionen können als Wiedergutmachung der Anfeindungen an Ghega während des Baubeginns der Semmeringbahn gesehen werden; vgl. Kos 1992, 226; Dultinger 1985, 105; Straub 2004, 211.
231 Schneider 1982, 239.
232 Ghega 1853, 64.
233 Ghega hatte aller Wahrscheinlichkeit nach Kenntnis von Schönerers Versuch am Südbahnhof, da er sich zu jener Zeit wegen des Baus der Nordbahn in Wien aufhielt: „Ueber die Schienen der jetzigen Südbahn war aber noch keine Lokomotive gerollt, als Schönerer – eben von einer Reise aus Amerika zurückgekehrt – auf der 1839 erbauten Rampe in 1 : 30 am Wiener Südbahnhofe seinen Fachgenossen die in

Amerika gemachte Erfahrung vor Augen führte, indem er jene Rampe mit gewöhnlichen Maschinen befahren ließ"; Schweiger-Lerchenfeld 1884, 14.

234 Ghega 1853, 58.
235 Ebd., 58 f.
236 Ghega 1844, 27, Fußnote.
237 Vgl. Lahoda, v. Lihotzky, Rziha 1879, 35 f.
238 Ghega 1853, 60.
239 Vgl. Örley 1929, 250.
240 Werte nach Ghega 1853, 61 f.
241 Ebd., 71 f.
242 Ghega 1844, 254.
243 Ebd., 32 ff., auch 171 ff., 208 ff.
244 Ghega 1853, 30.
245 Vgl. Ghega 1844, 254.
246 Ebd., 213.
247 Vgl. Schneider 1982, 304 ff.
248 Vgl. Schwarz 1982, 52.
249 Vgl. Kos 1992, 190; hinter dieser Eisenbahngesellschaft (gegründet am 20. März 1838) verbirgt sich das Bankhaus Simon Georg Sina (Tabak- und Brückenmautmonopol), das zweitwichtigste Bankhaus in Altösterreich; Vgl. Dietrich 1993, 36; Daten zur Streckeneröffnung: Stürmer 1872, 77; zum Südbahnhof und der Südbahn vgl. Kos, Dinhobl 2006, Artl, Gürtlich, Zenz 2008.
250 Vgl. Gölsdorf 1978, 15; Horn 1971, 13.
251 Vgl. Gölsdorf 1978, 16; die Lokomotive trug den Namen *Philadelphia* (daran erinnert noch heute die Philadelphiabrücke in Wien-Meidling), wurde in zerlegtem Zustand von Nordamerika per Segelschiff nach Triest und weiter am Landweg nach Wien gebracht, wo sie im August 1838 eintraf und am 31. August 1838 erstmals angeheizt wurde; vgl. Horn 1971, 13, 15.
252 Die Rampe war auf der Seite des Bahnhofes der Wien-Gloggnitzer Eisenbahn (heute Wiener Südbahnhof) als Verbindungsgleis zu der tiefer liegenden Lokomotivwerkstätte (damals zwischen dem heutigen Süd- und Ostbahnhof gelegen) angelegt; vgl. Mauterer 1990, 4.
253 Die Richtlinien um 1831 besagten, dass für einen sicheren Eisenbahnbetrieb gewährleisten zu können, keine größeren Neigungen als 1 : 250 (4 ‰) und keine kleineren Radien als 1500 Fuß (457 m) errichtet werden sollten; vgl. 2.1. und 2.2..
254 Vgl. Dultinger 1985, 31; Nach Horn deuten die auf Längsschwellen eingebauten Flachschienen auf einen zunächst beabsichtigten Pferdebahnbetrieb in diesem Abschnitt; vgl. Horn 1971, 10.

255 Wien–Wiener Neustadt maximal 3,5 ‰, Wiener Neustadt–Gloggnitz steigt 7,7 ‰; Bögen im Allgemeinen 1.900–3.690 m, bei der Stationseinfahrt in Wiener Neustadt 521 m Bogen; vgl. ebd., 6.
256 Mit 3,8 km Länge und einer Höhe von 9,6 m der längste Damm; vgl. Dultinger 1985, 32.
257 Mit 1,65 km Länge und 10,2 m Tiefe der größte Einschnitt; vgl. ebd., 32.
258 Das zweite Gleis wurde erst nach Eröffnung der Semmeringbahn 1854 vom Staat errichtet; vgl. Horn 1971, 6; Feiler, Liebsch, Schubert, Kepnik 1954, 30.
259 Vgl.: 300.000 Thaler pro geographischer Meile: Kaiser-Ferdinands-Nordbahn; 315.120 Thaler pro geographischer Meile: Eisenbahn Wien–Bruck a.d. Leitha; Stuttgarter Eisenbahn-Zeitung Nr. 5 vom 29. Jänner 1849.
260 Vgl. Dultinger 1985, 31.
261 Vgl. Kos 1992, 195, zu Kat.-Nr. 13/17.
262 Vgl. Dultinger 1985, 32; es waren Freiberger Bergleute, welche in den Jahren 1835 bis 1839 beim Bau der Dresden-Leipziger Eisenbahn ihre ersten Erfahrungen im Eisenbahn-Tunnelbau gewinnen konnten; vgl. Saitz 1988, 17.
263 Vgl. Kos 1992, 195 zu Kat.-Nr. 13/17.
264 Möcker 1999, 322.
265 Dultinger 1985, 32; allgemein üblich war damals, Einschnitte bis zu einer Tiefe von maximal 25 m anzulegen; vgl. Weber 1885, 204.
266 Diese ab dem 19. Jahrhundert aufgebaute Eisenindustrie im Mur- und Mürztal entwickelte sich zum „größten alpinen Industriegebiet"; Bätzing 1997, 163.
267 Vgl. Kupka 1888, 101–102; Praschinger 1992, 492; Kos 1992, 201.
268 Bei Langenwang, bei Peggau und bei der Badlwandgalerie; vgl. Dultinger 1985, 38.
269 Ebd., 40, 169.
270 Ebd., 41; Dultinger datiert fälschlicherweise beide Probefahrten mit Sept. bzw. Okt. 1842, obwohl der Baubeginn mit Okt. 1842 datiert wird (29, 38).
271 Ebd., 42; Niel 1977, 25; Leitgeb 1987, 210.
272 Vgl. Kupka 1888, 102 f.
273 Vgl. Mauterer 1990, 1; diese sollte jedoch nicht über Wien und den Semmering führen, sondern die Alpen beim Präbichl (Eisenerz-Abbaugebiet) durchqueren; vgl. Praschinger 1992, 490.
274 ÖStA AVA VA II-A 1838/162 VIIIa; Riepl sendete am 18.3.1836 das Gutachten an die Staatsverwaltung.

275 Dultinger 1985, 16; Erzherzog Johann war u. a. auch Besitzer eines Eisenwerkes (Radwerk II) in Vordernberg bei Leoben und dadurch wohl auch persönlich höchst interessiert an einer modernen Verkehrsanbindung; vgl. Leitgeb 1987, 210.
276 Zitiert nach Niel 1960, 15.
277 Vgl. Mauterer 1990, 1.
278 Vgl. Dultinger 1985, 16, 53; Niel 1960, 17; der bei diesen vorläufigen Studien beteiligte Oberst von Stregen dachte schon damals an einen bedingt möglichen Lokomotivbetrieb über den Semmering, wobei jedoch betont werden muss, dass nach Ansicht des Erzherzogs (1841) die Beurteilung und Überwindung dieser Geländeschwierigkeiten ausschließlich Sache berufener Ingenieure sei; in dieser vorläufigen Studie wurde lediglich der Vorschlag einer Pferdeeisenbahn auf der 1839–1841 neu angelegten Semmering-Straße (max. Neigung 1 : 20) gemacht; vgl. Feiler 1952, IV/3 f.
279 Vgl. Binder 1929, 261; Ghega 1854, 16.
280 Der Österreichische Lloyd besaß 1851 die größte Dampfschiffahrtsgesellschaft des Mittelmeeres bei einem Liniennetz bis nach Bombay, Singapore und Hong Kong; vgl. Dienes, Wieninger 1987, 227.
281 Vgl. Dultinger 1985, 22, Horn 1971, 3; Feiler, Liebsch, Schubert, Kepnik 1954, 9.
282 Vgl. Dultinger, 54; Lahoda, v. Lihotzky, Rziha 1879, 30.
283 Schweiger-Lerchenfeld 1884, 15.
284 Vgl. Mauterer 1990, 4.
285 Vgl. Dultinger 1985, 54; Schweiger-Lerchenfeld 1884, 19 ff.
286 Vgl. Dultinger 1985, 26; Stuttgarter Eisenbahn-Zeitung Nr. 31, 1. August 1847; Kupka 1888, 91.
287 Beginnend ab 29. März 1842; vgl. Kupka 1888, 91.
288 Vgl. Kupka 1888, 92, 101 ff.
289 Vgl. Dultinger 1985, 26; Feiler 1952, IV/3; Praschinger 1992, 491–492
290 Jedoch ist zu erwähnen, dass die Gegner einer mit Lokomotiven betriebenen Eisenbahn ihre Projekte zumeist erst *nach* Baubeginn (1848) veröffentlichten.
291 Vgl. Mauterer 1990, 4.
292 Schweiger-Lerchenfeld 1884, 19 ff.
293 Zum Tunnelbau vgl. 2.4.
294 Vgl. Enderes 1929, 260.
295 Vgl.: ca. 4 ¼ Jahre Bauzeit für den 1430 m langen Scheiteltunnel; Werte nach Ghega 1853, 19; Széchy 1969, 83; Verlängerung der Bauzeit durch weniger Angriffsschächte wegen der großen Überdeckung ist hier *nicht* mitberücksichtigt!

296 Etzel wurde später in Österreich als Projektleiter beim Bau der Brennerbahn bekannt; vgl. Schneider 1982, 227.
297 Diese horizontalen Strecken waren aufgrund der begrenzt herstellbaren Seillänge erforderlich.
298 Stuttgarter Eisenbahn-Zeitung Nr. 43 vom 27. Oktober 1849.
299 Vgl. Feiler, Liebsch, Schubert, Kepnik 1954, 12; Niel 1960, 19; Mauterer 1990, 8.
300 Der Brief ist vom 19.8.1844 datiert; vgl. ebd., 8; Mauterer sieht in dieser Stellungnahme zumindest eine Inspirationsquelle, wenn nicht gar Initiierung der Polemiken des österreichischen Ingenieur- und Architektenvereins nach 1848 gegen den Lokomotivbetrieb am Semmering.
301 Vgl. Ghega 1854, 11.
302 Vor allem die Industriebetriebe von Gloggnitz, Schlöglmühl und Payerbach und das durch Fremdenverkehr aufstrebende Schwarza-Tal um Reichenau wären von der Eisenbahn nicht berührt worden; vgl. Mauterer 1990, 11.
303 Vor allem bedingt durch die nordseitige Lage, an der die Schienen viel länger feucht und damit rutschiger blieben; vgl. Mauterer 1990, 11.
304 Vgl. beispielsweise Niel 1960, 18.
305 Negrelli 1842, 4.
306 Vgl. Ghega 1854, 11, 13; Niel 1977, 27.
307 Vgl. Feiler 1952, VI/7; Feiler, Liebsch, Schubert, Kepnik 1954, 12.
308 Ebd., 12 f.
309 Vgl. Mauterer 1990, 10.
310 Vgl. Ghega 1854, 13; Feiler 1952, IV/6; Feiler, Liebsch, Schubert, Kepnik 1954, 11; Praschinger 1992, 495.
311 Vgl. auch Dinhobl 2003.
312 Schmidl 1849, 220.
313 Vgl. Dultinger 1985, 55; Stuttgarter Eisenbahn-Zeitung Nr. 18 vom 30. April 1849, Nr. 19 vom 7. Mai 1849 und Nr. 29 vom 16. Juli 1849; Die Presse 14. April 1849; Die Presse vom 21. Juni 1849.
314 Österreichische Tageszeitung zitiert nach Kupka 1888, 114.
315 Zahlreiche Autoren (schon ab 1869, z.B. Engerth 1869, 11; Lahoda, v. Lihotzky, Rziha 1879, 34–35) datierten diese Auseinandersetzung um die Argumente gegen einen Lokomotivbetrieb schon in die Zeit *vor* dem Baubeginn; Entgegnung dessen vgl. Feiler 1952, IV/8; Mauterer 1990, 11.
316 Diese Meinung hält sich hartnäckig bis zum heutigen Tag, wie beispielsweise im Buch der Bahn, 1987, 51; morgen 82/1992, XI; des Weiteren auch in der Begründung des Österreichischen Bundesdenk-

malamtes zum Bescheid vom 17. März 1997 (ÖBDA GZ: 16.605/1/97) sowie in der CD-ROM Eisenbahnen 1998, Verzeichnis: Beliebte ÖBB Strecken Normalspur/Semmeringbahn/Die Vorgeschichte des Bahnbaues.

317 Die Presse vom 21. Juni 1849.

318 Stuttgarter Eisenbahn-Zeitung Nr. 29 vom 16. Juli 1849; dieses nicht haltbare Argument der Gegner Ghegas findet sich auch in der heutigen Zeit noch und wurde beispielsweise dahingehend uminterpretiert, dass durch die vermeintlich nicht existierenden Lokomotiven eine „Utopie in die Realität" umgesetzt worden sei; vgl. morgen 82/1992, XI.

319 Vgl. Ghega 1844, 27; Örley 1929, 251; Stuttgarter Eisenbahn-Zeitung Nr. 18 vom 30. April 1849 und Nr. 19 vom 7. Mai 1849.

320 Zu Baubeginn der Semmeringbahn schon in Betrieb stehende Eisenbahnen erreichten maximal um 600 m Seehöhe; vgl. 2.2. und 6.

321 Örley 1929, 251; vgl. auch Praschinger 1992, 495; Feiler gibt als Datum der Ernennung Minister Baumgartners den 11. Mai 1848 an; Feiler 1952, IV/7.

322 Vgl. Niel 1977, 28; diese Planungen begannen schließlich 1849; Feiler 1952, IV/7.

323 Dabei merkt Feiler an, dass in der Frühzeit des Staatseisenbahnbaues „die jeweils vorgelegten Bauprojekte ohne weitere Überlegungen grundsätzlich nach den Anträgen des Generaldirektors genehmigt worden waren", weshalb die Bedeutung der Unterschrift Negrellis nicht zu hoch eingeschätzt werden dürfe; ebd., IV/8.

324 Vgl. Praschinger 1992, 495; Niel 1977, 27.

325 Feiler, Liebsch, Schubert, Kepnik 1954, 13.

326 Vgl. Stuttgarter Eisenbahn-Zeitung Nr. 5 vom 31. Jänner 1847.

327 Vgl. Stuttgarter Eisenbahn-Zeitung Nr. 9 vom 28. Februar 1847.

328 Vgl. Stuttgarter Eisenbahn-Zeitung Nr. 15 vom 11. April 1847.

329 Vgl. Feiler, Liebsch, Schubert, Kepnik 1954, 13.

330 Kriege 1848, 1849, 1859 und 1866; vgl. Allmann 1992, 505.

331 Vgl. Leipziger Illustrierte Zeitung Nr. 268, 1848, 126.

332 Vgl. Niel 1960, 22.

333 Vgl. Stuttgarter Eisenbahn-Zeitung Nr. 17 vom 23. April 1849.

334 Vgl. Praschinger 1992, 497.

335 Ebd., 496.

336 Vgl. Dultinger 1985, 59–60.

337 Vgl. Niel 1960, 23.

338 Vgl. Stuttgarter Eisenbahn-Zeitung Nr. 17 vom 23. April 1849; Nr. 18 vom 30. April 1849; Horn 1971, 9.

339 Vgl. Praschinger 1992, 496; Bruck war von 1848–1851 Minister für Handel, Gewerbe und öffentliche Bauten; Dietrich 1993, 4.
340 Niel 1960, 22.
341 Ghega vom 24. Februar 1849, zitiert nach Feiler, Liebsch, Schubert, Kepnik 1954, 11.
342 Vgl. Feiler 1952, IV/5.
343 Vgl. Feiler, Liebsch, Schubert, Kepnik 1954, 15.
344 Zitiert nach Niel 1960, 23; dieses Zitat konnte in den Akten nicht gefunden werden; ÖStA AVA VA III-B 1849/247.
345 Vgl. Stuttgarter Eisenbahn-Zeitung Nr. 43 vom 27. Oktober 1849.
346 Vgl. Mauterer 1990, 15.
347 Vgl. Praschinger 1992, 497.
348 Zitiert nach ebd., 500.
349 Vgl. Niel 1977, 43.
350 Vgl. Feiler, Liebsch, Schubert, Kepnik 1954, 16.
351 Schon 1850 waren 10 % der Arbeiter von der Cholera betroffen; vgl. Allmann 1992, 504; Mauterer 1990, 15; Dultinger 1985, 59; noch 1851 wurden 282 Tote und 1852 178 Tote in Klamm gezählt; vgl. Niel 1960, 26.
352 Vgl. Allmann 1992, 505, 506; Niel 1960, 20, 26.
353 Vgl. Dultinger 1985, 26; danach erhielt der Abschnitt Wiener Neustadt–Gloggnitz ein zweites Gleis; weiters wurden die Flachschienen auf den Längsschwellen, welche ursprünglich von Wiener Neustadt bis Gloggnitz eingebaut worden waren, gegen Breitfußschienen ersetzt; vgl. Horn 1971, 10.
354 Vgl. Praschinger 1992, 498.
355 Navé, Luft 1985, 12.
356 Vgl. Lahoda, v. Lihotzky, Rziha 1879, Anhang 1; Binder 1929, 265; diese Festfahrten erfolgten ebenfalls noch mit normalen Lokomotiven, weil die ersten aus dem Semmering-Lokomotivwettbewerb entstandenen Engerth'schen Berglokomotiven erst am 7. November 1853 in Payerbach eintrafen.
357 Vgl. Kos 1992, 226, zu Kat.-Nr. 17/4a; Kupka 1888, 126.
358 Mit folgenden Bedeutungen: Rot: Achtung, vorsichtig fahren; Weiß: anhalten; Grün: drohende Gefahr, sofort stehenbleiben.
359 Insgesamt je 87 Arm- und Lichtsignale; vgl. Birk 1861, 17.
360 Insgesamt existierten 54 Glockenstationen (51 große und 3 kleine), welche so aufgestellt wurden, dass sie auf der gesamten Strecke (ausgenommen in den Tunnels) gehört werden konnten; ebd., 16; sie standen meistens bei den Wächterhäusern oder Signalhäusern (Letztere wurden nach der Aufstellung von Lichtsignalen ab 1956 abge-

tragen); die Glockensignale bewährten sich derart, dass ihre Anwendung bis nach dem Zweiten Weltkrieg erfolgte; insgesamt konnten damit schon ab etwa 1870 17 verschiedene Nachrichten übermittelt werden (vgl. 9.5.); vgl. Dultinger 1985, 67, 226; Feiler, Liebsch, Schubert, Kepnik 1954, 31.

361 Telegraphiert wurde nur zwischen den Haupt- und Lokomotivwechselstationen (Wien, Wiener Neustadt, Gloggnitz, Mürzzuschlag, Bruck, Graz, Marburg, Cilli, Laibach, Adelsberg und Triest), und zwar die Abfahrtszeit, das Zuggewicht und der Name der Lokomotive; diese Nachrichten wurden von allen Zwischenstationen aufgenommen; Letztere telegraphierten nur dann zur nächsten Haupt- und Lokomotivwechselstation, wenn Verspätungen auftraten; die Stromversorgung des Telegraphen wie auch der Glockensignale erfolgte mittels Batterien; vgl. Birk, Aichinger 1861, 15–16.

362 Kleine pulvergeladene Büchsen wurden auf den Schienen gezündet und dienten so der Verständigung mit dem Lokomotivführer, der sofort anhielt; ebd., 18.

363 Rund, rot mit weißem Rand, mussten vom Bahnwächter beim Passieren eines Zuges dem Lokomotivführer gezeigt werden und informierten ihn über den Zustand der Bahn und über etwaige Hindernisse; in der Nacht Laternensignale; ebd., 19.

364 „Bei einer Fahrt auf dem Gefäll über 1/100 bis 1/40 müssen die Wagenbremsen so angezogen werden, dass sich die Räder theils drehend, theils schleifend fortbewegen. Die Räder des letzten Wagens sind bei ungünstiger Witterung fast ununterbrochen derart zu bremsen, dass eine Schleifung derselben stattfindet"; ebd., 28.

365 Ebd., 28.

366 Vgl. Feiler, Liebsch, Schubert, Kepnik 1954, 20; aber auch in den folgenden Wochen besuchte der Kaiser die Semmeringbahn öfters; vgl. Ghega 1854, 12.

367 ÖStA AVA VA 1854/1733, Vortrag des treugehorsamsten Handelsministers Ritters von Baumgartner, 6; Vgl. Lahoda, v. Lihotzky, Rziha 1879, Anhang 1; Rihosek 1929, 265; Kos 1992, 226, zu Kat.-Nr. 17/4a.

368 Errechnung der aktuellen Kaufkraft gemäß Umrechnungsformeln für historische Währungen der STATISTIK AUSTRIA; Bezug auf Kleinhandelspreisindex (Basis März 1938=100), Februar 2018.

369 ÖStA AVA VA II-B 1844/1445.

370 Vgl. Birk, Aichinger 1861, 38; Székely, Tuschel 1987, 38; Kempf 1890, 8; Kupka 1888, 112.

371 Krimkrieg 1853–1856, Eintritt Österreichs durch Bündnis mit den Westmächten 1854; 1854–1857 besetzt Österreich-Ungarn die Fürs-

tentümer Moldau und Walachei; ab 1858 schon Aufrüstung zum sardinisch-französischen Krieg gegen Österreich 1859.

372 Neben den Staatseisenbahnen wurden aber auch z. B. staatlich geführte Bergwerke und Staatsforste verkauft.

373 Vgl. Stockklausner 1979a, 27, 29; Gutkas u. a. 1989, 87, 105; Rossberg 1977, 67.

374 Vgl. Stockklausner 1979a, 26; Binder 1929, 264; bei dieser Gesellschaft war das Bankhaus Rothschild maßgeblich beteiligt.

375 Vgl. Ghega 1854, 19; Praschinger 1992, 497–499.

376 Vgl. Binder 1929, 263; Ghega 1854, 19.

377 Aus Sicherheitsgründen wurden fünf dieser Schächte zusätzlich ausgemauert (ebd., 19), zwei wurden im Jahr 1865 wieder verschüttet, zwei weitere etwas später. Der verbleibende Schacht diente schließlich noch bis 1927 als Ventilationsschacht; vgl. Trnka 1929, 254.

378 Binder 1929, 263.

379 Vgl. Szèchy 1969, 83–84; auf der gesamten Tunnellänge fanden sich insgesamt 15 Schichtgrenzen von dunklem phyllitischen Tonschiefer mit Quarzit und buntem phyllitischem Tonschiefer mit Quarzit-Beimengungen.

380 Vgl. Praschinger 1992, 498.

381 Vgl. Binder 1929, 263.

382 Vgl. Praschinger 1992, 499.

383 Mit der Lokomotive *Lavant* in Begleitung des Ministers Baumgartner von Mürzzuschlag aus bis in die Nähe des Viaduktes über die *Kalte Rinne*; vgl. Lahoda, v. Lihotzky, Rziha 1879, Anhang 1.

384 Nach Ghega 1854, 22; „Dem Handel und Wandel der Menschen [und der Güter, D. G.] verband die Adria mit dem Deutschen Meere Kaiser Franz Joseph 1854“; Ronninger 1914, 189.

385 Ghega 1844, 246.

386 Vgl. Ghega 1854, 11, 16.

387 Ebd., 16.

388 Vgl. Ghega 1844, 247–248.

389 Örley 1929, 251.

390 Vgl. Praschinger 1992, 493, Schuster 1995, 33.

391 Vgl. Rossberg 1977, 431.

392 Ghega 1854, 21.

393 Ghega 1853, 127–128, Fußnote.

394 Vgl. Stuttgarter Eisenbahn-Zeitung Nr. 48 vom 1. Dezember 1850.

395 Vgl. Weber 1857, 46 (Tabelle), 70; Wood 1839, 125.

396 Vgl. Ghega 1844, 114–15.

397 Ebd., 117.

398 Ebd., 121.
399 Vgl. Trnka 1929, 254.
400 Am Semmering können die Schienen wegen der engen Krümmungen nicht zusammengeschweißt werden, mit Ausnahme im Haupttunnel: erstmalig in Österreich (1952) wurde in diesem ein auf 1080 m Länge zusammengeschweißter Schienenstrang verlegt; vgl. Karner 1952, 32.
401 Vgl. Binder 1929, 264.
402 Ghega 1853, 68.
403 Die Erhöhung des äußeren Schienenstranges sollte lt. Ghega nach folgender Formel berechnet werden: „$h=(a \cdot v^2)/(g \cdot r)$ […], hierbei bezeichnet: h: die Erhöhung, a: 4,54 Fuß normale Geleiseweite, v: die größte Geschwindigkeit = 40 Fuß pro Sekunde, g: 31 Fuß als Beschleunigung der Schwere, r: Krümmungshalbmesser in Fußen"; für die Spurerweiterung: „$e=(n \cdot a \cdot d)/(2 \cdot r)$ […] Es bezeichnet: n: =10, die Conicität des Radreifens = 1/10, a: 4,54 Fuß normale Geleiseweite, d: 4,00 Fuß Rad-Durchmesser, r: Krümmungs-Halbmesser in Fußen"; nach Birk, Aichinger 1861, 9.
404 Ebd., 10.
405 Vgl. Trnka 1929, 254.
406 Ebd., 254.
407 Birk, Aichinger 1861, 10.
408 Ebd., 10.
409 Ebd., 12; Anzahl der Weichen der Semmeringbahn vgl. ebd., 9; zur Erfindung der „Zungenweichen" vgl. Stuttgarter Eisenbahn-Zeitung Nr. 9 vom 28. Februar 1847.
410 Birk, Aichinger 1861, 12.
411 Ebd., 12.
412 Vgl. Schwarz 1992, 510.
413 Hajós 1992, 455.
414 Vgl. Schwarz 1982, 4.
415 Zur Geschichte der Landschafts-Wahrnehmung vgl. auch Schivelbusch 1989, 51 ff.; vgl. 8.8 und 8.10.
416 Vgl. Kos 1992, 218, zu Kat.-Nr. 15/42.
417 Vgl. Schwarz 1992, 511; Schivelbusch 1989, 55.
418 R. Heinersdorff, zitiert nach Schwarz 1982, 53.
419 Mit Ausnahme der unteren Etage der zweigeschossigen Viadukte, die „die Grundveste des Werkes" darstellen, welche aus massiven Quadersteinen bestehen; die Pfeilerverkleidungen der Viadukte bestehen hingegen aus Bruchstein; vgl. Ghega 1854, 20; die Bauart, die ganze Gewölbedicke aus einzelnen Ziegelgewölben aufzumauern, wurde

wegen der untereinander nicht verbundenen Ziegellagen schon etwa ein Jahrzehnt später für weitere Bauten nicht mehr empfohlen; vgl. Birk, Aichinger 1861, 3.

420 Vgl. Dultinger 1985, 67.

421 Vgl. 9.4.; diese architektonische Vielfalt entspricht nicht den ansonst bei den Bahnbauten anzufindenden relativ einheitlichen stilistischen Bauwerken. Weiterführende Forschungen könnten interessante Ergebnisse hinsichtlich des ‚Ensemblecharekters' der Bahnbauwerke bringen.

422 Birk, Aichinger 1861, 14.

423 Tusch 2014, 9.

424 Schwarz 1992, 511.

425 Ebd., 512–513.

426 Vgl. Ghega 1854, 19; Trnka 1929, 254.

427 Im ganzen Tunnel mit etwa 1000 Kubikfuß pro Stunde (rd. 31550 l/h= 8,8 l/s); vgl. Birk, Aichinger 1861, 7.

428 Vgl. Dultinger 1985, 63.

429 Vgl. Birk, Aichinger 1861, 7.

430 Vgl. Trnka 1929, 253–254.

431 Vgl. Birk, Aichinger 1861, 36.

432 Vgl. Praschinger 1992, 501.

433 Während des Winters 1928/29 waren „durchschnittlich 40 Mann ständig mit der Eisbeseitigung beschäftigt", welches in 137 Eiszügen mit insgesamt 822 Wagen rund 5.000 m^3 Eis abtransportiert wurde; vgl. Trnka 1929, 254; noch im Winter 1946/47 fielen 440 Waggons Eis an; vgl. Niel 1960, 47.

434 Nur bei kürzeren, gut durchlüfteten Tunnels konnten die Betonformsteine belassen werden; vgl. Trnka 1929, 253.

435 Vgl. Kubinszky, Pawlik, Slezak 1992, 113.

436 Vgl. Navé, Luft 1985, 163.

437 Vgl. Dultinger 1985, 162.

438 Müller-Salzburg 1978, 23.

439 Karner 1952, 14.

440 Normalerweise mit einem leicht trapezförmigen Querschnitt mit Türstockzimmerung (Höhe 2,10 m, Breite unten 2,40 m), bei schwierigen Gebirgsverhältnissen mit kreisförmigem Querschnitt (3,1 m Durchmesser) mit Auskleidung durch radial zugeschnittene Buchenkanthölzer. Unter diesen schwierigen Gebirgsverhältnissen musste der Sohlstollen wegen Beschädigungen bis zu fünfmal rekonstruiert werden; ebd., 20 ff.

441 Ebd., 16 ff., 28.

442 Ebd., 25.
443 Vgl. Schwarzataler Bezirksbote, 29. Juni 1956, 1.
444 Vgl. Karner 1952, 32.
445 Heute begrenzt die Fahrleitung in den beiden Haupttunneln das Lichtraumprofil in der Höhe am entscheidendsten.
446 Vgl. Dultinger 1985, 162 f.
447 Die Isolierung erwies sich als schadhaft, weiters zeigten sich Längsrisse an den Stirnmauern zu den Gewölben, und von den Gewölbeunter- und Pfeileraußenseiten fiel teilweise die Schalung ab; bei folgenden Viadukten erfolgte die Instandsetzung mittels Zuganker: *Schwarza-*, *Payerbachgraben-*, *Abfaltersbach-*, *Wagnergraben-*, *Gamperlgraben-*, *Rumplergraben-*, *Krauselklause-*, *Kalte Rinne-* und *Kartnerkogel*-Viadukt; vgl. Karner 1959, ohne Seitenangabe.
448 Dabei kamen Schienen der schweren Form B, in Gleisbögen teilweise aus verschleißfestem Elektromanganstahl, zur Anwendung. Dadurch und aufgrund der größeren Überhöhungen konnte die maximale Streckengeschwindigkeit auf der Nordrampe von 50 km/h auf 60 km/h angehoben werden und auf der Südrampe auf maximal 70 km/h; ebd., ohne Seitenangabe.
449 Ebd., ohne Seitenangabe.
450 Vgl. Wegenstein 1979, 7; Karner 1959, ohne Seitenangabe.
451 Reisinger 2009.
452 Ebd., ohne Seitenangabe.
453 Vgl. Navé, Luft 1985, 147, 149.
454 Vgl. Karner 1959, ohne Seitenangabe; Dultinger 1985, 165.
455 Vgl. Rossberg 1977, 284; Niel 1960, 50; Dultinger 1985, 165.
456 Errechnung der aktuellen Kaufkraft gemäß Umrechnungsformeln für historische Währungen der STATISTIK AUSTRIA; Bezug auf Kleinhandelspreisindex (Basis März 1938=100), Februar 2018.
457 Errechnung der aktuellen Kaufkraft gemäß Umrechnungsformeln für historische Währungen der STATISTIK AUSTRIA; Bezug auf Kleinhandelspreisindex (Basis März 1938=100), Februar 2018.
458 Durch die Rationalisierung im Rahmen der Elektrifizierung wurden 20 Lokomotivführer, 45 Heizer und 75 Personen des Wartungspersonals eingespart; vgl. Karner 1959, ohne Seitenangabe.
459 Vgl. Schweiger-Lerchenfeld 1884, 12; Temming 1976, 26.
460 Vgl. Ghega 1853, 20–21; Buchmann 1977, 24–26.
461 Vgl. Ghega 1844, 129.
462 Vgl. Buch der Bahn 1987, 51; morgen 82/1992, XI; Begründung des Österreichischen Bundesdenkmalamtes zum Bescheid vom 17. März 1997, ÖBDA GZ: 16.605/1/97; CD-ROM Eisenbahnen 1998, Ver-

zeichnis Beliebte ÖBB Strecken Normalspur/Semmeringbahn/Die Vorgeschichte des Bahnbaues; Widerlegung: vgl. Stuttgarter Eisenbahn-Zeitung Nr. 29 vom 16. Juli 1849; zusammenfassende Darstellung vgl. Dinhobl 2003.

463 Ebd.

464 Vgl. Schweiger-Lerchenfeld 1884, 14; vgl. 2.2.

465 Vgl. Stuttgarter Eisenbahn-Zeitung Nr. 29 vom 16. Juli 1849.

466 Stuttgarter Eisenbahn-Zeitung Nr. 19 vom 7. Mai 1849; diese Aussage wurde in der österreichischen Tageszeitung „Die Presse“ vom 21. Juni 1849 dahingehend uminterpretiert, dass die Lokomotiven für die Semmeringbahn erst „erfunden“ werden müssen; vgl. auch Entgegnung in Stuttgarter Eisenbahn-Zeitung Nr. 29 vom 16. Juli 1849.

467 Stuttgarter Eisenbahn-Zeitung Nr. 19 vom 7. Mai 1849.

468 Vgl. Dultinger 1985, 118; Praschinger 1992, 499.

469 Ghega 1853, 97–99; vgl. Stuttgarter Eisenbahn-Zeitung Nr. 16 vom 21. April 1850, Nr. 17 vom 28. April 1850 und Nr. 18 vom 5. Mai 1850.

470 Vgl. Kupka 1888, 117.

471 Vgl. Dultinger 1985, 117; Gölsdorf 1978, 28; Ghega 1853, 106.

472 Ebd., 100; die *Save* wurde 1846 von Norris/USA gebaut (Fabriks-Nr. 332/1846), die *Quarnero* 1850 von Haswell (Fabriks-Nr. 128/1850); vgl. Tezak 1987, 137.

473 Vgl. Lahoda, v. Lihotzky, Rziha 1879, 37.

474 Zitiert nach Rihosek 1929, 264–265.

475 Zitiert nach Praschinger 1992, 499.

476 Ghega, zitiert nach Feiler, Liebsch, Schubert, Kepnik 1954, 18–19.

477 Ghega 1853, 115.

478 Vgl. Ghega 1853, 116.

479 Ebd., 117.

480 Ebd., 117 f.; Zur Gegenüberstellung der Probefahrt-Lokomotiven und den Wettbewerbslokomotiven vgl. 5.1.4.

481 Vgl. Kupka 1888, 121.

482 Vgl. Stuttgarter Eisenbahn-Zeitung Nr. 42 vom 20. Oktober 1850.

483 Ghega 1853, 124.

484 Gölsdorf 1978, 28.

485 Ghega 1853, 125.

486 Vgl. Gölsdorf 1978, 26.

487 Ebd., 30.

488 Ebd., 29.

489 Vgl. Ghega 1853, 104.

490 Vgl. White 1994, 82 f.; Buchmann 1977, 30 f., 180.

491 Gölsdorf 1978, 29.

492 Ghega 1853, 105.
493 Ebd., 105; Gölsdorf 1978, 26.
494 Ebd., 30 ff.
495 Ghega 1853, 105.
496 Gölsdorf 1978, 28; d. h. darunter ist jenes Gewicht *ohne* die bewegten Massen wie Räder und Kuppelstangen zu verstehen.
497 Beide Zitate: Ghega 1853, 106.
498 Ebd., 107.
499 Ebd., 106 f.
500 Ebd., 107 f.
501 Ebd., 108.
502 Ebd., 109 ff.
503 Ebd., 111 f.
504 Ebd., 113.
505 Ebd., 114.
506 Vgl. u. a. Lahoda, v. Lihotzky, Rziha 1879, 37.
507 Vgl. Ghega 1853, 112.
508 Dieses „mechanische Moment der Leistung pro Zentner Holz und Meile Geschwindigkeit" errechnet sich aus der Anhängelast (in Zentnern) mal der durchschnittlich erreichten Geschwindigkeit (in Meilen per Stunde), dividiert durch die jeweils benötigte Brennholzmenge (in Zentnern); ebd., 108, 117.
509 Vgl. Birk, Aichinger 1861, 22.
510 Vgl. Ghega 1853, 108, 110, 112, 114, 117.
511 Ebd., 121 f.
512 Ehemaliger Professor des Maschinenbaus am Joanneum in Graz und ab 1850 technischer Rat der Generaldirektion der Staatseisenbahnen.
513 Engerth 1853, 164–171.
514 Fischer von Röslerstamm bevorzugte eine vierfach gekuppelte Bauweise ohne Stütztender und versuchte vergeblich, die Engerthsche Konstruktion zu verhindern; daraufhin wurde er kurzerhand nach Ungarn versetzt; vgl. Mauterer 1990, 71.
515 Vgl. Birk, Aichinger 1861, 23.
516 Vertrag vom 7. April 1852 über 10 Stück zehnrädrige Tenderlokomotiven; vgl. Mauterer 1990, 71.
517 Vertrag vom 23. Oktober 1852 über 16 Stück zehnrädrige Tenderlokomotiven; ebd., 71.
518 Vgl. Lahoda, v. Lihotzky, Rziha 1879, Anhang 1; Feiler, Liebsch, Schubert, Kepnik 1954, 27.
519 Zum Vergleich: Eine Lokomotive der südlichen Staatsbahn mit zwei gekuppelten Achsen (20 t Reibungsgewicht) konnte eine Gesamtlast

68 t bei 11 km/h ziehen, wobei dabei der Brennstoffverbrauch fast um ein Drittel höher lag; vgl. Trnka 1929, 255; während in den ersten Betriebsjahren die Lokomotiven noch mit Holz geheizt wurden, kam gegen Ende der Fünfzigerjahre des 19. Jahrhunderts an den Semmering-Lokomotiven ausschließlich Braunkohle für die Feuerung zum Einsatz; vgl. Birk 1861, 23.

520 Vgl. Dultinger 1985, 122; insbesondere bei schlüpfrigen Schienen durch Nebel oder feinen Regen konnten lediglich 1800 Zentner bei 2 Meilen in der Stunde (101 t bei 15 km/h) gezogen wurden, weshalb die maximalen Anhängelasten nach Zuggattung (Personen-, Militär- und Güterzüge), aber auch nach der Temperatur unterschieden wurden; vgl. Birk, Aichinger 1861, 24.

521 In den Jahren 1855–1857 wurde diese Serie noch um 42 Maschinen erweitert; vgl. Stockklausner 1979a, 26; diese waren in der Achsanordnung gleich, hatten jedoch unterschiedliche Treibraddurchmesser: Die ersten 26 Maschinen hatten 1264 mm, die Nachlieferungen 1580 bis 1738 mm; vgl. Gölsdorf 1978, 32–33.

522 Ebd., 33.

523 Vgl. Trnka 1929, 253–255; Dultinger 1985, 125; Gölsdorf 1978, 34, 79.

524 Vgl. Rihosek 1929, 264–265.

525 Vgl. Trnka 1929, 255.

526 Vgl. Dultinger 1985, 125.

527 Kos 1992, 216, zu Kat.-Nr. 15/29.

528 Örley 1929, 251.

529 Vgl. Wegenstein 1979, 92; Navè, Luft 1985, 145.

530 Vgl. Eisenbahn 1958, 133.

531 Vgl. Eisenbahn 1961, 125; Stockklausner 1979a, 14–15.

532 Vgl. Eisenbahn 1964, 112; SBB: Schweizerische Bundesbahnen.

533 Vgl. Eisenbahn 1966, 15; Wegenstein 1979, 96; BLS: Bern-Lötschberg-Simplon-Eisenbahn.

534 Vgl. Wegenstein 1979, 93; Navé, Luft 1985, 156; SJ: Schwedische Staatsbahnen.

535 Vgl. Eisenbahn 1970, 102; Wegenstein 1979, 95 DB: Deutsche Bahn.

536 Vgl. Eisenbahn 1971, 20.

537 Vgl. Eisenbahn 1970, 161; SJ: Schwedische Staatsbahn.

538 Vgl. Stockklausner 1979b, 28, 31; Slezak 1983, 295; RAG: Ruhrkohle AG.

539 Vgl. Eisenbahn 8/1994, 11; FS: italienische Staatsbahn.

540 Vgl. Slezak 1983, 40,193; SGP: Simmering-Graz-Pauker, Lokomotivfabrik in Wien und Graz/Österreich; diese Maschine wurde erst 1968

als 2020.01 durch die ÖBB übernommen, fuhr aber schon ab 1960 vor Schnellzügen (teilweise Vorspann durch Elektrolokomotiven der Reihe 1141) über den Semmering; vgl. Navé, Luft 1985, 150.

541 Vgl. Wegenstein 1979, 94; Navé, Luft 1985, 157.

542 Vgl. Eisenbahn 1975, 71; Eisenbahn 1993, 13, 111, 134, 229; Eisenbahn 1995, 10–11, 415; Eisenbahn 1997, 430.

543 Vgl. Dultinger 1985, 31, vgl. 4.2.

544 Vgl. Buchmann 1977, 43.

545 Tabelle vgl. Ghega 1853, 43; die Werte der Semmeringbahn beziehen sich auf den fertiggestellten Bauzustand von 1851.

546 Vgl. Schneider 1982, 110 ff., 304 ff; Praschinger 1992, 497.

547 Erste Fahrt mit Regierungsmitgliedern am 6. Dezember 1853, für Verkehr geöffnet am 18. Dezember 1853 und von König Victor Emmanuel II. feierlich eröffnet am 20. Februar 1854; vgl. Briano 1977, 95; Kalla-Bishop 1971, 25.

548 Datum der Aufnahme des allgemeinen Betriebes; ‚inoffizielle Eröffnung' am 23. Oktober 1853 mit Minister Baumgartner, Eröffnung für Frachtenverkehr am 15. Mai 1854; vgl. Kos 1992, 226, zu Kat.-Nr.17/4a, 499–500; Lahoda, v. Lihotzky, Rziha 1879, Anhang 1.

549 Temming 1976, 67.

550 Vgl. Schneider 1982, 272 f.; vgl. auch 4.5; wegen der schließlich nicht ausgeführten Alpenüberquerung in der Ostschweiz (vgl. Fußnote Nr. 312) erlangte diese Eisenbahn nicht jene Bedeutung wie die (nördlichen) Zubringerlinien zu Gotthard und Brenner.

551 Vgl. Schneider 1982, 304 ff.

552 Angaben in folgender Reihenfolge: Eröffnung; Länge; maximale Neigung; minimaler Krümmungshalbmesser; alle Angaben aus ebd., 305 ff.

553 Ebd.; Eggermann u. a. 1981; Siedentop 1978.

554 Vgl. Stuttgarter Eisenbahn-Zeitung Nr. 5 vom 31. Jänner 1847.

555 Stuttgarter Eisenbahn-Zeitung Nr. 40 vom 3. Oktober 1847.

556 Vgl. Kalla-Bishop 1971, 25.

557 Schweiger-Lerchenfeld 1884, 64; Maus wurde durch den Bau der Lütticher schiefen Ebene, eine sog. Seilebene, international bekannt.

558 Vgl. Kalla-Bishop 1971, 25.

559 Saitz 1988, 27.

560 Darin zeigt sich der maßgebliche Einfluß von Maus, während Grattoni, Sommeiler und Grandis atmosphärischen Betrieb vorgeschlagen hatten; vgl. Schweiger-Lerchenfeld 1884, 66.

561 Stuttgarter Eisenbahn-Zeitung Nr. 9 vom 28. Februar 1847.

562 Vgl. Schneider 1982, 110, 306; Örley 1929, 252.

563 Vgl. Kalla-Bishop 1971, 25.
564 Vgl. Briano 1977, 151–153; Schneider 1982, 110 ff.
565 Zwischen Busolla (km 20; 360 m über dem Meeresspiegel) und Genua Pontèdecimo (km 30; 90 m über dem Meeresspiegel); ebd., 110 ff.
566 Werte nach ebd., 110 ff; diese Neigung entspricht jedoch den Kriterien des englischen Trassierungssystems, vgl. 2.2.
567 Vgl. Stuttgarter Eisenbahn-Zeitung Nr. 9 vom 28. Februar 1847.
568 Vgl. Briano 1977, 95; Kalla-Bishop 1971, 25; Vittorio Emanuele II. regierte ab 1849 das Königreiche Sardinien, ab 1861 Italien.
569 Bei diesem Lokomotivtyp befanden sich zwei angetriebene und miteinander gekuppelte Achsen unter der Feuerbox und ein zweiachsiges Drehgestell unter dem Kessel im vorderen Bereich der Lokomotive; vgl. 2.5.1
570 Ebd., 73 f.
571 Ebd., 74 f; Gölsdorf 1978, 48.
572 Vgl. Schneider 1982, 112.
573 Die Elektrifizierung wurde bei der alten Giovi-Linie begonnen und konnte am 1. August 1905 eröffnet werden, 1914 war auch die *Succursale* elektrifiziert; vgl. Kalla-Bishop 1971, 101; Staudacher 1994, 67; die Züge auf der Giovi-Linie fahren zum Teil heute noch in Doppel- und Dreifachtraktion, wobei besonders auf der alten Linie aus Sicherheitsgründen (Kupplungsbruch-Gefahr, deshalb maximale Anhängelast 400 t) der Schiebedienst vorherrscht; vgl. Schneider 1982, 113 f.
574 Örley 1929, 252.
575 Schneider, 1982, 110.
576 Weiterführende Literatur: Schweiger-Lerchenfeld 1884, 60 ff.; Schneider 1982, 99 ff.
577 Schweiger-Lerchenfeld 1884, 63.
578 Regierte das Königreichs Sardinien bis 1849, danach Vittorio Emanuele II.
579 Vgl. Schweiger-Lerchenfeld 1884, 64 ff.
580 Ebd., 64 ff.
581 Vgl. Enderes 1929, 260.
582 Vgl. Schneider 1982, 101, Schweiger-Lerchenfeld 1884, 69.
583 Schneider 1982, 101.
584 Ebd., 101.
585 Vgl. Schweiger-Lerchenfeld 1884, 114.
586 Ebd., 69 f; Schneider 1982, 101.
587 Vgl. Schweiger-Lerchenfeld 1884, 72; Sommeiler, einer der leitenden Ingenieure, erlebte diese Eröffnung nicht mehr: Infolge einer Erkältung erlag er am 11. Juli 1871.

588 Vgl. Schneider 1982, 102–103; erst 1982 konnte die letzte eingleisige Lücke (14 km zwischen Bussoleno und Chiomonte) geschlossen werden: Dabei kam als maximale Neigung 27 ‰ – etwas größer als bei der Semmeringbahn – zur Ausführung.
589 Novellierung dieses Gesetzes erfolgte 1959 (BGBl. Nr. 92/1959), 1978 (BGBl. Nr. 167/1978) und 1990 (BGBl. Nr. 473/1990).
590 Vgl. URL: https://zedhia.at/de/zedhia-blog/suedbahn-gesellschaft, 26.3.2018; Kronstein 1952.
591 Im Jahr 2017 umfasst die Welterbeliste 206 Naturlandschaften: u. a. das Große Barriereriff (Australien), den Nationalpark Galapagos-Inseln (Ecuador), den Nationalpark Sagarmatha mit dem Mount Everest (Nepal), den Nationalpark Serengeti (Tansania).
592 Im Jahr 2017 umfasst die Welterbeliste 832 Kulturdenkmäler: u. a. die Pyramiden von Gizeh, Abusir, Sakkara und Dahschur (Ägypten), die Große Mauer (China), den Tower in London (England), das Tadsch Mahal (Indien), die Freiheitsstatue in New York (USA). Weiters gibt es 35 „gemischte" Denkmäler, für die sowohl Natur- als auch Kulturerbe-Kriterien zur Geltung kommen; die Inkastadt Machu Picchu (Peru) ist ein Beispiel dafür.
593 Gem. BGBl. Nr. 60/1993, 1067 („Übereinkommen zum Schutz des Kultur- und Naturerbes der Welt samt österreichischer Erklärung", ausgegeben am 28. Jänner 1993) wird der Begriff des Kulturerbes in Denkmäler, Ensembles und Stätten unterteilt. Das BGBl. III Nr. 105/2012 listet schließlich das „Kultur- und Naturerbe auf dem Gebiet der Republik Österreich [auf], das in die Liste des Erbes der Welt aufgenommen wurde".
594 Eine Veröffentlichung der vorläufigen Liste ist von den zuständigen Stellen nicht erwünscht.
595 Managementplan 2010, 7.
596 Managementplan 2010, 5.
597 Dinhobl, Haehnel 2010; Dinhobl, Haehnel 2015.
598 Dinhobl, Haehnel 2015, 8–9.
599 Vgl. Birk, Aichinger 1861, 14.
600 Vgl. Dultinger 1985, 33 f.; Stockklausner 1979b, 6.
601 Vgl. Kubinszky, Pawlik, Slezak 1992, 14.
602 Die Lisenen wurden zunächst in den 1970er-Jahren „wegrationalisiert"; ebd., 14.
603 Vgl. Birk, Aichinger 1861, 14; Kubinszky, Pawlik, Slezak nennen hingegen ursprünglich 57 Wächterhäuser; vgl. Kubinszky, Pawlik, Slezak 1992, 98, umfassend vgl. Tusch 2014.
604 Heute nicht mehr vorhanden ist beispielsweise das Bahnwächterhaus am talseitigen Ende des *Weinzettlwand*-Tunnels; ebd., 98.

605 Vgl. Birk, Aichinger 1861, 4, 8.

606 Durch die bei den Blaupausen verwendeten „Blaufarben“ (sog. Berliner Blau K[FeIIIFeII(CN)6]) wurden erstmalig Durchschriften (Kopien) ermöglicht; vgl. Mauterer 1990, 20.

607 Inzwischen wurde die Bundesstraße mittels großen Landschaftsverbrauchs mitten ins Tal verlegt.

608 Kubinszky, Pawlik, Slezak 1992, 17.

609 Vgl. Birk, Aichinger 1861, 14.

610 Ab dem 7. Februar 1918 erfolgte der Güterverkehr vom Holzschleifereiwerk der Firma Schoeller & Co in *Hirschwang* nach *Payerbach*, ab 1. September 1926 auch der Personenverkehr. Letzterer wurde jedoch am 1. Juli 1963 eingestellt, sodass zunächst nur mehr der Güterverkehr zur Hirschwanger Papierfabrik blieb. Aber auch dieser wurde eingestellt (12. August 1982) und die Strecke wird nur mehr vom seit Juni 1979 bestehenden Museumsbetrieb frequentiert; vgl. Schiendl, Strobl 1986, 28, 38, 46, 70, 76.

611 Vgl. Kubinszky, Pawlik, Slezak 1992, 17.

612 Vgl. Wegenstein 1979, 7.

613 Vgl. Ghega 1854, 18; nur noch der mittlere Bogen des *Höllgraben*-Viaduktes ist mit dieser großen Spannweite ausgeführt; Kubinszky, Pawlik, Slezak geben als Länge 276 m, als Höhe 25 m an; vgl. Kubinszky, Pawlik, Slezak 1992, 115; zu Längenunterschieden in der Literatur vgl. Mauterer 1990, 18.

614 Die Steine wurden zum größten Teil aus der nahen Umgebung gewonnen, kleinere Teile aus den Steinbrüchen bei Wiener Neustadt und Ödenburg, während die Ziegel zum Großteil von der Mießbach'schen Fabrik am Wienerberg (Wien) bezogen wurden; vgl. Birk, Aichinger 1861, 3 f.; Ghega 1854, 20; Dultinger 1985, 67.

615 Vgl. Birk, Aichinger 1861, 3.

616 Kubinszky, Pawlik, Slezak 1992, 23.

617 Ebd., 26.

618 Auch *Kübgraben*-Viadukt; vgl. Ghega 1854, 18; Kubinszky, Pawlik, Slezak 1992, 115.

619 Ghega 1854, 18.

620 Vgl. Birk, Aichinger 1861, 5.

621 „[...] as one of the ‚most remarkable skew bridges in the Kingdom‘“; Thomas 1980, 54.

622 Vgl. Stuttgarter Eisenbahn-Zeitung Nr. 33 vom 18. August 1849.

623 Ebenfalls 19,9 m Spannweite besitzen die fünf mittleren Bögen des *Schwarza*-Viaduktes bei *Payerbach*, alle anderen Spannweiten der Semmeringbahn-Viadukte sind deutlich geringer: 15,2 m beim *Unte-*

ren Adlitzgraben-Viadukt und beim mittleren Bogen des *Payerbachgraben*-Viaduktes als nächstkleinere Spannweite; vgl. Ghega 1854, 18.

624 Dieser liegt wieder in einer geringeren Neigung, nämlich 22 ‰; bei der Fundamentierung wurden die drei mittleren Pfeiler auf einen Schwellrost, die restlichen auf einen Pfostenbelag gegründet; vgl. Birk, Aichinger 1861, 5; auch *Abfaltersbach*-Viadukt; vgl. Ghega 1854, 18; Kubinszky, Pawlik, Slezak 1992, 115.

625 Ebd., 31.

626 Z. B. Trautwein 1909, 533.

627 Ghega nannte diesen Tunnel 1854 – als einzigen der gesamten Strecke – „gewölbter Einschnitt nächst dem Geyregger"; vgl. Ghega 1854, 19; außerdem differieren gerade bei diesem Tunnel die Längenangaben erheblich, wie Mauterer gezeigt hat: Während Ghega 1854 47,43 m angibt, „wächst" die Tunnellänge in der Literatur ab 1861 auf 81,21 m, um sich ab 1895 bis in heutige Zeiten auf die Länge zwischen 80 und 81 m (genauer zwischen 80,95 und 80,96 m) ‚einzupendeln'; vgl. Mauterer 1990, 18.

628 Vgl. 4.4.

629 Diese Station hieß bis 1902 *Klamm*, danach *Klamm-Schottwien*; vgl. Kubinszky, Pawlik, Slezak 1992, 35.

630 Vgl. Birk, Aichinger 1861, 35.

631 Vgl. Kubinszky, Pawlik, Slezak 1992, 35.

632 Auch *Wagner*- oder *Jägergraben*-Viadukt; noch Mitte der Sechzigerjahre bestand unmittelbar vor dem *Wagnergraben*-Viadukt ein beschrankter Bahnübergang, welcher den Weg zu den über dem Viadukt liegenden Gehöften über die Gleise der Semmeringbahn leitete; heute führt dieser Weg oberhalb der Bahntrasse entlang, ohne sie zu kreuzen; vgl. Ghega 1854, 18; Kubinszky, Pawlik, Slezak 1992, 115.

633 Ghega 1854, 20.

634 Vgl. Birk, Aichinger 1861, 5.

635 Vgl. Kubinszky, Pawlik, Slezak 1992, 38.

636 Auch *Gamperl*-Viadukt; vgl. Ghega 1854, 18; Kubinszky, Pawlik, Slezak 1992, 115.

637 Vgl. Potucek 1995, 503–504.

638 Vgl. Navé, Luft 1985, 131.

639 Auch *Rumpler*- oder *Lechnergraben*-Viadukt; vgl. Ghega 1854, 18; Kubinszky, Pawlik, Slezak 1992, 115.

640 Dieses Tunnelportal ist eines der wenigen, welches nur aus Quadersteinen besteht; weitere beim kurzen *Krauselklause*-Tunnel und am *Kartnerkogel*-Tunnel.

641 Der Originalplan befindet sich im Österreichischen Staatsarchiv und

wurde erstmals anlässlich der „150 Jahre Semmeringbahn"-Ausstellung in Schottwien öffentlich gezeigt; Ausschnitte des Planes vgl. Székely, Tuschel 1984, 142; Dinhobl, Haehnel 2010, Leporello.

642 Ersterer mit 310,4 m Länge, der zweite mit 167,6 m und der dritte mit 129,4 m Länge, während die beiden Galerien insgesamt eine Länge von 82,5 m aufweisen; vgl. Ghega 1854, 19; die Spannweite der Bögen der Galerien betragen je Bogen 8,70 m und sind als Ziegelmauerwerk ausgeführt, während die Pfeiler aus Bruchsteinen mit durchlaufenden Hausteinschichten bestehen; vgl. Birk, Aichinger 1861, 6.

643 Die talseitige Galerie mit einem, die zweite (1991 durch die ÖBB vorbildhaft renoviert) mit sechs, aus Ziegeln und Quadersteinen aufgemauerten Gewölbebögen.

644 Vgl. Birk, Aichinger 1861, 6.

645 In der DRB-Ära wurde der Stationsname *Breitenstein* in *Breitenstein (Semmering)* erweitert, weil es im Deutschen Reich vier weitere Orte namens Breitenstein gab; dieser Zusatz war nach dem Zweiten Weltkrieg nicht mehr notwendig; vgl. Kubinszky, Pawlik, Slezak 1992, 53.

646 Vgl. Wegenstein 1979, 6.

647 Vgl. Kubinszky, Pawlik, Slezak 1992, 54.

648 Benannt nach dem schon zur Zeit des Bahnbaues bestehenden Gasthaus im Talgrund, welches heute den kulinarisch-klangvollen Namen *„zum Blunznwirt"* trägt.

649 Die ursprünglich gemauerten Brüstungen der Stützmauern wurden anlässlich der Renovierungsarbeiten zu Anfang der 80er-Jahre abgetragen und an deren Stelle einfache Metallgeländer errichtet.

650 Vgl. Mauterer 1990, 24.

651 Vgl. Birk, Aichinger 1861, 6.

652 Ebd., 6; der Name Polleros, der einen Gehöftnamen markiert, findet sich in unterschiedlichen Schreibformen, wie beispielsweise bei Ghega 1854 „Bollers"; Ghega 1854, 19; „Polleros" hingegen entspricht der Schreibweise auf dem inzwischen denkmalgeschützten Gebäude (Polleros-Häusel, Semmering Nr. 3) von 1595; vgl. Kubinszky, Pawlik, Slezak 1992, 56.

653 Diese Krümmung stellt damit den winkelmäßig größten ununterbrochenen Bogen der Semmeringbahn dar.

654 Ebd., 60; es sei jedoch darauf hingewiesen, dass erst durch die Rezeptionsgeschichte des Motivs diese Bedeutung entstand; vgl. Kos 1992, 94 ff..

655 Ebd., 22.

656 Wegen des bauausführenden Unternehmens wurde dieser Viadukt auch unter dem Namen *Fleischmann*-Viadukt bekannt.

657 Vgl. Birk, Aichinger 1861, 6, Anhang Blatt 4.
658 Gemäß Beurteilung und Messungen des Ingenieurbüros Zschokke, CH-8045 Zürich; die Messungen der Festigkeiten erfolgten im Frühjahr 1993: Druckfestigkeiten: Fundamente und Quadersteine: 20–30 N/mm²; Ziegelsteine: 30–40 N/mm²; Fugenmörtel der Pfeiler: 10–30 N/mm².
659 Kos 1992, 24; vgl. auch Vasko-Juhász 2006 und Buchinger 2006; Über die Auswirkung der Eisenbahn, betreffend der (organisierten) Erschließung der Alpen, vgl. Amstädter 1996, 37 ff..
660 Die Fundierung erfolgte direkt auf Kalkfelsen; vgl. Birk, Aichinger 1861, 7.
661 Ansonsten nur noch der kurze *Krauselklause*-Tunnel und das talseitige Portal des *Weinzettlwand*-Tunnels.
662 Vgl. Birk, Aichinger 1861, 7.
663 Welches vom Wasser aus dem Semmering-Haupttunnel gespeist wurde.
664 Dieses beherbergte ursprünglich neben vier Wohnungen verschiedener Größe noch zwei Aufbewahrungsräume und ein Übernachtungszimmer für die Eisenbahner.
665 Die Station hieß ursprünglich *Semmering-Haupttunnel*; vgl. Kubinszky, Pawlik, Slezak 1992, 80.
666 Vgl. 3.
667 Errichtet 1888 durch den ehemaligen Küchenchef des Südbahn-Hotels Vinzenz Panhans, umfasste es zur Zeit der Eröffnung 44 Zimmer; im Laufe der Zeit entstand daraus mit der rund 200 m langen Fassade und den etwa 400 Zimmern eine der größten Hotelanlagen Europas.
668 Vgl. Wegenstein 1979, 7.
669 Vgl. Birk, Aichinger 1861, 7.
670 Vgl. Kubinszky, Pawlik, Slezak 1992, 95.
671 Ebd., 97 bzw. 94; Navé, Luft 1985, 70.
672 Zu Ghegas Zeiten als „*Viaduct beim Jauern-Wirth*“ genannt; vgl. Ghega 1854, 18.
673 Zum Semmering-Bahn-Basistunnel vgl. Dinhobl 1999, 243–246; zu den Unfällen im Straßentunnel siehe Tageszeitung Kurier, 5.3.2000, 11.
674 Vgl. Birk, Aichinger 1861, 4.
675 Zahlreiche Hammerwerke und Sensenschmieden in und um Mürzzuschlag; vgl. u. a. Ronninger 1914, 190.
676 Vgl. Gründler 1992, 578–586.
677 Die Renovierung zu Beginn der Neunzigerjahre brachte durch die

Betonung der Rundbögen an den Fenstern im Erdgeschoss das Erscheinungsbild dem Ursprung wieder etwas näher.

678 Vgl. Birk, Aichinger 1861, 14.

679 Vgl. Navé, Luft 1985, 131–132.

680 Die Errichtung der Werkstätten an der Südseite mag durchaus auch aus politisch-wirtschaftlichen Gründen erfolgt sein, ähnlich der 1875–1882 entstandenen Hauptwerkstätte der Gotthardbahn in Bellinzona (Südrampe) als Gegenpol der auf der Nordseite (Luzern) gelegenen Verwaltung; Eggermann u. a. 1981, 208; im Fall der Semmeringbahn wird dies in keiner Publikation angesprochen. Wissenschaftliche Forschungsarbeiten existieren diesbezüglich nahezu keine und bei der *Eisenbahnliebhaber*-Literatur findet sich der thematische Schwerpunkt beim Lokomotivdienst, welcher aber in äußerster Genauigkeit abgehandelt wird.

681 Eine private Initiative versucht, in den noch vorhandenen Bauten eine Museums-Werkstätte einzurichten; Kontakt: Regionalhistorische Arbeitsgemeinschaft Mürzzuschlag, Fachbereich Eisenbahn; Ing. Johann Reisinger, Sonnenbadgasse 6 b, 8680 Mürzzuschlag.

682 Vgl. Mauterer 1990, 27.

683 Ebd., 118; vgl. auch Nothnagel, Habermann 2007.

684 Vgl. Ghega 1854, 13; Praschinger 1992, 497.

685 Nach Ghega 1854, 18.

686 In Ghegas Werk schlich sich der Druckfehler ein, denn die Neigung dieses Viadukts benennt er mit 1 : 000.

687 Vgl. Kubinszky, Pawlik, Slezak 1992, 115.

688 Ebd., 101.

689 Vgl. Ghega 1854, 19.

690 Vgl. Kubinszky, Pawlik, Slezak 1992, 115.

691 Nach ebd., 34; erweitert.

692 Tabelle nach Birk, Aichinger 1861, 21 f.

693 Zitate: ebd., 14.

694 Vgl. Niel 1960, 38; Trnka 1929, 256–57; Mauterer 1990, 88–93; Feiler, Liebsch, Schubert, Kepnik 1954, 32; Birk, Aichinger 1861, 29; Karner 1959.

695 Schnellzüge mit Post- und Personenbeförderung; vgl. Stockklausner 1979a, 14.

696 Davon vier Fronturlauber-Schnellzüge.

697 Maximalwert im Jahr 1941; vgl. Kubinszky, Pawlik, Slezak 1992, 113.

698 Durchgehende Züge in der Station Gloggnitz.

699 Alpinfo 1986, 1.

700 Durchgehende Züge in der Station Semmering.

701 Alpinfo 1990, 1.
702 Zugzahlen (nur für Abschnitt Payerbach-Reichenau–Mürzzuschlag); durchschnittlche Anzahl von Zügen an einem durchschnittlich belasteten Werktag; vgl. ÖBB-Infrastruktur AG 2010, 4.
703 Ohne Dienstzüge (z. B. Zugfahrten von Vorspannlokomotiven), pro durchschnittlich belasteter Werktag: 27 Dienstzüge, vgl. ÖBB-Infrastruktur AG 2010, 4.
704 Alpinfo 2008, 2.
705 Alpinfo 2014, 2.
706 Quellen: Ghega 1844, 257–258; Stürmer 1872, Vorwort.

Namensregister

Topographisches Register